石油和化工行业"十四五"规划教材

特殊环境信息检测技术

葛亮 曾文 李焱骏 主编

Special
Environmental
Information
Detection Technology

化学工业出版社

·北京·

内容简介

本书对特殊环境信息检测技术的概念、传感技术、微弱信号检测、系统干扰抑制、系统设计与防护等方面进行了系统阐述。全书共分为 7 章，主要内容包括：特殊环境下的传感技术、微弱信号检测技术、特殊环境下的检测系统干扰抑制技术、特殊环境信息检测系统的设计与防护，以及两个特殊环境信息检测系统设计案例。

本书可作为高等院校机电一体化、自动化技术、测控技术与仪器、智能感知等专业研究生与高年级本科生的教材，也可作为从事相关专业的工程技术人员的参考书。

图书在版编目（CIP）数据

特殊环境信息检测技术 / 葛亮，曾文，李焱骏主编
. —北京：化学工业出版社，2024.1
　　ISBN 978-7-122-44988-7

Ⅰ. ①特… Ⅱ. ①葛… ②曾… ③李… Ⅲ. ①特殊环境-
环境信息-环境监测-高等学校-教材 Ⅳ. ①X8

中国国家版本馆 CIP 数据核字（2024）第 063052 号

责任编辑：丁文璇　　　　　　　　　文字编辑：毛亚囡
责任校对：李　爽　　　　　　　　　装帧设计：张　辉

出版发行：化学工业出版社
　　　　　（北京市东城区青年湖南街 13 号　邮政编码 100011）
印　　刷：三河市航远印刷有限公司
装　　订：三河市宇新装订厂
787mm×1092mm　1/16　印张 14½　　字数 366 千字
2024 年 11 月北京第 1 版第 1 次印刷

购书咨询：010-64518888　　　　　售后服务：010-64518899
网　　址：http://www.cip.com.cn
凡购买本书，如有缺损质量问题，本社销售中心负责调换。

定　　价：　60.00 元　　　　　　　　版权所有　违者必究

《特殊环境信息检测技术》编写人员

主　　编：葛　亮　西南石油大学
　　　　　曾　文　重庆大学
　　　　　李焱骏　电子科技大学

副 主 编：肖小汀　西南石油大学
　　　　　邓　魁　西南石油大学
　　　　　李俊兰　中石油工程建设有限公司西南分公司
　　　　　薛志波　中海油田服务股份有限公司油田技术研究院
　　　　　张嘉伟　中海油田服务股份有限公司油田技术研究院
　　　　　吴永鹏　南方海洋科学与工程广东省实验室（湛江）
　　　　　罗　辉　中石化西北油田分公司
　　　　　张海荣　广东海洋大学

参　　编：蒋能记　中石油新疆油田分公司
　　　　　卓　勇　中石油西南油气田分公司
　　　　　庞文彬　中石化西北油田分公司
　　　　　程吉祥　西南石油大学
　　　　　李志丹　西南石油大学
　　　　　刘　娟　西南石油大学
　　　　　韦国晖　西南石油大学
　　　　　吕志忠　西南石油大学

审　　稿：吴佳晔　西南石油大学
　　　　　石明江　西南石油大学

序

数据是信息化建设的基础，设计和实现稳定、可靠和强适应性的信息检测系统是准确、有效获取数据的前提条件，特别是深海、深地、深空、极地、高山、沙漠等极端条件及高温、高压、强腐蚀、强干扰等特殊环境，对信息检测系统的功能和性能提出了更高的要求。

特殊环境条件下的信息检测技术融合电子、计算机、仪器、控制、机械等多学科知识，特殊环境条件下的信息检测装置，面向国民经济发展和国防建设的实际需求，既具有重要的理论意义，又具有广阔的工程应用价值，广泛应用于石油、电力、冶金、化工、建材等各领域的生产过程中。教材的诞生对培养仪器类相关专业高层次创新型人才有重要的意义。

本书面向有志于从事特殊环境条件下信息检测系统设计、开发和应用的学习者和工程技术人员，介绍传感器、微弱信号检测、抗干扰设计、防护设计等基础理论知识和设计方法，训练特殊环境条件下信息检测系统软硬件设计开发的初步能力。全书以工程应用为目标，提供若干实际案例，融入作者的部分研究成果，并在"学堂在线"配套建设了《特殊环境信息检测技术》在线课程。相信本书的出版能为信息检测领域的相关工程技术人员、科技工作者和高校师生提供有价值的借鉴和参考。

国家万人计划领军人才
吴佳晔

前言

　　信息检测技术是将电子技术、光机电技术、计算机、信息处理、自动化、控制工程等多学科融为一体并综合运用的复合技术，被广泛应用于交通、电力、冶金、石油、化工、机械加工等各领域中的自动化装备及生产自动化测控系统。随着科学技术，尤其是微电子、计算机和通信技术的迅速发展，以及新材料、新工艺的不断涌现，检测技术在建立检测理论的基础上不断向着数字化、网络化和智能化方向发展。如何提高检测装置的精度、分辨率、稳定性和复杂环境适应性，如何开发现代化的检测系统和研究新的检测方法，是现代信息检测技术的主要课题和研究方向。

　　《特殊环境信息检测技术》针对研究生培养需要，强调基本理论、基本概念，突出软件与硬件结合，着重设计方法，偏重实际应用。本书附有大量工程现场应用实例，其中大部分是作者近年来科研工作中的经验总结，突出理论与实践的结合，具有内容新颖、实用和工程性强的特点。全书共分为7章。

　　第1章　绪论，讨论了信息检测技术的基本概念和形成，并在此基础上讲述了特殊环境下信息检测的意义与任务，并就一些关键的特殊环境下信息检测技术案例进行了介绍。

　　第2章　特殊环境下的传感技术，主要讲述常规传感器及新型传感器原理，特殊环境下的传感器选型和设计，并说明特殊环境下信息检测传感器的发展趋势。

　　第3章　微弱信号检测技术，主要讲述了信号检测中的噪声、仪用放大电路设计、调制放大与解调电路设计、锁定放大电路设计，以及其他微弱信号检测技术。

　　第4章　特殊环境下的检测系统干扰抑制技术，主要讲述特殊环境下的供电系统的干扰抑制、接地系统的干扰抑制、模拟信号检测端的干扰抑制以及软件干扰抑制技术四个重点方面。

　　第5章　特殊环境信息检测系统的设计与防护，主要讲述了特殊环境信息检测系统的设计原则和设计步骤，以及各种不同特殊环境下的防护设计。

　　第6章　油基泥浆电成像仪微弱信号检测系统设计，包含了油基泥浆电成像仪微弱信号检测系统的设计要求、设计原则及指标、信号采集模块设计和实验测试与分析四个部分。

　　第7章　相关检测的电磁流量测量系统设计，主要针对相关检测的电磁流量测量技术，对系统设计原理、系统硬件设计、系统软件设计以及系统测试与分析几个方面进行了介绍。

　　本书的主要目的是通过学习，让学生了解特殊环境信息检测系统的设计方法，掌握特殊环境信息检测技术的基本理论、基本概念，特殊环境下传感器设计及开发技术、微弱信号检测技术、干扰抑制技术、安全防护技术等知识，能够完成简单特殊环境信息检测系统软硬件的设计，为日后从事特殊环境信息检测系统设计与开发相关工作打下基础。

　　此外，本教材具有如下4个方面的特色：（1）在内容的编排上易于理解和掌握，且内容难度适中；（2）与本科专业前期的课程内容重复少，有利于发挥课堂学时的最佳作用；（3）具有行业和专业特色，内容新，教材内容结合各个要素及设计环节进行系统全面的分析和展示，还包括实际工程应用的案例；（4）通过提升课程的配套资源质量［资源涵盖配套在线微课及案例视频（正文、封四处扫码可见）］，紧跟国家教育步伐，满足创新人才培养的需求，适应网络时代多样化的教学需要。同时，配套在线课程《特殊环境信息检测技术》已在"学堂在线"上线。

本书受到西南石油大学研究生教材建设项目（20YJC18）及国家自然基金面上项目（52374234）资助。感谢天津大学曾周末教授对本书的指导和帮助。

由于编者水平有限，书中难免存在不妥之处，殷切希望相关领域专家和广大读者批评指正。

编者
2023 年 12 月

目录

绪论

随着科学技术的不断发展，人类社会已经步入信息时代，信息技术成为了联系世界的枢纽。信息检测技术是信息技术的重要分支，是信息技术的源头技术。信息检测技术不仅是国家发展高新技术产业的基础，更是国家安全和技术发展的重要保障。本章在介绍信息检测技术的基础上，讲述了特殊环境下信息检测的意义与任务，并就一些关键的特殊环境信息检测技术案例进行了介绍。

1.1 信息检测技术

1.1.1 信息检测技术概述

概述

信息检测技术是将电子技术、光机电技术、计算机、信息处理、自动化、控制工程等多学科融为一体并综合运用的复合技术，被广泛应用于能源、电力、冶金、交通、建材、机加工等各领域中的自动化装备及生产自动化测控系统中。

为了监督和控制某个生产或实验过程中对象的运动变化状态，掌握其发展变化规律，使它们处于所选工况的最佳状态，必须掌握描述它们特性的各种参数。这就首先要求检测这些参数的大小、变化趋势、变化速度等。通常把这种含有检查、测量和测试等比较宽广意义的参数测量称作检测，围绕这方面的工作都需要以检测技术为基础。为实现参数检测的目的而组建的系统和装置，以及采用的设备等被称为检测系统、检测装置或仪器仪表，它们位于测控系统的最前端，通过获取被测对象信号并进行处理，然后将有用信息输出给自动控制系统或操作者。另外，测量各种微观或宏观的物理、化学或生物等参数量值，检验产品质量，进行计量标准的传递和控制，也需要检测技术作为基础。

信息检测的目的是从测量对象中获取反映其变化规律的有用信息。为了实现此目的，信息检测系统由激励装置、测试装置、数据处理与记录装置及电源系统组成。图 1-1 所示为信息检测系统典型框架图，通常由各种传感器（变送器）将非电被测物理或化学成分量转换成电信号，然后经信号调理（包括信号转换、信号检波、信号滤波、信号放大等）、数据采集（所选择采集的传感器需要满足特定的环境要求）、信号处理（为了去除环境带来的干扰，需要硬件和软件两方面的处理）、信号显示、信号输出（通常有 4～20mA 的电流、经 D/A 变换和放大后的模拟电压、开关量、脉宽调制 PWM、串行数字通信和并行数字输出等），以及系统所需的交、直流稳压电源和必要的输入设备（如拨动开关、按钮、数字拨码盘、数字键盘等）来完成信息检测。

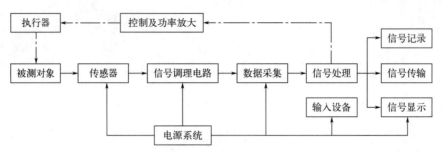

图 1-1　信息检测系统典型框架图

1.1.2　信息检测系统结构形式

信息检测系统主要由硬件和软件两部分组成。从硬件方面来看，目前信息检测系统的结构形式主要有三种：集中式信息检测系统、分布式信息检测系统以及分布式网络信息检测系统，下面分别介绍这三种系统的结构和特点。

1.1.2.1　集中式信息检测系统

集中式信息检测系统的结构框图如图 1-2 所示。由图可知，集中式信息检测系统是由传感器、模拟多路开关、程控放大器、采样/保持器、A/D 转换器、D/A 转换器、计算机及外部设备等部分组成的。

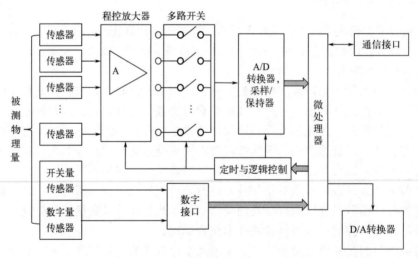

图 1-2　集中式信息检测系统结构框图

（1）传感器

各种待转换的物理量，如恶劣环境下的温度、压力、位移、流量等都是非电量。首先要把这些非电量转换成电信号，然后才能实现进一步的处理。把各种物理量转换成电信号的器件称为传感器。传感器的类型有很多，如测量温度的传感器有热电偶、热敏电阻等，测量机械力的有压（力）敏传感器、应变片等，测量机械位移的有电感位移传感器、光栅位移传感器等，测量气体的有气敏传感器等。由于传感器的知识在传感器技术等书籍中有详细的论述，这里不再重复。

（2）模拟多路开关

特殊环境下的信息检测系统往往要对多路模拟量进行检测。在不要求高速检测的场合，一般采用公共的 A/D 转换器，分时对各路模拟量进行模/数转换，目的是简化电路，降低成本。可以用模拟多路开关轮流切换各路模拟量与 A/D 转换器间的通道，使得在一个特定的时间内，只允许一路模拟信号输入 A/D 转换器，从而实现分时转换的目的。

一般模拟多路开关有 2^N 个模拟输入端，N 个通道选择端，由 N 个选通信号控制选择其中一个开关闭合，使对应的模拟输入端与多路开关的输出端接通，让该路模拟信号通过。有规律地周期性改变 N 个选通信号，可以按固定的序列周期性闭合各个开关，构成一个周期性分组的分时复用输出信号，由后面的 A/D 转换器分时复用对各通道模拟信号进行周期性转换。

（3）程控放大器

在信息检测时，来自传感器的模拟信号一般都是比较弱的低电平信号。程控放大器的作用是将微弱的输入信号进行放大，以便充分利用 A/D 转换器的满量程分辨率。例如传感器的输出信号一般是毫伏数量级，而 A/D 转换器的满量程输入电压多数是 2.5V、5V 或 10V，且 A/D 转换器的分辨率是以满量程电压为依据确定的。为了能充分利用 A/D 转换器的分辨率，即转换器输出的数字位数，就要把模拟输入信号放大到与 A/D 转换器满量程电压相对应的电平值。

一般通用信息检测系统均支持多路模拟通道，而各通道的模拟信号电压可能有较大差异，因此最好是对各通道采用不同的放大倍数进行放大，即放大器的倍数可以实时控制改变。程控放大器能够实现这个要求，它的放大倍数随时可以由一组数码控制，这样，在多路开关改变其通道序号时，程控放大器也由相应的一组数码控制改变放大倍数，即为每个模拟通道提供最合适的放大倍数，它的使用大大拓宽了信息检测系统的适应面。

（4）采样/保持器

A/D 转换器完成一次转换需要一定的时间，在这段时间内希望 A/D 转换器输入端的模拟信号电压保持不变，以保证有较高的转换精度。这可以用采样/保持器来实现，采样/保持器的加入，大大提高了信息检测系统的采样频率。

（5）A/D 转换器

因为计算机只能处理数字信号，所以须把模拟信号转换成数字信号，实现这一转换功能的器件是 A/D 转换器，它是采样通道的核心。因此，A/D 转换器是影响信息检测系统采样速率和精度的主要因素之一。

（6）接口电路

用来将传感器输出的数字信号进行整形或电平调整，然后再传送到计算机的总线。

（7）计算机及外部设备

对特殊环境下的信息检测系统的工作进行管理和控制，并对检测到的数据做必要的处理，然后根据需要显示和打印。

（8）D/A 转换器

为满足相关反馈控制的需要，常常还会将采集处理得到的数据通过 D/A 转换器输出模拟量，用于反馈控制。

（9）定时与逻辑控制电路

特殊环境下的信息检测系统各器件的定时关系是比较严格的，如果定时不合适，就会严重影响系统的精度。例如：模拟多路开关的两个开关切换时间是 800ns；在模拟多路开关切换期间，程控放大器同时切换放大倍数，大约是 800ns；从程控放大器的一个新放大倍数到产生稳定的输出大约是 400ns；从程控放大器倍数开始切换到采样/保持器开始跟踪至少需要 $1\mu s$。若采样/保持跟踪时间是 $6\mu s$，A/D 转换至少再延迟 $6\mu s$ 后才能开始。对于以上所描述的情况，必须遵守如图 1-3 所示的时序图。

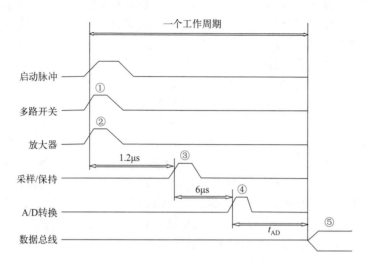

图 1-3　信息检测系统工作时序图

信息检测系统工作时，各个器件必须按照以下过程顺序执行：

① 模拟多路开关开始切换；

② 程控放大器放大倍数开始切换；

③ 采样/保持器开始保持；

④ A/D 转换器开始转换；

⑤ A/D 转换完成。

定时电路就是按照各个器件的工作次序产生各种时序信号，而逻辑控制电路是依据时序信号产生各种逻辑控制信号。由于生产和科学研究的需要，集中式信息检测系统的结构还有其他方案，如适于高速采样的信息检测系统、无相差并行采样（各路均有采样/保持器、A/D 转换器）的信息检测系统等。

集中式信息检测系统的特点如下：

① 系统结构简单，技术上容易实现，能够满足中、小规模信息检测的要求。

② 对环境的要求不是很高，能够在比较恶劣的环境下工作。

③ 价格低廉，降低了信息检测系统的成本。

④ 集中式信息检测系统可作为分布式信息检测系统的一个基本组成部分。

⑤ 计算机的各种 I/O 模板及软件都比较齐全，很容易构成系统，便于使用和维修。

这里需要指出的是，在图 1-2 所示的计算机信息检测系统中，加上开关量输出和 D/A 转换器，就构成了计算机信息检测与控制系统。

1.1.2.2　分布式信息检测系统

在工程安全监测领域，集中式信息检测系统在应用过程中遇到了不少难以克服的技术难题。比如，由于中央计算机执行所有的运算，当终端很多时，会导致响应速度变慢；如果终端用户有不同的需要，要对每个用户的程序和资源做单独的配置，在集中式系统上做起来比较困难，而且效率不高。这些问题单从产品的制造质量方面入手不能完全解决。随着集成电路技术的发展，集成电路芯片的功能越来越强大，体积越来越小，价格越来越低，在研制新的数据采集自动化系统时，工程技术人员不再担心成本因素、体积因素，而是将设计重点放在系统的稳定性上，着重研究信息检测系统如何应对监测工程中传感器数量大、分布范围广等特点。

20世纪80年代，西方国家开始研究多CPU的数据采集自动化系统，即在原来集中式信息检测系统的每个"集线箱"中部署了一个或多个CPU，在监测数据采集的现场，就地将传感器的信号转换成为数字信号，并且具有相互独立的控制和数据管理能力，这时的"集线箱"变成了测量控制单元（MCU），而MCU通过通信网络将采集到的数据传送给上位计算机存储、分析计算和处理，这种信息检测系统就被称为分布式信息检测系统（distributed information detection system），它的结构如图1-4所示。分布式信息检测系统是计算机网络技术的产物，它由若干个"信息检测站"、通信接口、通信线路和上位机组成。

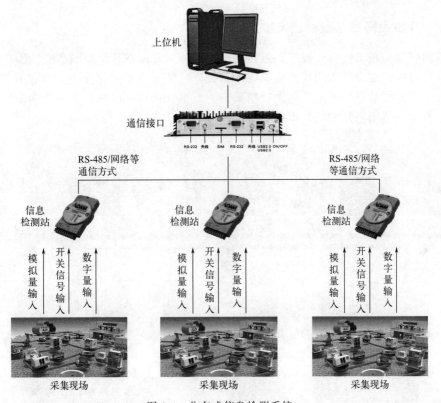

图 1-4　分布式信息检测系统

信息检测站一般由集中式信息检测系统组成，位于生产设备附近，独立完成信息检测和预处理任务，并将数据以数字信号和一定的信息传输形式传送给上位机。上位机一般为计算机，配置有打印机和绘图机。上位机用来将各个信息检测站传送上来的数据，集中显示在显示器上或用打印机打印成各种报表，或以文件形式储存在磁盘上。此外，还可以将系统的控制参数发送给各个信息检测站，以调整信息检测站的工作状态。

数据通信通常采用主从方式，由上位机确定与哪一个信息检测站进行数据传送。分布式信息检测系统的主要特点如下：

① 系统的适应能力强。因为可以通过选用适当数量的信息检测站来构成系统，所以无论是大规模系统，还是中小规模系统都适应。

② 系统的可靠性高。由于采用了多个以单片机为核心的信息检测站，若某个信息检测站出现故障，只会影响某项数据的检测，而不会对系统的其他部分造成影响。

③ 系统的实时响应性好。因为系统中各个信息检测站之间是真正"并行"工作的，所以系统的实时响应性较好。这一点对于大型、高速、动态信息检测系统来说，是一个很突出的优点。

④ 对系统硬件的要求不高。因为分布式信息检测系统采用了多机并行处理方式，所以每一个单片机仅完成数量十分有限的信息检测和处理任务。因此，它对硬件的要求不高，可以用低档的硬件组成高性能的系统，这是微型计算机信息检测系统方案不可比拟的优点。

另外，这种信息检测系统是用数字信号传输代替模拟信号传输，有利于克服差模干扰和共模干扰。因此，这种系统特别适合在恶劣的环境下工作。

以上介绍了两种信息检测系统的特点，由此可知集中式信息检测系统是基本型系统，由它可组成分布式信息检测系统。

1.1.2.3　分布式网络信息检测系统

随着网络通信技术的快速发展，近年来出现了分布式网络信息检测系统，该系统基于现代化的网络功能，结合已有的信息检测技术基础，功能上更加灵活便利，其拓扑图如图 1-5 所示。分布式网络信息检测系统包含数据采集、数据分析和数据发布三个模块，并分别在测量节点、测量分析服务器和测量浏览器中实现。

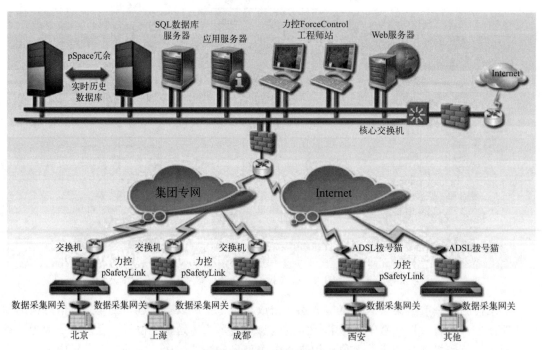

图 1-5　分布式网络信息检测系统整体拓扑图

测量节点是能在网络中单独使用的信息检测设备。形式有数据 I/O 模块、与网络相连的高速信息检测单元、配置数据采集卡的远程数据测量计算机。这些测量节点可以实现信息检测功能，并可进行一定的数据分析，将原始数据或分析后的数据信息发布到网络中。测量分析服务器是一台或多台网络中的计算机，它能够管理大容量数据通道，进行数据记录和数据监控，用户也可用它来存储数据并对测量结果进行分析处理。测量浏览器是一台具有浏览功能的计算机，用来查看测量节点或测量分析服务器所发布的测量结果或经过分析的数据。

传统的信息检测系统执行三个任务：信息检测、数据处理分析及反馈控制。而分布式网络信息检测系统将这些任务在网上分布处理，用户可以在多方面提升测量和自动化系统的性能。整个系统具有很好的扩展性、伸缩性，使得后期新增站点可以低成本无缝接入。整个系统的 Web 发布功能，可满足用户在任何时间、任何地点都可通过用户认证方式访问此系统。在分布式网络信息检测系统的建设中，通常会构建冗余网络提高底层通信的稳定性，构建冗余的通信服务器、数据库服务器、应用服务器提高系统的可靠性，构建网络防火墙和病毒防火墙提高系统的抗风险能力，构建网络备份设备 NAS 大大降低意外事故带来的数据丢失造成的损失。

1.2　特殊环境信息检测技术的形成

特殊环境信息
检测技术的形成

随着科学技术的迅速发展，尤其是微电子、计算机和通信技术的发展，以及新材料、新工艺的不断涌现，人类探索的环境越来越复杂，使得检测技术在已有检测理论的基础上不断向着个性化、数字化、网络化和智能化方向发展。如何提高检测装置的精度、分辨率、稳定性和特殊环境下的适应性，如何开发现代化的检测系统和研究新的检测方法，是现代信息检测技术的主要课题和研究方向。

常规信息检测面临的客观因素通常是强信号、常温、低压、弱振动和低干扰等，此类称为良好环境检测条件。随着科技迅猛发展，信息信号检测将面临微弱信号、高/低温、高压、强振动、强干扰、强腐蚀等恶劣特殊环境的问题。

1.2.1　强干扰环境

干扰可以理解为影响检测系统正常检测的一种信号，当干扰信号进入检测系统时，检测结果的准确性会受到影响。根据形成机理，干扰可以分成两种类型：一种是加性干扰，一种是乘性干扰。加性干扰可以视为类噪声的源，包括来自其他相似系统、本系统内部或者元件非线性产生的噪声（滤波器的互调信号或码间干扰）；而乘性干扰是由系统中信号的反射、衍射和散射而导致的多径效应产生的。干扰可分为：自然干扰、人为干扰、传导干扰、空间干扰、电磁干扰、高次谐波干扰、脉冲干扰、低频干扰和高频干扰等。

由图 1-6(a) 可见，图中间的为海（地）杂波谱峰，它右边的谱峰约比海（地）杂波低 10dB 且峰的形状较宽，明显是干扰。最右侧的窄峰又低约 10dB，可能是目标或干扰（也可能是应答信号），在回波序列里有海（地）杂波和干扰的差拍（快变分量），全过程都有，表明干扰也存在于全过程，并非短时的瞬态干扰。滤除海（地）杂波后的多普勒谱如图 1-6(b) 所示，与图 1-6(a) 比较可见，海（地）杂波已被挖除，而对干扰和信号的影响都较小。通过傅里叶反变换将图 1-6(b) 的多普勒谱变回到数据域。

强干扰环境将会对检测系统带来很大影响，例如武器装备和系统作战时，必然存在于自身正常工作产生的电磁频谱信号、敌方人为有意释放的威胁级强电磁信号，以及雷电、静电、电磁脉冲等瞬态自然电磁信号交织产生的复杂强电磁环境中，这种复杂电磁环境具有实时动态、高强度、超宽带的显著特点。这种动态化的超宽带高强电磁能量一旦通过天线或孔径等前门耦合或线缆、地网等后门耦合进入武器装备目标定位和瞄准系统中，将对武器的攻击能力造成威胁，轻则功能性能和可靠性下降，重则烧毁失效。

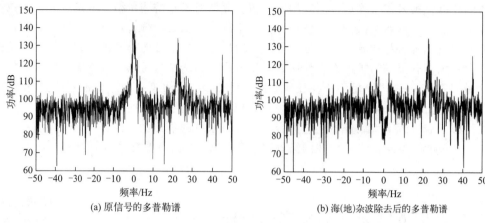

(a) 原信号的多普勒谱　　　　　　　　　(b) 海(地)杂波除去后的多普勒谱

图 1-6　海（地）杂波谱去噪前后对比

1.2.2　微弱检测信号条件

人类对自然的探索越深入，所需获取的信息就越丰富多样，极端条件下的测量是当今科学技术的前沿课题，其中微弱信号检测是前沿课题之一。随着科技的发展，越来越需要把深埋在噪声干扰中的微弱信号检测出来，越来越多以前测不到的信号被检测出来。微弱信号检测是发展高科技技术、探索及发现新的自然规律的重要手段，对推动相关领域发展具有重要意义。将淹没在强背景噪声下的微弱信号，通过新的检测手段，抑制噪声，实现有用信号的提取，是微弱信号检测技术研究的主要内容。

信号微弱的原因大致可以分为以下几种情况：

① 被测信号微弱。有些信号具有弱光、弱磁、弱声以及小位移等性质，所以在实际测量中这些信号不易被检测出来。

② 噪声及干扰。在几乎所有微弱信号测量领域，微弱的物理量信号最终都是转变为微弱的电信号再进行放大处理。微弱信号不仅表现为其幅值极其微弱，更表现在其可能被各种噪声信号严重淹没。噪声可以来自检测系统内部（如传感器、放大器等），也有可能来自检测系统外部，而且噪声源的种类可以有很多，并且可以具有不同的特点，对信号检测的影响可以不同。

对于众多的微弱量（如弱光、小位移、微振动、微温差、小电容、弱磁、弱声、微电导、微电流、低电平电压及弱流量等等），一般都通过各种传感器做非电量转换，使检测对象转变成电量（电压或电流）。但当检测量甚为微弱时，弱检测量本身的涨落以及所用传感器的本身与测量仪表的噪声影响，表现出来的总效果是有用的被测信号被大量的噪声和干扰所淹没，使测量受到每一发展阶段的绝对限制。

1.2.3　强腐蚀环境

腐蚀是指材料（包括金属和非金属）在周围介质（水、空气、酸、碱、盐、溶剂等）作用下产生损耗与破坏的过程。金属腐蚀是指在周围介质的化学或电化学作用下，并且经常是在和物理、化学或生物因素的共同作用下金属产生的破坏。根据腐蚀过程进行的历程，一般可将金属腐蚀分为两类，即化学腐蚀和电化学腐蚀。化学腐蚀指的是金属表面与非电解质直接发生纯化学作用而引起的破坏。在一定条件下，非电解质直接与金属表面发生氧化还原反应。在化学腐蚀过程中，电子的传递是在金属与氧化剂之间直接进行的，无电流产生。

1.2.3.1　化学腐蚀

化学腐蚀可以分为以下两种：

① 气体腐蚀（图1-7）。一般是指金属在干燥的气体中发生的腐蚀。

② 在非电解质溶液中的腐蚀，例如金属在某些有机液体（如苯、汽油）中的腐蚀。

图 1-7　由气体腐蚀引起的局部腐蚀

1.2.3.2　电化学腐蚀

电化学腐蚀是指金属与电解质因发生电化学反应而产生的破坏。此类反应至少包含有一个阳极反应和一个阴极反应，并与流过金属内部的电子流和介质中离子的定向迁移联系在一起。其中阳极反应（氧化反应）是金属原子失去电子并转移入介质中的过程，阴极反应（还原反应）是介质中的氧化剂得到电子发生还原反应的过程。电化学腐蚀的特点是：

① 介质是含有带电离子的电解质。

② 金属/电解质界面发生的反应是有电荷转移的电化学过程，必须有电子和离子在界面上的转移。

③ 电化学腐蚀过程中伴随有电子的流动，产生电流。

电化学腐蚀其实是一个短路的原电池电极反应的结果，这种原电池称为腐蚀原电池。腐蚀原电池只能导致材料的破坏，不对外界做有用功。当管道金属表面受到外界的交、直流杂散电流的干扰，产生电解电池的作用时，腐蚀金属电极的阳极溶解，即发生"杂散电流腐蚀"。

强腐蚀环境对信号检测带来很大影响，例如在一些强腐蚀环境，尤其是沿海、重污染地区或者钻井过程中的井下等腐蚀环境下，腐蚀条件恶劣，且含有较高浓度的酸性离子，较易穿透输电线路或者金属外壳防护层，对检测设备造成快速侵蚀，这极大地缩短了检测设备的服役期限。

1.2.4　高温环境

绝大多数的电子元器件都有使用温度范围，一旦超过这个温度范围就意味着器件有失效或性能降低甚至损坏的风险。常见的元器件的温度等级有以下三类：商业级温度定额为 $0 \sim 70℃$，工业级温度定额为 $-40 \sim 85℃$，军品级温度定额为 $-55 \sim 125℃$。半导体器件对温度最敏感，在高温条件下，晶体管的共发射极电流放大系数 H_{FE} 随温度升高而增大，从而引起工作点漂移、增益不稳，造成电子仪器性能不稳定，产生漂移失效。由于温度升高，晶体管发射极开路时的集电结的反向饱和电流 I_{cbo} 和基极开路时的集电极与发射极间的穿透电流 I_{ceo} 增大，使 I_{c} 电流增大。I_{c} 增大又促使晶体 I_{cbo}、I_{ceo}、I_{c} 电流增加，形成恶性循环，直到晶体管烧毁，使仪器严重失效。同时，晶体管在低温下工作，H_{FE} 将随温度的降低而减小。在低温 $-55℃$ 的条件下，一般晶体管的增益平均下降 40%，部分器件会失去放大能力，甚至造成致命失效。过高温度对电容器的影响，主要是降低使用寿命，当环境温度超过电容器的允许工作温度时，根据阿列纽斯方程（Arrhenius equation）可知，环境温度每升高 $10℃$，电容器的使用寿命就要降低一半。

最古老以及目前最大的高温电子设备（$>150℃$）应用领域是地下石油和天然气行业（图 1-8）。在该应用中，工作温度和地下井深成函数关系。全球地热梯度一般为 $25℃/$km，某些地区更大。过去，钻探作业最高在 $150\sim175℃$ 的温度范围内进行，然而，由于地下易钻探自然资源储备的减少和技术的进步，行业的钻探深度开始加深，同时也开始在地热梯度较高的地区进行钻探。这些恶劣的地下井温度超过 $200℃$，压力超过 25kpsi❶。主动冷却技术在这种恶劣环境下应用不太现实，被动冷却技术在发热不限于电子设备时也不太有效。

图 1-8　井下随钻高温电子设备

例如在钻井行业中，井下随钻电子设备在高温环境下的应用是十分复杂的。在高温环境下，电子设备和传感器不仅需要引导钻探设备并监控其状态是否正常，还必须将钻孔位置精确引导至地质目标。井下地层平均温度梯度为 $27.3℃/$km，在几千米的深度，如何抑制温度对信号检测过程中测量结果的影响十分关键。

1.2.5　高压环境

在高压环境下，信息检测系统仪器设备的使用容易受到限制，仪器外壳需要应对复杂的应力环境以确保内部电路能够正常工作，需要采取一定的防压措施。如何在满足外壳强度要求的前提下，增大仪器内腔容积，便于电路元件安装并减小仪器尺寸成为高压环境下信息检测系统设计的要点。在满足仪器外壳强度要求的前提下，如何经济、安全地验证信号检测系统的压力承受能力，也是设计时需要考虑的问题。目前国内尚无专门针对高压环境下信息检测系统外壳耐压强度校核的相关资料，可以查阅到的相关资料基本上都是关于石化工业压力

❶ 1psi$=$6894.76Pa。

容器设计的。在实际设计中，针对高压环境下的信息检测系统的设计主要从强度设计和材料选用两个方面入手。

近年来，热点研究的深海领域也具有高压影响。一般来说，200m 以下水深的海域，深海特点为：高压、底层水流速缓慢、无光、水温低、盐度高、氧含量较丰、沉积物多。科学家研究海洋，有赖于人造卫星和远洋勘探船（surface vessels）织就的"天罗地网"。然而，太空中的"眼睛"无法洞穿漆黑的洋面，远洋船外出考察的时间又极度珍贵且代价高昂，这些不足之处，加上缓解全球变暖对海洋信息的需求与日俱增，已经促使美国的研究人员设计出"海洋观测站计划"（oceans observatories initiative，OOI）。

1.2.6 强振动环境

环境振动是环境污染的一个新方面，振动将形成噪声源，以噪声的形式影响或污染环境。在生活中，道路交通、工业压缩机、泵体等都会产生强烈的振动，如何在这些强振动环境下进行信息检测是当今研究的热点问题。

以高速铁路为例，高速铁路是一系列先进科学技术和高性能产品的综合集成系统，高铁运行的速度都在 200km/h 以上，列车速度快，振动大，信息检测难。因此，抗振动能力强、检测准确度高、可靠性高的列车检测系统是高速铁路安全运营的关键保障。

在检测方面，近年来采用了新型智能机器人对高铁的数据进行检测。2020 年 6 月 12日，北京动车段机械师正在调试智能检测机器人使用功能，如图 1-9 所示。北京动车段引进首台智能检测机器人为京张动车组列车"把脉体检"。智能检测机器人对智能复兴号及高寒动车组实时全方位"把脉体检"。该设备采用激光雷达（LiDAR）导航及定位技术，全自动对动车组车底及关键部件进行全景快速扫描、精扫检测、远程数据分析和 3D 图像处理。

(a) 智能机器人进行精扫检测　　　　　　　　　　(b) 3D图像采集

图 1-9　动车智能检测机器人

1.3　特殊环境信息检测的意义与任务

1.3.1　特殊环境信息检测的意义

特殊环境信息检测技术的意义与任务

随着科技发展，无论是近代军事上对敌方目标的检测和战场评估，还是对工业生产目标的参数检测，以及贴近百姓日常生活的城市交通、车辆驾驶环境监测分析等方面，进行信息检测时面临的不再是被检测信号强弱干扰、常温、低振动、常压等理想条件。

　　由于工业技术的不断更迭进步，信息检测环境也变得越来越复杂。例如对于众多的微弱量（如弱光、小位移、微振动、微温差、小电容、弱磁、弱声、微电导、微电流、低电平电压及弱流量等等），一般都通过各种传感器做非电量转换，使检测对象转变成电信号，但当被检测量甚为微弱时，被检测对象本身的信号变化受所用传感器和检测系统噪声的影响，有用的被测信号被大量的噪声和干扰所淹没；复杂区域石油勘探中有大量的杂波数据，严重影响了油气勘探效果；进行钢板表面缺陷检测时，系统表面高温会影响表面缺陷检测系统正常工作；核岛设备长期在高温、高压及辐射等十分苛刻的条件下运行，要求材料具有良好的耐腐蚀性、良好的强度、高韧性、高疲劳性能，堆芯部件材料还要求良好的抗辐照脆化能力等。

　　为满足在各类复杂特殊环境下进行可靠稳定的信息检测需求，不仅需要考虑高压、高温、强振动等特殊环境对信息检测系统的影响，还要研究干扰抑制、微弱信号检测等关键技术。

1.3.2　特殊环境信息检测的任务

　　特殊环境下的信息检测是指在低/高温、高压、强腐蚀、强干扰、微弱信号等特殊情况下，能够可靠地将恶劣环境条件下的温度、压力、流量、位移等模拟量检测转换成数字量，再由计算机进行存储、处理、显示或打印的过程。相应的系统称为特殊环境下的信息检测系统。计算机技术的发展和普及提升了信息检测系统的技术水平。在生产过程中，应用特殊环境信息检测系统可对低/高温、高压、强腐蚀、强干扰等情况下的生产现场的工艺参数进行检测、监视和记录，为提高产品质量、降低成本提供信息和手段。在科学研究中，应用特殊环境下的信息检测系统可获得大量的动态信息，是研究极端环境瞬间物理过程的有力工具。总之，不论在哪个应用领域中，特殊环境下信息检测与处理越及时，工作效率越高，稳定性、可靠性越高，取得的经济效益就越大。

　　特殊环境下的信息检测系统的任务，具体地说，就是首先针对特殊环境的需要，将检测传感器输出的模拟信号转换成计算机能识别的数字信号，然后送入计算机进行相应的计算和处理并得出所需的数据，最后将计算得到的数据进行显示、打印或者反馈控制，以便实现对某些物理量的监控。

　　特殊环境下的信息检测系统追求的主要技术指标有3个：一是检测系统的特殊环境适应性，二是检测精度，三是检测速度。这3个技术指标是信息检测过程中的核心问题。对任何特殊环境下的物理量的信息检测都要有一定的精度要求，否则将失去信息检测的意义；提高特殊环境下的信息检测的速度不仅仅是提高工作效率，更主要的是扩大特殊环境下信息检测系统的适用范围，便于实现动态测试。

　　但是，检测精度与检测速度往往是一对矛盾体。当要保证特殊环境下信息检测系统有较高的检测精度时，则系统很难有较高的检测速度，也就是说，较高的检测精度是在牺牲检测速度的前提下实现的。因此，在设计特殊环境下的信息检测系统时，应在保证检测精度条件下，尽可能提高检测的速度，以满足实时检测、实时处理和实时控制对速度的要求。

1.4　特殊环境信息检测系统的基本功能

特殊环境信息检测技术的基本功能

　　由特殊环境下的信息检测系统的任务可以知道，特殊环境信息检测系统具有以下几方面的功能。

1.4.1　模拟信号处理

模拟信号是指随时间连续变化的信号，这些信号在规定的一段连续时间内，其幅值为连续值，即从一个量变到另一个量时中间没有间断，例如正弦信号 $x(t)=A\sin(\omega t+\varphi)$。

模拟信号有两种类型：一种是由各种传感器获得的低电平电压信号；另一种是由仪器、变送器输出的 $0\sim10\text{mA}$ 或 $4\sim20\text{mA}$ 的电流信号。这些模拟信号经过采样和 A/D（模/数）转换输入计算机后，常常要进行数据的正确性判断、标度变换、线性化等处理。

模拟信号非常便于传送，但它对干扰信号很敏感，容易使传送中的信号的幅值或相位发生畸变。因此，有时还要对模拟信号做零漂修正、数字滤波等处理。

1.4.2　数字信号处理

数字信号是指在有限的离散瞬时上取值间断的信号。在二进制系统中，数字信号由有限字长的数字组成，其中每位数字不是 0 就是 1，由脉冲的有无来体现。数字信号的特点是，它只代表某个瞬时的量值，是不连续的信号。

数字信号是由某些类型的传感器或仪器输出的。它在线路上的传送形式有两种：一种是并行方式传送，另一种是串行方式传送。数字信号对传送线路上的不完善性（畸变、噪声）不敏感，这是因为只需检测有无脉冲信号，至于信号的精确性（幅值、持续时间）是无关紧要的。

数字信号输入计算机后，常常需要进行码制转换的处理，如 BCD 码转换成 ASCII 码，以便显示数字信号。

1.4.3　开关信号处理

开关信号主要来自各种开关器件，如按钮开关、行程开关和继电器触点等。开关信号的处理主要是检测开关器件的状态变化。

1.4.4　数据采集

计算机按照预先选定的采样周期，对输入系统的模拟信号进行采样，有时还对数字信号、开关信号进行采样。数字信号和开关信号不受采样周期的限制，当这类信号到来时，由相应的程序负责处理。

1.4.5　二次数据计算

通常把直接由传感器检测到的数据称为一次数据，把通过对一次数据进行某种数学运算而获得的数据称为二次数据。二次数据计算主要有：平均值、累计值、变化率、差值、最大值和最小值等。

1.4.6　屏幕显示

显示装置可把各种数据以方便于操作者观察的方式显示出来，屏幕上显示的内容一般称为画面。常见的画面有：相关画面、趋势图、模拟图、一览表等。

1.4.7　数据存储

数据存储就是按照一定的时间间隔，定期将某些重要数据存储在外部存储器上。

1.4.8　打印输出

打印输出就是按照一定时间间隔或人为控制，定期将各种数据以表格或者图像的形式打印出来。

1.4.9　人机联系

人机联系是指操作人员通过键盘或鼠标与信息检测系统对话，完成对系统的运行方式、采样周期等参数的设置。此外，还可以通过它选择系统功能、选择输出需要的画面等。

1.4.10　适应特殊环境

环境的改变往往会给信息检测系统带来较大的影响，尤其是在高/低温、高压、强振动、强干扰等特殊环境下，信息检测过程容易受到影响而导致测量精度不高。因此，要想在保证测量精度的同时满足所规定的使用性能要求，在进行信息检测时就需要综合考虑环境的温度、压力、振动等多方面因素的影响。针对不同的特殊环境需要选择不同的检测技术和防护措施进行信息检测。

1.5　特殊环境信息检测技术的工程应用

工程应用

在检测信号强、弱干扰、常温、低振动、常压等理想环境下，信息检测系统可以获得最佳的检测效果。然而，在低/高温、高压、强腐蚀、强干扰、微弱信号等特殊环境下，信息检测系统的精确度、稳定性、可靠性等会因为环境因素而改变。特殊环境信息检测技术作为一种新兴技术在测试和控制领域中正在引起极大的关注，在社会各个方面得到了广泛的应用。

1.5.1　数控加工

数控加工（numerical control machining）是指在数控机床上进行工件加工的工艺工程。数控机床是一种用计算机控制的机床，用来控制机床的计算机称为数控系统。数控机床的运动和辅助动作均受控于数控系统发出的指令。在数控加工中，常用的有数控切削加工、数控线切割、数控电火花成型等。切削加工类数控机床有数控车床、数控钻床、数控铣床、数控磨床、数控镗床及加工中心等，数控车床外观如图 1-10 所示。

在切削工件过程中，数控系统根据切削环境温度参数的变化，实时进行补偿及调整切削参数，使切削处于最佳状态，以满足数控机床的高精度和高效率的要求。

在切削过程中，主轴电动机和进给电动机的旋转会产生热量，移动部件的移动会摩擦生热，刀具切削工件会产生切削热。这些热量在数控机床全身进行传导，从而造成温度分布不均匀，由于温差的存在，数控机床会产生热变形，最终影响工件的加工精度。为了补偿热变形，可在数控机床的关键部位埋置温度传感器，温度数据经数据采集设备传入数控系统进行运算、判别，最终输出补偿控制信号，提高加工精度。图 1-11 为数控车床加工工件的温度采集装置，红外传感器感知工件温度并转换为电信号，经运放、数据采集、数据处理后显示在屏幕上，提供操作人员控制车床刀具的走刀速度。

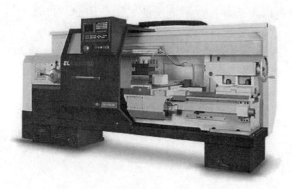

图 1-10 数控车床外观

图 1-11 数控车床加工工件的温度采集装置

1.5.2 自动驾驶汽车

在如今科技高速发展的时代,人工智能正快速跻身于人们的生产生活中,不断为经济社会的发展注入新动力,自动驾驶已然成为人工智能领域里重要的方向之一。自动驾驶汽车(autonomous vehicles;self-piloting automobile)是指安装汽车自动驾驶技术的汽车,如图1-12 所示。由图1-13 可知,自动驾驶汽车的软硬件体系结构主要分为环境认知层、决策规划层、控制层和执行层。环境认知层主要通过激光雷达、毫米波雷达、超声波雷达、车载摄像头、夜视系统、GPS、陀螺仪等传感器获取车辆的环境信息和车辆状态信息,具体包括车道线检测、交通灯识别、交通标志识别、行人检测、车辆检测、障碍物识别和车辆定位;决策规划层分为任务规划、行为规划和轨迹规划,根据设定的路线规划、环境和车辆自身状态,规划下一步的具体行驶任务、行为和路径;控制层和执行层根据车辆动力学系统模型对车辆的行驶、制动和转向进行控制,使车辆按照规定的行驶轨迹行驶。

图 1-12 自动驾驶汽车

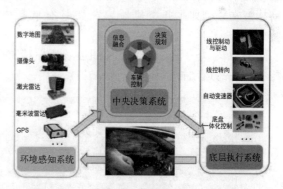

图 1-13 自动驾驶汽车信息检测与控制系统

针对自动驾驶过程中的振动特殊环境和安全性需要,自动驾驶汽车首先需要解决高分辨率的输入及提高密集小目标检测的技术难点,其次解决了多目标重叠和利用少量的训练数据解决目标多样性的问题,这些巨大信息实时快速处理过程十分特殊。

1.5.3 机器人

机器人是靠自身动力和控制能力来自动执行工作的一种机器。它既可以接受人类指挥,又可以运行预先编排的程序,也可以根据以人工智能技术制定的原则纲领行动。它的任务是协助或取代人类的工作，例如生产业、建筑业，或是各行业中危险的工作。因此，机器人一般具备类似于人类的三个条件：

① 具有脑、手、脚等三要素的个体；

② 具有非接触传感器（用眼、耳接收远方信息）和接触传感器；

③ 具有平衡觉和固有觉的传感器。

传感器在机器人上的布置如图 1-14 所示。

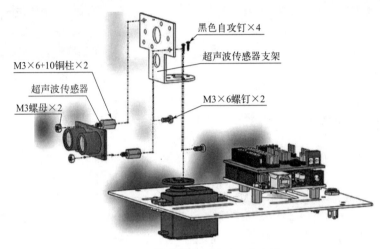

图 1-14　传感器在机器人上的布置

机器人上的信息检测设备采集非接触传感器检测到的作业对象及外界环境数据、接触传感器检测到的各关节的位置和速度及加速度等数据、平衡觉和固有觉传感器检测到的数据，传送到控制机处理和判断，然后输出信号控制驱动装置驱使执行机构，实现其运动和姿态控制。它不仅在信息处理方式上具有特殊性，还在于所工作的环境特殊、功能特殊以及自身的结构特殊，例如服务型机器人需要具有低耗电、小型轻量、高控制性、长寿命、静音等特性。

图 1-15 为一款石化生产及储运场所巡检机器人，它使用信息检测与控制系统，实现巡检机器人的运动控制和安全巡检功能。

图 1-15　类人式巡检机器人

图 1-16　波士顿 Allas 人形机器人

图 1-16 为波士顿 Allas 人形机器人，该机器人通过控制系统协调手臂、身体和腿的运动，使之行走起来更像人的姿态，能够在有限的空间内完成较为复杂的工作。硬件采用 3D 打印技术最大化地减小重量和体积，提高了负载自重比。基于立体相机和其他传感器的机器

人可自主行走于崎岖地形，即使摔倒也能自己爬起来。该人形机器人具备人的工作特点，可以在有限空间内完成复杂的任务，根据不同任务搭载对应的传感器即可。比如搭载武器系统，就成了一名士兵；搭载烹饪系统，可能就成了一名优秀的厨师等。如果本体系统足够稳定，未来生活中的很多场景我们都有机会看到他们的身影。

1.5.4　海域目标检测

在现代战争中，信息对抗已经成为决定战争胜负的关键，而基于航空平台获取军事信息具有时效性强、侦查范围广等特点，是重要的侦察手段之一。在海域这一特殊环境下，由于范围广、海域分布复杂，常用的传感器无法检测出目标所在位置。在诸多航空平台的信息获取技术中，高光谱成像技术可在获取目标二维图像信息的基础上，同时获取目标的一维光谱信息，能够反映出被观测对象的外形影像以及理化特征，从而达到对目标的探测与识别。利用高光谱成像技术（图 1-17）对地、对海进行侦察将获取更丰富的目标信息，极大地提高了航空侦察能力，相对于其他侦察方式具有一定的优越性。

(a) 高光谱光场成像仪　　　　　　　　　　　　　　(b) 水下高光谱成像仪

图 1-17　高光谱成像仪

1.5.4.1　基于高光谱技术的海面目标探测

高光谱数据具有多通道、谱段窄、准确度高、信息量大等特点，与单一波段的目标识别方式相比具有较大优势，因此被广泛应用于海面军事目标探测的研究中，主要包括海岛伪装军事目标的探测、海面舰船目标探测、导弹预警等。

高光谱数据具有图谱合一的特点，因此在提取舰船目标时，可以同时利用图像特征及光谱特征进行目标信息的提取。随着技术的进步，高光谱设备的几何分辨率及光谱分辨率不断提升。

利用高光谱数据进行目标检测时，主要存在以下三个方面的优势：一是利用光谱特征进行目标检测，对所获取的图像空间分辨率要求不高；二是高光谱数据具有丰富的光谱信息，可以有效辨别目标真伪；三是基于光谱特性，可以有效地从复杂背景中凸显出探测目标。

1.5.4.2　基于高光谱技术的水下目标探测

声呐是目前用于探测水下目标的常见工具，但是随着降噪技术的发展，水下目标产生的噪声越来越低，低速巡航时潜艇的噪声已经接近于海洋背景的噪声，因此利用声呐技术来探测水下军事目标变得愈加困难。

　　基于高光谱成像技术的水下目标探测研究开始于 20 世纪 90 年代，研究主要集中在对接收到的潜艇反射光形成的高光谱图像进行分析，其探测结果依赖于反射光在水中的透射深度。光谱成像原理图见图 1-18。

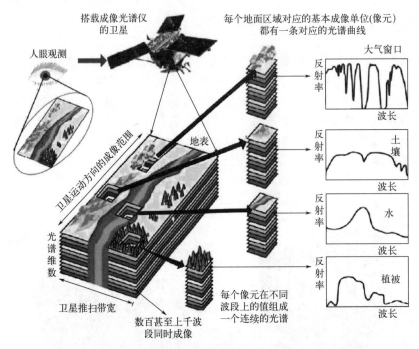

图 1-18　光谱成像原理图

　　核潜艇航行过程中，海水冷却装置排放出大量的温热尾流，而螺旋桨在运转过程中也会产生大量热流，热水质量较轻，将上浮到海面，在海面形成连续或断续的轨迹，这些轨迹的特征与海水的性质相关。目前的研究工作主要集中在尾流中各干扰项的分布规律、尾流尺度的计算、尾流产生的机理等。

　　潜艇在航行过程中会引起周围海域电磁场的变化，磁场的变化导致发光细菌的发光强度发生改变，从而产生了生物光尾流。在正常条件下，这些细菌的发光强度恒定，而在外界电磁场的刺激下，其发光强度将增大。潜艇航行时，其周围的电磁辐射波动将使轨迹上的细菌发光强度发生变化，从而留下明显的荧光带。由此可以通过传感器检测这些荧光信号来探测潜艇。

　　研究表明，用于海面军事目标探测的高光谱成像仪在光谱分辨率、谱段范围以及空间分辨率等方面的指标不断提升，并且在无人机目标探测中表现优异。在基于高光谱数据的海面目标及水下目标探测中，研究人员提出了多种数据处理算法，处理后的图像目标与背景之间的差别显著增强，但实时处理的问题仍难以保证。

1.5.5　月面巡视探测

　　月面巡视探测器又称月球车，是一种能够在月球表面自动移动，完成探测、采样、运载等任务高度集成的航天器，是在月球上完成零距离科学探测任务的重要平台。我国研制成功的首个月球车——"玉兔号"重约 140kg，呈长方形盒状，太阳翼收拢状态下长 1.5m，宽 1m，高 1.1m，有 6 个轮子，外形如图 1-19 所示。"玉兔号"月球车身披"黄金甲"是为了反射月球白昼的强光，降低昼夜温差，同时阻挡宇宙中各种高能粒子的辐射，支持和保护月球车的腹中"秘器"——红外成像光谱仪、激光点阵器、测月雷达、粒子激发 X 射线谱仪等 10 多套科学探测仪器。

图 1-19　"玉兔号"月球车

"玉兔号"月球车的科学探测任务主要包括：月表形貌与地质构造调查、月表物质成分和资源勘察、月壤物理特性探测等。

"玉兔号"月球车要能承载探测仪器在月球表面进行多点就位探测；要在月球表面一定区域安全行驶，并顺利接近感兴趣的探测目标。虽然月球车以地面遥操作控制为主，但必须具备自主实现危险应急和局部避障功能，还要适应月面环境，安全度过月球黑夜。月球昼夜温差非常大，白昼时温度高达 150℃，黑夜时低至 -180℃。为适应极端环境，"玉兔号"月球车利用导热流体回路、隔热组件、散热面设计、电加热器、同位素热源等方式，可耐受 300℃的温差。

我国"玉兔号"月球车原理样机共有 8 个分系统，分别为移动分系统、导航控制分系统、电源分系统、热控分系统、结构与机构分系统、综合电子分系统、测控数传分系统、有效载荷分系统。"玉兔号"月球车的主要工作模式分为三类：行走、探测、通信。"玉兔号"月球车采用摇臂悬架构型，轮式行走装置，独立驱动；采用立体视觉完成周围环境识别，根据环境信息，实现安全路径规划；利用机械臂辅助仪器实现就位探测；利用测月雷达探测土壤厚度和分层等信息。

在月夜到来时，月面的光照和温度环境不能满足月球车的工作需求，"玉兔号"月球车会休息进入休眠模式，只保证和地面必需的遥测联系，大部分科学探测仪器关闭，电源和热控系统负责提供仪器的储存温度条件。待下一个月球白天到来，光照和温度条件达到要求，月面巡视探测器自主唤醒进入新一轮工作。

1.5.6　旋转导向系统

旋转导向系统（rotary steerable system，RSS）如图 1-20 所示，是在钻柱旋转钻进时，随钻实时完成导向功能的一种导向式钻井系统，是 20 世纪 90 年代以来定向钻井技术的重大变革。RSS 钻进时具有摩阻与扭阻小、钻速高、成本低、建井周期短、井眼轨迹平滑、易调控并可延长水平段长度等特点。该系统在钻井过程中钻柱不旋转，而是沿井壁轴向滑动，并通过滑动导向工具改变井眼的井斜角和方位角，从而控制井眼轨迹。旋转导向系统与滑动导向钻井系统相比，具有钻速快、井眼质量高、降低压差卡钻风险、可清洁井眼等优点。

图 1-20　旋转导向系统

旋转导向系统按其导向方式可分为推靠钻头式（push the bit）和指向钻头式（point the bit）两种系统，如图 1-21 所示。

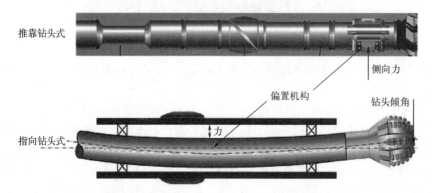

图 1-21　推靠钻头式、指向钻头式旋转导向系统

PowerDrive ICE 超高温旋转导向系统如图 1-22 所示，能够适应 200℃ 环境温度。该旋转导向系统提供了精确的定向控制和自动转向功能，增加了机械钻速，降低了高温井的作业风险，可以高速传送井下测量数据和地层评价数据，确保在恶劣钻井环境下对井眼轨迹进行实时调整并降低井下事故风险。

图 1-22　PowerDrive ICE 超高温旋转导向系统

1.5.7　海洋立体观测系统

海洋是人类生存发展的重要物质基础，是高质量发展的战略要地。随着陆地资源的减少甚至枯竭，海洋已经成为拓展人类生存与发展空间的主要领域，世界各国都把维护国家海洋权益、发展海洋经济、保护海洋环境、开发海洋资源列为重大发展战略。海洋观测是认识海洋的基本手段，是海洋经济开发、环境保护和权益维护的基础。实施"透明海洋"战略，加强海洋观测技术装备研发，建设海洋综合立体观测体系，已经成为我国海洋科技创新的一个重要方向。

所谓"透明海洋"，是指集成和发展现代海洋观测与探测技术，面向全球大洋和特定海区，以移动平台为核心，依托人工智能和大数据技术，实时或准实时获取多圈层、全海深、高时空分辨率的海洋综合环境与目标信息，并在此基础上，预测未来特定时间内海洋环境变化，实现海洋的状态透明、过程透明、变化透明、目标透明，为国家海上活动安全、海洋经济发展和权益维护等提供全面精准的海洋信息技术支撑与服务。

"透明海洋"立体观测网分为 4 个层次，即天基观测网、全球海气界面观测网、深远海水体观测网和深远海海底观测网，如图 1-23 所示。

图 1-23　"透明海洋"立体观测网概念图

① 天基观测网（"海洋星簇"计划）。针对亚中尺度海洋现象、海洋近温跃层垂直剖面信息缺乏、极地大洋探测等需求，开展新机制卫星遥感载荷关键技术研究，实现中尺度到亚中尺度、二维到三维、微波与光学独立观测到联合同步的观测。同海洋水色卫星、海洋动力卫星组网观测，建立全天候、全谱段、多参数的海洋综合信息探测能力。

"海洋星簇"计划将在国际上首次实现同步搭载干涉成像高度计和海洋激光雷达的卫星观测新体制，填补海洋卫星遥感从中尺度识别（10～100km）到亚中尺度分辨（1～10km）的观测空白；另外，该计划将首次实现从海表二维遥感观测到水体垂直剖面探测的重大突破。

② 全球海气界面观测网（"海气交互"计划）。发展海面智能移动和定点锚系平台互联观测与探测技术，构建一体化的海气交互观测技术系统，实现对海气界面物质能量交换的实时观测和水下移动观测平台的中继通信。综合利用大型锚系海气观测浮标、漂流式海气界面浮标和波浪滑翔器等固定和移动观测平台，构建多手段、多源、协同组网、高时空分辨率网格化观测、数据实时通信等功能于一体的海气界面观测网。

"海气交互"计划将完成新一代无人智能移动式海气界面观测设备研发与全球应用，结合大型锚定浮标构建高时空分辨率全球海气交互观测网。特别地，在完善海气交互组网观测技术的基础上，引领新一轮国际海气通量观测计划，在我国海上利益攸关区（南海和西太平洋第二"岛链"以内）建立海气交互智能观测示范网络，为今后的业务运行提供技术支撑。

③ 深远海水体观测网（"深海星空"计划）。实现深海多参数 Argo 浮标、多参数水下滑翔机、长航程 AUV 等深海观探测装备自主研发以及实时通信潜标等固定平台的国产化，系统融合长期定点实时观测平台和移动观测平台，建设涵盖全球深海大洋特别是"两洋一海"区域的先进可靠、互联共享的一体化综合观测网络。

"深海星空"计划通过研发新一代移动式深海观测设备，拓展深海设备水下连续自主工作的时间、深度和航程，结合大型实时潜标构建高时空分辨率全球深海观测网。进一步在水下固定和移动节点处实现智能优化配置、互联和双向实时通信，提高移动节点定位导航精度，拓展固定节点中继通信、移动节点接驳等功能。在深海观测技术发展的基础上，以深海多尺度物质能量循环及其资源环境效应重大科学问题和国家水下环境安全保障需求为牵引，构建先进、可靠、互联、共享的水下一体化深海多学科观测网络。最终融合"海洋星簇"计划和"海气交互"计划，实现对全球百千米级、"两洋一海"十千米级、关键通道百米级海洋环境信息的实时获取。

④ 深远海海底观测网（"海底透视"计划）。发展对海底环境及海底物质成分识别、海底背景和异常地球物理场探测等重大前沿技术体系，形成海底观探测技术能力，发展海底自主高精度定位、新一代接驳技术和数据传输技术，建设以勘测海底过程、重塑海底环境、探测深海目标为目的的海底观测技术示范系统。

"海底透视"计划包括五大重点任务，分别为高精度多尺度多要素地球物理探测系统、海底地质灾害监测预警系统、海底边界层综合探测系统、深海钻探系统和海底矿产资源勘探与评价系统。上述任务通过建立重/磁/电/震/声的背景和异常地球物理场探测重大前沿技术体系，揭示水体和海底边界层结构和物质组成，为环境和目标的立体监测体系提供海底基平台和技术系统，提升我国海底长时间、全海深、高分辨、多物理场覆盖的海底综合信息探测系统技术能力。

围绕海洋科学认知、气候变化、资源开发与权益维护等国家重大科学与应用需求，通过布局亚中尺度和次表层主动遥感新体制卫星遥感、海气界面智能定点与移动组网观测、水下无人智能移动平台及组网观测和海底观探测 4 个立体层次的观探测网络，建设面向全球的"透明海洋"立体观测网络。实现"透明海洋"的状态透明，使海洋环境的观测感知能力从百千米的大尺度提升到千米级的亚中尺度，观探测参数从物理海洋为主拓展到多学科主要参数，提升我国在海洋环境变化、海洋环境保障和海洋权益维护等方面的科技能力和水平，支撑海洋强国建设，进一步在国际上引领以多尺度、多学科海洋物质能量循环和深海大洋动力过程及其气候资源效应等若干个重大科学问题的研究，真正体现海洋强国地位。

第 2 章

特殊环境下的传感技术

在当今的科技发展中，现代信息科学包括生成、获取、存储、传输、处理及应用六大组成部分，其中，信息的获取是信息技术产业链上重要的环节之一，没有高质量的信息获取手段，信息化也就成为无源之水、无本之木。传感器如同能感知外界信息的人造器官，人脑通过五官从外界环境中获取信号，检测系统必须通过传感器收集各种信号才能工作。传感器不仅能在人不能到达或对人体有危险的场所起到感官作用，而且还能感受到人的感官不能感受到的特殊环境下的外界信息，从而丰富和加深人对外部世界的认识。本章主要讲述常规传感器及新型传感器原理、特殊环境下的传感器选型和设计，并说明了特殊环境信息检测传感器的发展趋势。

2.1 传感器的基本概念

在信息时代，人们对于信息的提取、处理和传输越来越迫切，希望能够准确地掌握自然界和生产领域各个环节的信息。传感器作为信息获取的主要途径和手段，发挥着越来越重要的作用，其发展在一定程度上代表了科学技术的发展水平。然而随着信息检测环境的不断复杂化，传感器作为信息检测的源头十分关键。针对特殊环境下检测用的传感器，需要考虑高低温、高压、强振动、强干扰等恶劣环境，以及空间、位置等特殊工况对传感器的影响。要想在确保满足特殊环境需要的同时能够实现被测参数的信息获取，需要对特殊环境下的传感器进行研究。

2.1.1 传感器的定义

在信息检测系统中，往往需要一个装置将被测量转换成与之相对应的其他形式（如电的、气压的、液压的等形式）的输出，这种装置就被称为传感器或敏感元件。GB/T 7665—2005《传感器通用术语》将传感器定义为能够感受规定的被

传感器的定义及分类

测量并按照一定规律转换成可用输出信号的器件和装置，通常由敏感元件和转换元件组成。

信息检测系统中传感器的输出大多是电信号，因此，从狭义上来说，传感器可以定义为"把外界输入的非电量转换成相应的电量输出的器件或装置"。

传感器的典型组成见图 2-1。敏感元件是传感器中直接感受或响应被测量的部分，转换元件是将敏感元件感受或响应的被测量转换成适合传输和测量的电信号的部分。某些传感器可能只由敏感元件组成（兼转换器），如热电偶、热电阻。而一般只由敏感元件和转换元件

组成的传感器的输出信号较微弱或不便于处理，此时则需要通过信号调理转换电路将其输出信号放大或转换为便于测量的电信号。信号调理转换电路以及某些传感器本身还需要辅助电源提供能量。

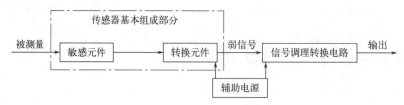

图 2-1　传感器的典型组成

由传感器的组成可知，传感器处于特殊环境信息检测系统的输入端，是特殊环境信息检测系统的第一个环节，传感器性能的好坏将直接影响整个信息检测系统的性能，甚至影响整个信息检测任务完成的质量。因此，为了保证特殊环境信息检测任务的顺利实现，需要对特殊环境下的传感器进行深入研究。

2.1.2　传感器的分类

由于被测量范围广、种类多，传感器的工作原理和使用环境也复杂多样，使得传感器具有较多的种类。为了更好地对特殊环境下的传感器进行研究，需要对传感器进行科学系统的分类。常用的有以下几种：

2.1.2.1　按被测量来分类

根据被测量分类，被测量是什么则可以相应地称为什么传感器。测位移的为位移传感器，测速度的为速度传感器，测加速度的为加速度传感器，测力的为力传感器，测温度的为温度传感器，以此类推。

2.1.2.2　按传感器信号变换特征分类

根据传感器信号变换特征可将传感器分为物性型传感器和结构型传感器。

物性型传感器是根据传感器敏感元件材料本身物理特性的变化来实现信号的转换。例如热电阻就是利用导体或半导体材料的热阻效应进行工作的。

结构型传感器是根据传感器的结构变化来实现信号的转换与传递。如电容式传感器就是利用电容器两极板之间距离的变化或作用面积的改变进行工作的。

2.1.2.3　按传感器与被测对象之间的能量转换关系分类

根据传感器与被测对象之间的能量转换关系，可将传感器分为能量转换型传感器（无源传感器）和能量控制型传感器（有源传感器）。

能量转换型传感器直接由被测对象输入能量使传感器工作，如热电偶、弹性压力计等。由于传感器与被测对象之间存在能量交换，因此能量转换型传感器在测试时可能导致被测对象状态的变化，引起测量误差。

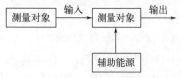

图 2-2　能量控制型传感器工作原理

能量控制型传感器是依靠外部提供辅助能源而使传感器工作的，并由被测量来控制外部辅助能源的变化，如图 2-2 所示。例如，电阻应变计中电阻应变片接在电桥上，电桥能源由外部供给，而由被测量变化所引起的电阻应变片电阻的变化来控制电桥输出。

2.1.2.4 按传感器的物理原理分类

根据传感器工作的物理原理可将传感器分为应变式、压电式、压阻式、电感式、电容式、光电式、霍尔式等。按传感器的物理原理分类，有利于从原理上和设计上对传感器做归纳性的分析和研究。本章对传感器的介绍就是按物理原理进行分类介绍的。

另外，根据传感器的输出信号是模拟信号还是数字信号，传感器可分为模拟传感器和数字传感器；根据信号转换过程是否可逆，传感器可分为双向传感器和单向传感器。

常规传感器

表 2-1 列举出了常用传感器的基本类型及其名称、变换原理和被测量。

表 2-1 常用传感器的基本类型及其名称、变换原理和被测量

类型	传感器名称	变换原理	被测量
机械类	测力杆	力-位移	力、力矩
	测力环	力-位移	力
	纹波管	压力-位移	压力
	波登管	压力-位移	压力
	纹波膜片	压力-位移	压力
	双金属片	温度-位移	温度
	微型开关	力-位移	物体尺寸、位置、有无
	液柱	压力-位移	压力
	热电偶	热-电位	温度
电阻类	电位计	位移-电阻	位移
	电阻应变片	变形-电阻	力、位移、应变、加速度
	热敏电阻	温度-电阻	温度
	气敏电阻	气体浓度-电阻	可燃气体浓度
	光敏电阻	光-电阻	开关量
电感类	可变磁阻电感	位移-自感	力、位移
	电涡流	位移-自感	厚度、位移
	差动变压器	位移-互感	力、位移
电容类	变气隙、变面积型电容	位移-电容	位移、力、声
	变介电常数型电容	位移-电容	位移、力
压电类	压电元件	力-电荷，电压-位移	力、加速度
光电类	光电池	光-电压	光强等
	光敏晶体管	光-电流	转速、位移
	光敏电阻	光-电阻	开关量
磁电类	压磁元件	力-磁导率	力、扭矩
	动圈	速度-电压	速度、角速度
	动磁铁	速度-电压	速度
霍尔效应类	霍尔元件	位移-电势	位移、转速

续表

类型	传感器名称	变换原理	被测量
辐射类	红外	热-电	温度、物体有无
	X 射线	散射、干涉	厚度、应力
	γ 射线	射线穿透	厚度、探伤
	β 射线	射线穿透	厚度、成分分析
	激光	光波干涉	长度、位移、角度
	超声	超声波反射、穿透	厚度、探伤
流体类	气动	尺寸、间隙-压力	尺寸、距离、物体大小
	流量	流量-压力差、转子位置	流量

以上是最基本的传感器分类方法。随着现代科学技术的迅速发展，许多新效应、新材料不断被发现，新的加工工艺不断发展和完善，这些都进一步促进了新型传感器的研究开发工作。本章结合特殊环境信息检测系统的需要，重点介绍新型传感器原理，其他原理传感器建议学习专门传感器的教材。

2.2　新型传感器技术

所谓新型传感器，是指最近十几年内研究开发出来的、已经或正在走向实用化的传感器，相对于传统的结构型传感器而言，新型传感器大部分属于物性型传感器。本节将对一些新效应、新材料以及新的加工工艺做概要性的介绍。

2.2.1　新型传感效应

按引起传感效应的物理量来区分，新型传感效应可分为光效应、力效应、磁效应、化学效应等等。

2.2.1.1　光效应

与光有关的新型效应有：光电导效应、光伏效应等光电效应，克尔（Kerr）效应、光弹效应等电光效应，科顿（Cotton）效应，以及光的多普勒效应等。

（1）光电导效应

在光辐射作用下，材料的电导率发生变化，这种变化与光辐射强度呈稳定的对应关系，这种现象就是光电导效应。光电导效应属于内光电效应。

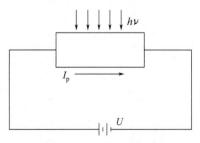

图 2-3　光电导效应

如图 2-3 所示，如果在材质均匀的光电材料两端加上一定电压，当光照射到材料上时，由光照产生的光生载流子在外加电场作用下沿一定方向运动，在回路中产生电流 I_p，电流的大小受光照强度的控制，用这种光电导效应制作的典型器件就是光敏电阻。

光电导材料有两种类型，即本征型和掺杂型，本征型光电导材料只有当入射光子能量 $h\nu$ 等于或大于光电导效应半导体材料的禁带宽度 E_g 时才激发一个电子-空穴对，在外加电场作用下形成光电流，能带图如图 2-4(a) 所示。掺杂型光电导材料的能带图如图 2-4(b) 所示，是 N 型半导体，光子的能量 $h\nu$ 只要等于或大于杂质电离能 ΔE 时，就能把施主能级上的电子激发到导带而形成导电电子，在外加电场作用下形成电流。

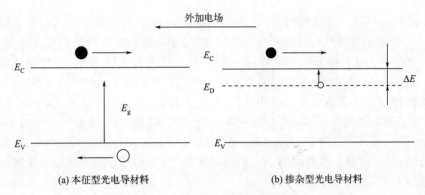

(a) 本征型光电导材料　　　　　　　　　　(b) 掺杂型光电导材料

图 2-4　两种类型光敏电阻能带图

光电导器件（如光敏电阻）的光电流与入射光通量之间存在着一定的关系（称光电特性），当器件两电极间加定值电压 U 时，光电流和照度关系曲线如图 2-5 所示。光照度在 $10^{-1}\sim10^{4}$ lx 范围内，光电流 I_p 为：

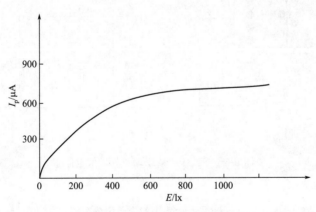

图 2-5　光电流-照度特性曲线

$$I_p = S_g U E = g_p U \tag{2-1}$$

式中，E 为入射光的光照度；g_p 为光敏电阻的光电导；S_g 为光电导灵敏度。

若考虑暗电导 g_d 产生的暗电流 I_d 时，则流过光电导器件的电流 I 为：

$$I = I_p + I_d = g_p U + g_d U \tag{2-2}$$

电导的单位为"西门子"，简称"西"，符号为 S。光电导灵敏度 S_g 用光度量单位时，其单位为西/流明（S/lm）或西/勒克斯（S/lx）。若用辐射度量单位时，其单位为西/微瓦（S/μW）或西/（微瓦·厘米$^{-2}$）［S/（μW·cm^{-2}）］。

基于光电导效应的典型器件是光敏电阻，如 GeAs 等，它们具有与人眼十分相近的光谱响应特征。在可见光亮度测量中广泛采用光敏电阻，例如照相机自动曝光系统中的亮度测量等。

（2）PN 结光伏效应及其元件

当光照射 PN 结时，只要入射光子能量大于材料禁带宽度，就会在结区产生电子-空穴对。这些非平衡载流子在内建电场的作用下按一定方向运动，在开路状态下形成电荷积累，产生了一个与内建电场方向相反的光生电场，即光生电压 U_{oc}，这就是所谓的光生伏特效应。只要光照不停止，这个光生电压将永远存在。光生电压 U_{oc} 的大小与 PN 结的性质及光照度有关。

若 PN 结两边外接一负载电阻 R_L，如图 2-6(a) 所示，此时在 PN 结内出现两种方向相反的电流：一种是光激发产生的电子-空穴对，在内建电场作用下形成的光生电流 I_p，它与光照有关，其方向与 PN 结反向饱和电流相同；另一种是光生电流 I_p 流过负载电阻 R_L 产生电压降，相当于在 PN 结施加正向偏置电压，从而产生的正向电流 I_D。图 2-6(b) 为 PN 结在光伏工作模式下的等效电路，图中，I_p 为光生电流，I_D 为流过 PN 结的正向电流，C_j 为结电容，R_S 为串联电阻（引线电阻、接触电阻等之和，其值一般很小，可忽略），R_{sh} 为 PN 结的漏电阻（又称动态电阻或结电阻，它比 PN 结的正向电阻大得多，故流过的电流很小，往往可略去）。这样，流过负载 R_L 的总电流 $I_L = I_D - I_p$。因为 I_D 与施加在 PN 结两端的正向电压 $U = I_L(R_L + R_S)$ 有关，即

$$I_D = I_0 \left[e^{qU/(kT)} - 1 \right] \tag{2-3}$$

式中，I_0 为反向饱和电流；T 为热力学温度；k 为玻耳兹曼常数；q 为电子电荷数。

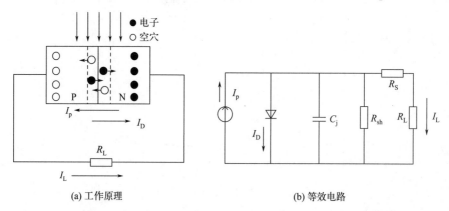

(a) 工作原理   (b) 等效电路

图 2-6　光照 PN 结原理及其等效电路

负载电流 I_L 为：

$$I_L = I_p - I_D = I_p - I_0 \left[e^{qU/(kT)} - 1 \right] = S_E E - I_0 \left[e^{qU/(kT)} - 1 \right] \tag{2-4}$$

式中，S_E 为光电灵敏度（也称光照灵敏度），并且：

$$S_E = q\eta A/(h\nu)$$

式中，q 为电子电荷数；η 为材料的量子效率；A 为受光面积；$h\nu$ 为光子的能量。

结型光电器件用作探测器时，有两种工作模式，即工作在反偏置的光电导工作模式或零偏置的光伏工作模式。

当负载电阻 R_L 断开（$I_L = 0$）时，PN 结两端的电压称为开路电压，用 U_{oc} 表示，则

$$U_{oc} = \frac{kT}{q}\ln\left(1 + \frac{I_p}{I_0}\right) \approx \frac{kT}{q}\ln\left(\frac{S_E E}{I_0}\right) \tag{2-5}$$

当负载电阻短路（即 $R_L = 0$）时，光生电压接近于零，流过器件的电流叫短路电流 I_{sc}，其方向从 PN 结内部看是从 N 区指向 P 区，这时光生载流子不再积累于 PN 结两侧，所以 PN 结又恢复到平衡状态，费米能级被拉平而势垒高度恢复到无光照时的水平，短路

电流：

$$I_{sc} = I_p = S_E E \tag{2-6}$$

这时 PN 结光电器件的短路光电流 I_{sc} 与光照度 E 成正比。

如果给 PN 结加上一个反向偏置电压 U_b，外加电压所建的电场方向与 PN 结内建电场方向相同，PN 结的势垒高度增加，使光照产生的电子-空穴对在强电场作用下更容易产生漂移运动，提高了器件的频率特性。

基于光伏效应的 PN 结光电器件有三种：光敏二极管、光敏三极管和硅光电池。光敏二极管和硅光电池的伏安特性一致，只不过是工作于不同的偏置下；光电三极管则可以看作用光电二极管注入基极电流的普通三极管，其伏安特性与普通三极管相同，只不过其曲线中的基极电流为光生电流。

PN 结光电器件在不同照度下的伏安特性曲线如图 2-7（a）所示。无光照时，伏安特性曲线与一般二极管的伏安特性曲线相同，受光照后，光生电子-空穴对在电场作用下形成大于反向饱和导通电流 I_0 的光电流，曲线沿电流轴（图中 I 轴）向下平移，平移的幅度与光照度的变化成正比，即 $I_p = S_E E$。当 PN 结上加有反向偏压时，暗电流随反向偏压的增大有所增大，最后等于反向饱和电流 I_0，而光电流 I_p 几乎与反向电压的高低无关。图 2-7（b）为光敏三极管的伏安特性曲线。图 2-7（c）为硅光电池的伏安特性曲线。

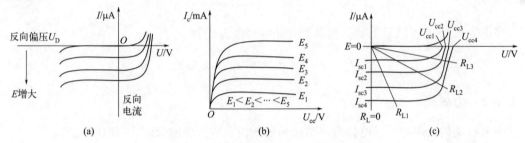

图 2-7　三种光电器件的伏安特性曲线

（3）科顿（Cotton）效应

能使左、右旋圆偏振光传输速度相异的旋光性聚合物（或称光学活性聚合物，如芳香族化合物），在直线偏振光入射并透过时，会产生 α 角的偏转现象，称为科顿效应。

由于直线偏振光是左、右旋圆偏振光的合成，因此当它入射于旋光性物质时，左、右旋圆偏振光因传播速度不同而使其折射率各不相同。又因圆偏振光每前进一个波长距离就有一次旋转，所以，左、右旋圆偏振光透过厚度为 d 的旋光性物质后，旋转的角度分别为 $\varphi_1 = \frac{2\pi d}{\lambda_1} = 2\pi d n_1 / \lambda$，$\varphi_r = \frac{2\pi d}{\lambda_r} = 2\pi d n_r / \lambda$，其中 λ 为入射光波长，λ_1、λ_r 分别为左、右旋圆偏振光的波长，n_1、n_r 分别为左、右旋圆偏振光在媒质中的折射率。透过的合成直线偏振光偏转的角度 α 则为：

$$\alpha = \frac{\varphi_1 - \varphi_r}{2} = \frac{\pi d (n_1 - n_r)}{\lambda} \tag{2-7}$$

（4）多普勒效应

具有一定频率 f_0 的信号源（如光源）与传感器之间以速度 v 相对运动，传感器所接收的信号频率 f 将与信号源的自身频率 f_0 不相同，并且，若两者相对运动，则 $f > f_0$，若两者相向运动，则 $f < f_0$，这种现象被称作多普勒效应。

以光波为例，设光波与传感器之间相对运动的方向在同一条直线上，光波源的频率为

f_0，当两者以速度 v 相对于光源运动，在光速为 c（$c \gg v$）的情况下，传感器所接收到的光波信号频率为 f，则

$$f = f_0 \left[1 - \left(\frac{\pm v}{c} \cos\theta \right) \right] \tag{2-8}$$

式中，$\pm$ 表示传感器与光源之间相对运动的方向，相向运动取"+"号，相反运动取"-"号；θ 为光源与传感器两者相对运动方向之间的夹角。

在有些特定的场合，会存在所谓双重多普勒频移效应。如图 2-8 所示，其中 S 为光源，P 为运动物体，Q 为传感器。若物体 P 的运动速度为 v，运动方向与 PS 及 PQ 的夹角分别为 θ_1、θ_2，从光源 S 发出的频率为 f_0 的光经过运动物体 P 散射后，再被传感器 Q 所接受。

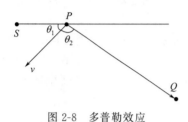

图 2-8　多普勒效应

物体 P 相对于光源 S 运动时，在 P 点所观察到的光频率 f_1 为：

$$f_1 = f_0 \left(1 - \frac{c}{v} \cos\theta_1 \right) \tag{2-9}$$

频率为 f_1 的光通过物体 P 产生散射发出，在 Q 处所观察到的光频率 f_2 由下式表示：

$$f_2 = f_1 \left(1 - \frac{c}{v} \cos\theta_2 \right) \tag{2-10}$$

考虑到 $c \gg v$，可以近似地把双重多普勒频移方程式表示为：

$$f_2 = f_0 \left[1 - \frac{c}{v} (\cos\theta_1 + \cos\theta_2) \right] \tag{2-11}$$

2.2.1.2　力效应

与力有关的效应有：压电效应、磁致伸缩效应、电致伸缩效应、压阻效应等等。

（1）压电效应

当具有压电效应的材料受到沿一定方向的外力作用而变形时，在其某两个表面上将产生极性相反的电荷。常见的压电材料有石英晶体（又称水晶）、铌酸锂（LiNbO$_3$）、镓酸锂（LiGaO$_3$）、锗酸铋（Bi$_{12}$GeO$_{20}$）等单晶和经极化处理后的多晶体〔如钛酸钡、锆钛酸铅压电陶瓷（PZT）〕，此外，还有高分子压电薄膜，如聚偏二氟乙烯（PVDF）、压电半导体（如 ZnO、CdS）等。

图 2-9 所示为石英晶体切片，图中，x 为晶体的电轴方向，y 为机械轴方向，z 为光轴方向。当沿电轴 x 方向施加作用力 F 时，在与电轴垂直的平面上产生电荷 Q，并且：

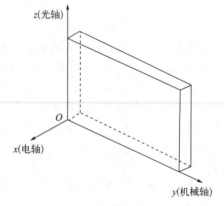

图 2-9　石英晶体切片

$$Q = d_{ij} F \tag{2-12}$$

式中，i 表示晶体的极化方向，即产生电荷的表面垂直于 x 轴（y 轴或 z 轴），i 取值 1、2、3；j 表示作用力的方向，即沿 x 轴、y 轴、z 轴的单向力以及垂直于 x 轴、y 轴、z 轴的剪切力，相应的 j 取值 1、2、3、4、5、6；d_{ij} 为压电常数，用矩阵表达为：

$$d = \begin{bmatrix} d_{11} & d_{12} & d_{13} & d_{14} & d_{15} & d_{16} \\ d_{21} & d_{22} & d_{23} & d_{24} & d_{25} & d_{26} \\ d_{31} & d_{32} & d_{33} & d_{34} & d_{35} & d_{36} \end{bmatrix} \tag{2-13}$$

例如石英晶体的 $X0°$ 切片，$d_{11} = -d_{12} = 2.31 \times 10^{-12} \text{C/N}$，$d_{14} = -d_{25} = 0.727 \times 10^{-12} \text{C/N}$，$d_{26} = -2d_{11}$，其余全为零。

（2）磁致伸缩效应

某些铁磁体及其合金以及某些铁氧体在磁场作用下将产生机械变形，其尺寸、大小会做相应的伸缩，这种现象称为磁致伸缩效应或称焦耳效应。

磁致伸缩效应与磁性物质内部的磁畴变化有关，无外磁场作用时，磁性物质体内的磁畴排列杂乱无章，磁化均衡；当受到外磁场作用时，体内各磁畴转动并使它们的磁化方向尽量与外磁场相一致，导致磁性体沿外磁场方向的长度发生 $10^{-6} \sim 10^{-5}$ 量级的变化。从宏观的角度理解，磁性材料产生的长度变化可以看作磁性材料在外磁场作用下产生了自由应变 ε_0。根据亚里夫（A. Yariv）的理论：

$$\varepsilon_0 = CH^{1/2} \tag{2-14}$$

式中，常数 C 可以这样确定：磁性材料（如金属玻璃带）在饱和场强 $H_S = 200\text{Oe}$ （$1\text{Oe} = 79.5775 \text{A/m}$）下，测得的饱和磁致伸缩系数 $\lambda_S = 30 \times 10^{-6}$，此时：

$$C = \lambda_S H_S^{-1/2} = 2.1 \times 10^{-6} \tag{2-15}$$

2.2.1.3　磁效应

与磁有关的效应有：法拉第效应、磁光克尔效应等磁光效应，霍尔（Hall）效应、磁阻效应等磁电效应，磁致伸缩、威德曼效应等压磁效应，以及约瑟夫效应、核磁共振等。

（1）法拉第效应

法拉第效应又称磁致旋光效应，如图 2-10 所示。当线偏振光通过处于磁场下的透明介质时，光线的偏振面（光矢量振动方向）将发生偏转，其偏转角 θ 与磁感应强度 B 以及介质的长度 L 成如下比例关系：

$$\theta = KBL \tag{2-16}$$

式中，K 是物质的特性常数，即所谓韦尔代（Verdet）常数，其数值与光波波长和温度有关。例如稀土玻璃的韦尔代常数是 $0.13' \sim 0.27'/(\text{Gs} \cdot \text{cm})$（$1\text{Gs} = 10^{-4}\text{T}$），那么处于 0.1T（10^3Gs）磁场下长 10cm 的稀土玻璃棒可使偏振光的光矢量偏转 $22° \sim 45°$。

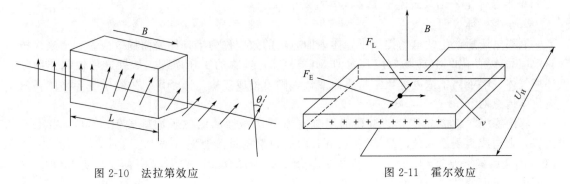

图 2-10　法拉第效应　　　　　　　　　图 2-11　霍尔效应

（2）霍尔效应

霍尔效应实际上是基于洛伦兹力的效应，当电流通过半导体薄片时，垂直于电流方向的

磁场 B 使电子向薄片的一侧偏转，从而使薄片的两侧产生电位差 U_H，如图 2-11 所示。所产生的电位差称作霍尔电势，霍尔电势与励磁电流 I_B 的关系为：

$$U_H = K_H I_B B \tag{2-17}$$

式中，K_H 为霍尔常数。上述的薄片习惯上称作霍尔元件。

由于材料及制作工艺的原因，霍尔元件存在温度效应和不等位电势的问题，因此，在实际应用中，还必须考虑霍尔元件的温度和不等位电势的补偿问题。

所谓不等位电势是指霍尔元件在励磁电流的激励下，即使外界磁感应强度 B 为零，霍尔元件仍然有输出的电势。造成不等位电势的原因主要有：元件两侧焊接的电极不对称、元件厚度不均匀、材料的电阻率不均匀等。

2.2.1.4 化学效应

化学效应有：吸附效应、半导体表面场效应、中性盐效应、电泳效应等等。

（1）吸附效应

利用吸附效应可制成气敏传感器。诸如 SnO_2、ZnO 等金属氧化物的半导体陶瓷材料接触气体时，在特定温度下，材料会吸附气体分子，其分子表面和气体分子之间发生电子交换，使得半导体材料的表面电位、功函数及电导率发生变化，这种现象称为吸附效应。

吸附效应产生的机理是复杂的，解释吸附效应机理的理论也较多，我们仅以吸附能级理论为例略作介绍。

SnO_2、ZnO 等材料吸附气体分子时，气体分子在材料表面自由扩散形成物理吸附，同时，被部分蒸发后的残留分子产生热分解而固定在吸附处形成化学吸附。这时，如果半导体的功函数小于吸附分子的电子亲和力，则吸附分子将从半导体中夺取电子而变成负离子吸附，并将空穴给予半导体，使得半导体的导带电子数目减少或空穴数目增多。具有这种吸附的气体称为氧化型气体或电子接收型气体，如 O_2、NO_x。如果半导体的功函数大于吸附气体分子的离解能，则吸附分子将向半导体释放其电子而成为正离子吸附，进入半导体内的电子，将束缚 N 型半导体的少数载流子，使其导带上参与导电的自由电子复合概率减小，即导电电子数目增加，半导体电阻值减小。对于 P 型半导体，进入的电子将与其空穴复合，即导带空穴数减少，因而半导体阻值增大。具有正离子吸附的气体称为还原型气体或电子供给型气体，如 CO、H_2、碳氢化合物、酒精等。

综上所述，氧化型气体吸附到 N 型半导体上，或还原型气体吸附到 P 型半导体上，将使其载流子减小，电阻增大。反之，还原型气体吸附到 N 型半导体上，或氧化型气体吸附到 P 型半导体上，则其载流子增多，电阻减小。

（2）半导体表面场效应

利用电压所产生的电场控制半导体表面电流的效应称为半导体表面场效应。它是绝缘栅场效应晶体管（如 MOS 场效应管，即 MOSFET）基本的工作原理。如果这种控制作用随环境气体、溶液离子浓度等化学物质而变化，则可构成气敏、离子敏、生物敏等半导体场效应化学传感器。

将绝缘栅场效应晶体管的金属栅用具有离子选择性的敏感膜如硅酸铝（SiO_2-Al_2O_3）代替，则构成离子敏场效应晶体管（ISFET）。如果用过渡金属（如 Pd、Pt、Ni）做 MOSFET 的金属栅（厚度约 10nm），则构成气敏场效应晶体管。它们都是通过改变 MOSFET 的阈值电压而使其漏源电流变化，输出电信号的。

例如离子敏场效应晶体管就是在绝缘栅上制作一层敏感膜，用离子敏感膜代替普通 MOSFET 的栅极，利用敏感膜与化学物质的电化学作用产生的电位控制 MOSFET 的电流输出。当然，不同的敏感膜所检测的离子种类也不同，所以离子敏场效应晶体管具有离子选择性。

（3）中性盐效应

在化学反应系统中加入中性盐（其水溶液既非酸性又非碱性的盐类）后，系统的离子强度将发生变化，从而影响其反应速度，这种现象称为中性盐效应。

中性盐效应包括一次和二次效应。一次中性盐效应是指反应系统离子强度变化改变反应离子的活化系数，从而影响反应速度的效应。二次中性盐效应则为活化系数的变化影响反应系统的离解平衡，进而改变反应离子的浓度，引起中性盐本身反应速度改变的效应。

（4）电泳效应

当水溶液（如食盐）电解时，溶液中的离子向电极方向移动（称为电泳），因溶液流动阻碍离子移动而减小其迁移率的现象称为电泳效应。

离子的迁移率与溶液中电解质的浓度、种类、颗粒形状及大小有关。利用电泳效应可以分析蛋白质。

2.2.2　新型敏感材料

传感器用途广泛、品种繁多，但不管哪种传感器都是由具有各种不同特性的材料构成的。传感器功能材料是指利用物理效应（现象）和化学、生物反应原理制作敏感元件的基体材料。传感器功能材料是一种结构性的功能材料，其性能与材料组成、晶体结构、显微组织和缺陷密切相关。传感器的质量在很大程度上取决于传感器功能材料。敏感材料是指对电、光、声、力、热、磁、气体分布等待测量的微小变化而表现出性能明显改变的功能材料。传感器的敏感材料是指能利用物理效应或化学、生物反应原理做成敏感元件的基体材料，按结晶状态可分为单晶、多晶、非晶和微晶等类，按电子结构和化学键可分为金属、陶瓷和聚合物等，按物理性质可分为超导体、导电体、半导体、介电体、铁电体、压电体、铁磁体、铁弹体、磁弹体等，按形态可分为掺杂、微粉、薄膜、块状、纤维等，按功能可分为力敏、压敏、光敏、色敏、声敏、磁敏、气敏、湿敏等。

由于近年来半导体材料、加工等技术的飞速发展，半导体敏感材料的应用最为广泛，纤维、高分子材料在传感器技术中的应用也越来越多。像光电耦合器件、光纤传感器、生物传感器、化学传感器等基本上都使用上述材料。本节将对半导体敏感材料、光导纤维、高分子材料、石英晶体加以简单介绍。

2.2.2.1　半导体敏感材料

半导体敏感材料可以将多种非电量转换为电量，无论是光、声、热、磁、气、湿等都可以利用相应的半导体敏感材料进行传感，其中基于半导体材料硅的传感器无论是种类还是性能都是十分突出的，这是由于硅的加工工艺十分成熟，很容易将传感器微型化、集成化、多功能化和智能化。

表 2-2 将半导体敏感材料加以分类，列出了各种材料的性能和传感对象。

用半导体敏感材料制作传感器是与半导体敏感材料的加工技术分不开的，例如采用常压化学气相沉积工艺制作的多晶硅薄膜，可制成价格便宜、光电转换特性好的光敏传感器。利用分子束外延的方法可以制作高灵敏度、能检测极微量物理量的高灵敏度光、磁或超声等传感器。

表 2-2 半导体敏感材料分类

材料类型	典型材料	可测物理量	备注
单晶	Si、Ge	力、光、磁	
多晶	Si	光、压、热	可制成薄膜
非晶态	a-Si:H	热、应变、光	制作成薄膜
异质结外延	Si	加速度、压力、酶	在蓝宝石(α-Al$_2$O$_3$)上定向外延的单晶膜
化合物	GaAs、InSb、ZnS、CdS、TeCdHg、PbS	力、磁、光、紫外、红外、超声	

传感器的敏感材料有多种，如物理材料（无机材料）、化学材料（有机材料）和生物材料等。性能优良的敏感材料是研制先进传感器的基础，主要有以硅材料为主的半导体材料、石英材料、精密陶瓷材料、高分子材料、酶以及新的复合材料等。

（1）单晶硅

单晶硅具有优良的机械、物理性质，材质纯、内耗低、功耗小。单晶硅的机械品质因数可高达 10^6 数量级（实际值往往比最大值小很多），滞后和蠕变极小，几乎为零，机械稳定性好。单晶硅是大部分固态传感器的敏感材料。

单晶硅为立方晶体，是各向异性材料。许多物理特性取决于晶向，如弹性性质、压阻效应等等。单晶硅具有很好的热导性，而热胀系数却不大。

作为半导体敏感材料，单晶硅具有优良的电学性质，其压阻效应取决于晶向，压阻系数矩阵为：

$$\pi_{ij} = \begin{bmatrix} \pi_{11} & \pi_{11} & \pi_{11} & 0 & 0 & 0 \\ \pi_{12} & \pi_{12} & \pi_{12} & 0 & 0 & 0 \\ \pi_{12} & \pi_{12} & \pi_{12} & 0 & 0 & 0 \\ 0 & 0 & 0 & \pi_{44} & 0 & 0 \\ 0 & 0 & 0 & 0 & \pi_{44} & 0 \\ 0 & 0 & 0 & 0 & 0 & \pi_{44} \end{bmatrix} \tag{2-18}$$

式中，π_{11} 为纵向压阻系数；π_{12} 为横向压阻系数；π_{44} 为剪切压阻系数。

单晶硅传感器的制造工艺与硅集成电路工艺有很好的兼容性。硅传感器与信号调理电路单片集成，将对传感器技术产生巨大变革，可实现微型化、低功耗，并有利于提高传感器的一致性、可靠性和响应速度。

基于单晶硅的优良机械性质和电学性质，用微机械加工方法已制成实用的扩散硅压阻式集成压力传感器，小型和超小型的、性能优良的传感器，如硅电容式集成压力传感器、硅谐振式压力传感器以及硅加速度传感器等。

（2）多晶硅

多晶硅是许多单晶（晶粒）的聚合物，这些晶粒的排列是无序的，不同晶粒有不同的单晶取向，而每一晶粒内部都具有单晶的特征。晶粒与晶粒之间的部位称为晶界。晶界对压阻效应的影响可以通过控制掺杂浓度来降低。晶粒大小对压阻效应也有一定影响，晶粒越大，压阻效应越大，即应变灵敏系数越大（单晶情况下为最大）。

低温淀积的多晶硅膜经过高温处理后晶粒明显增大，有利于压阻效应的改善。

多晶硅压阻膜与单晶硅压阻膜相比，其优点是可在不同衬底材料上制作，如金属材料衬底，而制备过程与常规半导体工艺相兼容，且无 PN 结隔离问题，因而有良好的温度稳定性。多晶硅压阻膜的应变灵敏系数虽比单晶硅压阻膜低，但仍比金属的应变灵敏度高一个数量级。用多晶硅压阻膜可有效地抑制传感器的温漂，是制造低温漂传感器的好材料。

（3）非晶体硅

非晶体硅不仅在光电器件中广泛应用（如太阳能电池），而且在传感器中也有相当大的应用潜力。这是因为非晶体硅具有晶体材料所难以得到的下列特性。

① 在可见光范围内具有高的光吸收系数。

② 淀积温度低（200～300℃），可以使用多种材料作衬底，并可在大面积表面上淀积（或喷镀），如在飞机表面那样大的曲面上进行喷镀，也可以在大面积挠性有机膜片上淀积，用以感受压力分布和识别形状。

③ 材料性能稳定，随时间变化很小，且有较高的机械强度。

④ 具有高的塞贝克系数（200pV/K）。

⑤ 纯非晶硅没有压阻效应，利用微晶相与非晶相混合便可产生压阻效应。其应变灵敏系数比金属的高一个数量级。

⑥ 和多晶硅一样，非晶硅的弹性模量与制备和热处理工艺有关，一般为$(150～170)×10^3 MPa$。

基于非晶体硅的上述特性，可用其制造多种传感器，如光传感器、图像传感器、高灵敏度的温度传感器、微波功率传感器、触觉传感器等。

（4）硅蓝宝石

硅蓝宝石材料是在蓝宝石（$\alpha\text{-}Al_2O_3$）衬底上应用外延生长技术形成的硅薄膜。由于衬底是绝缘体，可以实现元件之间的分离，且寄生电容小。蓝宝石的机械强度为体形硅的 2 倍多，蠕变极小，优于单晶硅；耐辐射能力强，化学稳定性好，耐腐蚀性强。

为了在 N 型硅基片上形成 P 型扩散硅层，基片之间必须有一个 PN 结，由这种 PN 结形成的绝缘性在 150℃以上的高温下会下降。而硅蓝宝石膜由于和基片之间是完全绝缘的，可制作高达 300℃温度下使用的性能稳定的传感器。其制备工艺与集成电路工艺相兼容。

可见，应用硅蓝宝石膜制作的传感器具有很强的耐环境适应性。

（5）化合物半导体材料

先进的图像传感器日益采用化合物半导体材料，如碲镉汞（$Hg_{1-x}Cd_xTe$）、锑化铟（InSb）、硅化铂（PtSi）、砷化镓（GaAs）等。这些材料均需在制冷条件下使用，制冷温度一般为 77K。

实用的图像传感器，主要针对红外辐射在大气传输中"透明度"最好的三个大气窗口，即 $1～3\mu m$、$3～5\mu m$ 和 $8～14\mu m$ 三个波段，同时也在开发更长波段的应用。对于 $1～3\mu m$ 波长辐射敏感的图像传感器有 PbS、InAs、$Hg_{1-x}Cd_xTe$ 等。对于 $3～5\mu m$ 波长辐射敏感的图像传感器有 Ga（非本征型）、PbSnTe 和 $Hg_{1-x}Cd_xTe$。其中 $Hg_{1-x}Cd_xTe$ 是一种本征型吸收材料，敏感波长可以在 $1～30\mu m$ 之间变化；调整组分可以制作适合三个大气窗口的器件，也是最有成效的长波红外图像传感器。

作为无源探测的红外光敏技术，在许多关键系统中得到了广泛应用、如红外夜视、飞机前视、侦察、告警、火控、跟踪定位、精确制导、地球监视、卫星系统等。

2.2.2.2　光导纤维

光导纤维（简称光纤）作为远距离传输光波信号的媒质，最早用于光通信技术。但是，在实际光通信过程中发现，光纤受到外界环境因素的影响，如压力、温度、电场、磁场等环境条件变化时，将引起在光纤中传输的光波的某些物理量发生变化，这些物理量包括光强、相位、频率、偏振态等。这些现象自然而然地引起了人们的推测，如果能测量出光波中物理量的变化大小，就可以知道导致这些光波特性变化的压力、温度、电场、磁场等物理量的大小，于是就出现了光纤传感器。

光导纤维由三层构成：其中央有个细芯（半径 a，折射率 n_1），称为纤芯，直径只有几十微米；纤芯的外面有一层薄薄的包层，包层折射率 n_2 小于 n_1；光纤最外层为保护层，其折射率 n_3 大于 n_2。这样的构造可以保证入射到光纤内的光波以全反射的方式集中在纤芯内传输。

如果光纤的纤芯是用高折射率玻璃材料制成的，包层是用低折射率的玻璃或塑料做成的，则具有这种结构的光纤称为阶跃光纤；如果纤芯的折射率高，越到包层折射率越低，折射率的分布是从中央高折射率逐渐变化到包层的低折射率，则这种光纤称作梯度光纤。

光线以各种不同角度入射到纤芯并射至纤芯与包层的交界面时，光线在该处一部分透射，一部分反射。当光线在纤维断面中心的入射角 θ 小于临界入射角 θ_c 时，光线在纤芯与包层的交界面的入射角就大于反射的临界角，光线就不会透射出界面，而全部被反射。光在界面上无数次反射，呈锯齿形状路线向前传播，最后从纤芯的另一端传出，这就是光纤的传光原理。数值孔径 NA 是表示向光导纤维入射的信号光波难易程度的参数，且

$$NA = \sin\theta\sqrt{n_1^2 - n_2^2} \tag{2-19}$$

光纤的临界入射角的大小是由光导纤维本身的性质（即折射率 n_1、n_2）所决定的，光导纤维的 NA 越大，表明它可以在较大入射角范围内输入全反射光，并保证此光波沿纤芯传播。

这种沿纤芯传输的光可以分解为两部分平面波成分，一部分沿轴向，另一部分沿径向。因为沿径向传输的平面波是在纤芯与包层的界面处全反射的，所以，每一往复传输的相位变化是 2π 的整数倍时，就可以对径向形成驻波。这样的驻波光线又称为"模"。"模"只能离散地存在。也就是说，光导纤维内只能存在特定数目的"模"传输光波。如果用归一化频率 ν 表达这些传输模的总数，其值一般在 $\nu^2/4 \sim \nu^2/2$ 之间。归一化频率为：

$$\nu = 2\pi r NA/\lambda \tag{2-20}$$

式中，r 为纤芯的直径；λ 为传输光的波长。

能够传输较大 ν 值的光导纤维（即能够传输较多的模）叫多模光导纤维。单模光导纤维的中心玻璃芯很细，芯径一般为 $8.5\mu m$ 或 $9.5\mu m$，并在 1310nm 和 1550nm 的波长下工作。

多模和单模光导纤维都属于普通光导纤维，除此之外，还有一些具有特殊性能的光导纤维，称作特殊光导纤维，例如可以保持偏振面的光导纤维叫作保偏光导纤维。

多模光导纤维纤芯与包层折射率之差较大，因此能传输的光波也比较多。当把纤芯直径降至 $6\mu m$ 以下、把折射率差缩至约 0.005 时，光导纤维所能传输的光波就大为减少，只能传输基模光波。

基模光波可以看作是相互垂直的模 E_x 和 E_y 的合成（如图 2-12 所示）。如果用 (x, y, z) 即图 2-12 所示线偏振光波的传输直角坐标系描述光波传输的情形，则 E_x、E_y 模可以表示在 xOz、yOz 平面内振动并沿 z 方向传输的光波的状态。

光波虽是电磁波，但为了简化问题，不妨认为 E_x（$e_x \neq 0$，$e_y = 0$）只在 x 方向上具有一定的电场强度，而 E_y（$e_y \neq 0$，$e_x = 0$）仅在 y 方向上具有一定的电场强度。按照麦克斯韦方程，这两个电场分量分别为：

$$\begin{cases} e_x = A_x(x,y)\,e^{j(\omega t - \beta_x z)} \\ e_y = A_y(x,y)\,e^{j(\omega t - \beta_y z)} \end{cases} \tag{2-21}$$

式中，A_x 与 A_y 分别为 E_x 与 E_y 在截面方向上的电场峰值；ω 为光的角频率；t 为时间；β_x 与 β_y 分别为 E_x 与 E_y 模的轴向传输系数。β_x 与 β_y 的物理意义可以理解为 E_x 与 E_y 模在轴向单位长度内相位角的变化量。

之所以说单模光导纤维在传感器技术中非常重要，还在于它所传输的是线偏振光。这样，就可以把讨论多模光导纤维时被略去的"偏振面"以及光波的传输"相位"变化等光学状态利用起来，进行多种物理量的传感。

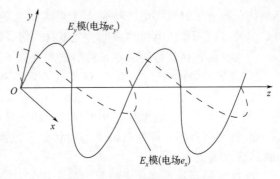

图 2-12　线偏振光波的传输

如果光导纤维的纤芯是无任何畸变的圆形理想构造，模传输系数 $\beta_x = \beta_y$，即两种模以同一速度传输，这时，两种模毫无区别，甚至可以完全看作一种模。但是实际的光导纤维形状并非理想的圆形，而且，因纤芯与包层材质差异所带来的热胀系数的不同，也势必会造成纤芯的某种畸变。于是，$\beta_x \neq \beta_y$，也就是说，实际光导纤维中所传输的两个模 E_x、E_y 不是以同一速度传输的。

为分析单模光导纤维输出光波的偏振特性，假定 E_x、E_y 模同时以同一振幅 A 传输，那么 $A = A_x = A_y$，去掉 ωt 项，整理可得：

$$A_x^2 + A_x^2 - 2A_x A_x \cos(\Delta\beta) = A^2 \sin(\Delta\beta) \tag{2-22}$$

式中，$\Delta\beta = |\beta_x - \beta_y|$ 为 z 方向上的模传输系数差。

显然，上式表示电场的轨迹是一个椭圆。实际上，当 $\Delta\beta = m\pi$（$m = 0$，1，2，…）时，偏振面不随时间变化，即为线偏振光。当 $\Delta\beta = (2m+1)\pi/2$（$m = 0$，1，2，…）时，偏振光的变化轨迹呈圆形，为圆偏振光。在 $\Delta\beta$ 为一般情形时，偏振光的变化轨迹为椭圆，故称为椭圆偏振光。

用普通光导纤维的单模光导纤维难以解决许多物理量的传感问题，或者说，很难保证所需的测量精度。为解决这一难题，人们进一步研制出了一些用于传感技术的特殊光导纤维，这里，我们以保偏光导纤维为例，简单介绍光在保偏光导纤维中传输的情形。在单模光导纤维的输入端虽然仅仅是射入 E_y 模的线偏振光，但是，当随着外界干扰量作用在光导纤维时，偏振光特性将因此而发生变化，产生出 E_x 模。

因外界干扰量的不同，模之间的功率交换比例可由下式给出：

$$\eta = |e_x|^2 / |e_y|^2 = \tan(KL / \Delta\beta m) \tag{2-23}$$

式中，η 为消化比，一般用分贝（dB）表示（$10\lg\eta$）；K 为常数；L 为光导纤维长度；m 为外界随机干扰量常数，一般取为 4、6 或 8。

为了要在较长距离之内保持偏振面状态不变，即尽量缩小 η 值，由式（2-23）可知，必须加大 $\Delta\beta$。然而，理想构造的普通光导纤维 $\beta_x = \beta_y$（$\Delta\beta = 0$），所以即使在极短的光导纤维内，力图保持所传输光波的偏振面也是极端困难的。也就是说，普通光导纤维保持偏振面的特性不是那么简单的。

理论计算与实际应用表明：只有 $\Delta\beta$ 在 3000rad/m 以上才能防止两种模间的能量交换，进而保持住偏振面固定不变。

2.2.2.3　高分子材料

有机分子的分子骨架几乎都是由强化学键的 σ 键构成的，高分子集合体固体的特征是非晶结构，高分子材料在电气特性上主要表现为绝缘性。不过高分子材料也可以作为敏感材料，主要可以用作压电、热释电、光电材料等。

为使有机物质具有导电性，目前主要有以下三种办法：

① 像聚乙炔的分子构架（…—CH═CH—CH═CH—CH═CH—…）那样，使单键和双键交互联结的 π 共轭系变长。这样为激发 π 电子所需的能量（相当于禁带宽度）大致与共轭链的长度成反比地减少，从而使材料的电导率增大。

② 将具有像苯那样的共轭系平面状分子以面对面的形式紧密重叠，并使邻近分子间的 π 轨道接近或重合。

③ 在电子供给性高分子材料中掺杂电子兼容性低分子，无论高分子材料自身具有什么样的半导体区域的电导率，掺入电子兼容性强的低分子后，其电导率将大大提高。电子兼容性掺杂剂的作用是重要的，且由于其电子亲和力、分子的大小和浓度的不同，提高导电性的效果也不同。表 2-3 列出了几个高导电性高分子材料的有关参数。

表 2-3 高导电性高分子材料

高分子	掺杂剂	$\sigma/(\text{S/cm})$
聚乙炔	AsF_5	10^3
聚吡咯	BF_4	$10^2 \sim 10^3$
聚苯乙烯	BF_4	10
聚（对-苯撑）	AsF_5	5×10^2
聚（对-苯撑乙烯）	AsF_5	10
聚联乙炔	I_2	10^{-4}

π 共轭系发达的导电性高的分子几乎不溶于溶剂中，如果加热的话，也将在熔融前分解。因此，多数导电性高的分子成型工艺性差。为了解决此问题，可以首先合成可溶于溶剂的前驱体高分子，并用湿法将其加工成薄膜或纤维状，进而施以延伸处理，再产生热分解反应，从而得到所要求形状的导电性高的分子或纤维。这样的高分子的复杂的化学合成方法适用于聚乙炔等。现已得到厚度为 $1\mu m$ 左右的薄膜。

获得导电性高的分子薄膜的另外一个方法是电化学聚合。这种方法适用于聚吡咯、聚呋喃等。此方法是将与高分子自身相关的单体（单基物）和电解质溶于高介电率的溶剂中，植入适当的电极（如白金），并在两电极间加上直流电压，从而在一个电极板上形成电解氧化聚合体薄膜。此时得到的薄膜含有来自电解质的阴离子掺杂剂，从而具有较高的电导率。

具有大的自发极化的高分子材料可以作为压电或热释电材料。例如聚偏二氟乙烯（PVDF）、氟化聚烯叉和二氟化聚乙烯（—CHF—CF$_2$—）的共聚合体 [P(VDF—TrFE)]、氟化聚烯叉和四氟化聚乙烯（—CF$_2$—CF$_2$—）的共聚合体 [P(VDF—TeFE)] 等有极性氟系高分子薄膜都具有自发极化。这些高分子固体是结晶性高的分子，对于各自的晶体结构有少许的结晶变态。

PVDF 薄膜可以用来制作机器人的仿生皮肤，它主要有两种晶型，即 α 型和 β 型。α 型晶体不具有压电性，但 PVDF 膜经滚延拉伸后，原来薄膜中的 α 型晶体变成 β 型晶体结构。

其中，在称为 β 型晶体的高分子中，在转换型中切断伸长的分子链使 CF$_2$ 双极子的方向平行，并在准六方晶体中反向，如图 2-13 所示的 β 型 PVDF 晶体结构。因为来自 CF$_2$ 的永久双极子排列在同一方向，所以这种晶体是极性微晶。高分子薄膜由微晶区和非晶区构成，多数微晶的极化方向是随机的，所以就薄膜整体而言不具有自发极化。不过，若在某一温度下加热并施加高直流电压（500kV/cm）进行所谓的原样冷却还原处理，则整个薄膜就会具有自发极化，从而具有压电效应和热释电效应。

拉伸极化后的 PVDF 薄膜在承受一定方向的外力或变形时，材料的极化面就会产生一定的电荷，即压电效应，其压电常数为：$d_{31}=24\mathrm{pC/N}$、$d_{32}=4\mathrm{pC/N}$、$d_{33}=-30\mathrm{pC/N}$。介电耦合系数为：$K_{31}=15\%$、$K_{32}=3\%$、$K_{33}=19\%$。

当薄膜吸收到热能使其温度升高时，也使极化面产生相应数量的电荷，在材料的两端获得电压输出，称为热释电效应。热释电率与压电率的相关性极强，且随着极性调整处理方法的进步，热释电率也升高了。当温度上升到 90℃ 左右时，PVDF 微晶中分子链的热运动变活泼，微晶的极化方向混乱，导致压电性、热释电性都消失。

表 2-4 为 PVDF 的主要物理性能。

图 2-13　β 型晶体结构

表 2-4　PVDF 的主要物理性能

名称	参数	名称	参数
压电应变常数	20pC/N	密度	$1.8\mathrm{g/cm^3}$
压电电压常数	$0.17\mathrm{V \cdot m/N}$	熔点	165～180℃
热释电系数	$35\mu\mathrm{C/(m^2 \cdot K)}$	抗拉强度	200MPa
相对介电常数	12	杨氏模量	1500MPa
介电强度	150MV/m	吸湿性（水）	0.02%
热导率	$0.13\mathrm{W/(m \cdot K)}$	柔顺系数	$3.2\times10\mathrm{m/N}$
体电阻	$10^{13}\Omega \cdot \mathrm{m}$	温度范围	−40～80℃

2.2.2.4　石英晶体

石英晶体俗称水晶，其化学成分为 SiO_2，晶体的理想形状为六角锥体，如图 2-14 所示。其六边形横截面的棱线方向为 x 轴（电轴），六边形横截面的对边方向为 y 轴（机械轴），通过锥顶端的轴线称为 z 轴（光轴）。在电轴和机械轴方向，石英晶体具有压电效应；而在光轴方向，石英晶体具有光的双折射效应。

石英晶体是电绝缘的离子型晶体电解质材料，在其表面淀积金属电极引线，其极间漏电阻是很大的。

石英晶体在外力 T 的作用下产生机械变形，引起其内部的正负电荷中心相对位移从而产生电的极化，在晶体表面出现电荷积聚。设积聚的电荷密度为 σ，则有：

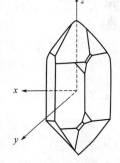

图 2-14　石英晶体的理想形状

$$\sigma_{ij}=d_{ij}T_j \tag{2-24}$$

式中，i 为电效应（场强、极化）方向的下标，$i=1，2，3$；j 为力效应（应力、应变）方向的下标，$j=1，2，\cdots，6$；T_j 为 j 方向的外施应力分量，Pa；σ_{ij} 为 j 方向的应力在 i 方向的极化强度（或 i 面上的电荷密度），$\mathrm{C/m^2}$；d_{ij} 为 j 方向应力引起 i 面产生电荷时的压电常数，C/N。

如图 2-14 所示，在三维直角坐标系方向对晶体施加外力，设沿 x、y、z 向的正应力分量（压应力为负）分别为 T_1、T_2、T_3，绕 x、y、z 轴的切应力分量（顺时针方向为负）分别为 T_4、T_5、T_6，那么在 x、y、z 面上将有电荷积聚，电荷密度（或电位移 D）分别为 σ_1、σ_2、σ_3。

可以用矩阵形式将式（2-24）展开，写成：

$$\begin{bmatrix} \sigma_1 \\ \sigma_2 \\ \sigma_3 \end{bmatrix} = \begin{bmatrix} d_{11} & d_{12} & d_{13} & d_{14} & d_{15} & d_{16} \\ d_{21} & d_{22} & d_{23} & d_{24} & d_{25} & d_{26} \\ d_{31} & d_{32} & d_{33} & d_{34} & d_{35} & d_{36} \end{bmatrix} \begin{bmatrix} T_1 \\ T_2 \\ T_3 \\ T_4 \\ T_5 \\ T_6 \end{bmatrix} \tag{2-25}$$

对于不同的压电材料，由于各向异性的程度不同，上述压电矩阵的 18 个压电常数 d_{ij} 中，实际独立存在的个数也各不相同。例如在垂直于 x、y 平面，与 x 方向相垂直的方向切一个长方体，所得到"$X0°$切型"石英晶体的压电常数矩阵具体为：

$$d = \begin{bmatrix} d_{11} & d_{12} & 0 & d_{14} & 0 & 0 \\ 0 & 0 & 0 & 0 & d_{25} & d_{26} \\ 0 & 0 & 0 & 0 & 0 & 0 \end{bmatrix} \tag{2-26}$$

式中，$d_{11} = -d_{12} = -0.5d_{26} = \pm 2.31 \times 10^{-12} \text{C/N}$；$d_{14} = -d_{25} = \pm 2.31 \times 10^{-12} \text{C/N}$。$\pm$ 号表示：左旋石英晶体在受拉时取"＋"，受压时取"－"；右旋石英晶体在受拉时取"－"，受压时取"＋"。

2.2.3 新加工工艺

伴随着传感器的研究和开发，以及其他相关科技的发展，加工工艺特别是微细加工工艺得到了前所未有的进步。在 20 世纪后期，腐蚀、键合、光刻、薄膜、刻蚀、拉丝、激光、超声加工等技术发展十分迅猛，微细加工已经进入纳米量级，并进而向 0.1nm 方向和原子或分子尺寸挺进；同时，借助于这些加工技术的发展，众多基于微电子加工的器件包括敏感器件的成本大幅下降，从而被广泛应用到科研、生产、军事、生活等各个领域。本节摘选几个加工工艺加以概括性介绍，以飨读者。

2.2.3.1 薄膜加工工艺

薄膜成膜的主要方法是蒸发、溅射以及化学气相淀积、分子束外延。蒸发和溅射这两种方法都需要在真空中进行。分子束外延需要在超真空条件下进行。薄膜成膜的主要设备是真空镀膜机，真空镀膜机的钟罩为薄膜成膜提供真空环境。

（1）蒸发

蒸发所要求的环境真空度在 $1.33 \times 10^{-2} \text{Pa}$ 以下，只有在这样的真空度条件下，被蒸发的材料的分子才不会受参与气体分子的碰撞甚至相互发生反应而影响蒸发效果，蒸发备制的膜纯度极高。

图 2-15(a) 所示为蒸发设备示意图，其中，提供真空环境的部分是钟罩、真空泵（包括机械真空泵和油扩散泵，图中未画出）、真空监测仪，提供蒸发成膜的有轰击电极、低压蒸发电极、蒸发源、加热罩、活动挡板等。

蒸发成膜的具体方法是使用真空泵把淀积室（钟罩）内的气压抽至 $1.33 \times 10^{-2} \text{Pa}$ 以下（通过真空监测仪监测），然后采用电阻加热、电子轰击等办法加热蒸发源材料（蒸发材料用

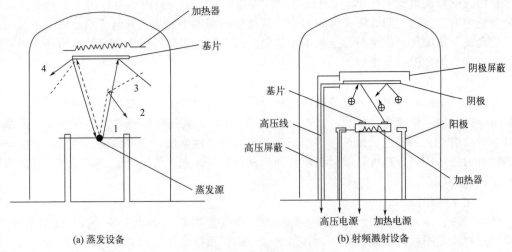

图 2-15　蒸发与溅射设备

1—原子或分子束；2—渡越过程中受到撞击；

3—气体分子；4—从基片上二次蒸发

高熔点材料如钨、钼、钽等制成的钵盛放，蒸发温度在 1000~2000℃ 之间），迫使蒸发材料表面的原子或分子离开材料表面，并淀积在基片上。在蒸发之前，还需要用加热罩将基片加热，其目的是提高薄膜的附着性能，同时也可以对基片和钟罩室内进行烘烤除气。

蒸发材料可以是金属、非金属或热稳定性良好的化合物。

（2）溅射

溅射时虽然溅射气体的实际气压较高，但为了减少周围气体对淀积膜的污染，制得高纯度薄膜，必须在溅射前将钟罩抽到 $1.33×10^{-2}$ Pa 以下的真空度，然后再充入溅射气体以达到所需要的气压（1.33Pa）。可见，真空是薄膜成膜的关键。

溅射是材料表面受到具有一定能量的离子的轰击而发射原子的现象，其基本原理是利用电场作用将惰性气体电离，而正离子将向阴极方向高速运动，撞击阴极表面后，把自己的能量传递给处于阴极的溅射材料，使溅射材料的原子或分子逸出而淀积到基片上，形成所需的薄膜。

与蒸发相比，溅射具有如下特点：

① 需要数千伏的电压，以使惰性气体电离。

② 溅射装置比较复杂。

③ 可以制造高熔点（2000℃以上）材料的薄膜。

④ 膜层与基片附着力好。

⑤ 成膜的时间长，蒸发仅需要几秒或几分钟，而采用溅射法则需要几分钟甚至几小时。

溅射的方法很多，有阴极溅射、反应溅射、等离子溅射、射频溅射、磁控溅射等。这里介绍一种常用的射频溅射方法。

射频溅射的设备如图 2-15（b）所示。在射频溅射设备中，阴极安置在绝缘靶后面，射频电压加在靶上，在射频电压正半周，妨碍溅射的空间电荷被中和，在负半周内顺利产生溅射。如果直流溅射的靶材不是金属或半导体，而是绝缘材料，正离子轰击时，靶面就带正电荷，从而电位上升，电压就要加到绝缘材料上，加速离子的电场就变小，离子入射靶材就不可能，结果导致辉光放电和溅射的中断。如果在靶极上加一对射频电压，就能消除积累在靶面上的正电荷，从而实现绝缘材料的溅射。溅射电压对绝缘材料能够进行正常的、有效的溅射，主要是因为在绝缘靶面上建立起了负偏压的缘故。

常用的射频溅射频率在 $10\sim20Hz$ 之间。当频率低于某一极限值时，由于周期很长，在一个周期中有充裕的时间收集足够的离子，致使同一周期中收集到的电子不足以中和它，这样，靶面就呈正偏压，绝缘材料也就不能溅射。最高溅射极限频率为几兆赫。稍高于极限频率虽然也能溅射，但效率很低。

射频溅射是在真空度为 $2.7\times10^{-2}Pa$ 的条件下进行的，利用这种技术可以在大面积的阴极得到均匀的溅射薄膜，可以备制多元成分的薄膜。射频溅射主要用于溅射介质材料、金属和半导体材料，以及各种氮化物（如 AlN、TaN 等）、氧化物等薄膜。能溅射各种绝缘材料是射频溅射最大的特点。此外，射频溅射还具有溅射速度快、膜层致密、纯度高、膜与基片的附着力强等特点，还可以溅射淀积复杂的材料如不锈钢、坡莫合金或玻璃等，并具有厚度易于控制的特点。

（3）化学气相淀积（CVD）

使用加热、等离子体和紫外线等各种能源，使气态物质经化学反应（热解或化学合成）形成固态物质淀积在衬底上的方法，叫作化学气相淀积技术，简称 CVD 技术。

根据淀积温度、反应器的内压力、反应器壁的温度和淀积反应的激活方式，CVD 技术可分为不同的类型。例如按温度分为低温、中温、高温，按压力分为常压、低压，按壁温分为热壁方式和冷壁方式，按激活方式分为热激活和冷激活。

上述 CVD 的方法都有相应的不同设备，但基本结构主要包括以下主要部分：反应气体输入部分、反应激活能源供给部分和气体排出部分。其中，反应激活能源供给部分是 CVD 设备的重要部分。

热激活是通过热能量来激活化学反应，它可分为热壁系统和冷壁系统。热壁系统一般采用电阻值加热，冷壁系统的加热可用射频能量或紫外光能量来完成。一般所说的冷壁是相对而言的，它是指反应器壁比工件和支架冷。

等离子体激活是利用气体产生的等离子体能量来激活化学反应的。等离子体有两种温度，一是电子温度 T_e，二是离子温度或气体温度 T_g。由于产生等离子体的方法不同，这两种温度的差别也很大。通常把 $T_e=T_g$ 的等离子体叫作平衡等离子体（或等温等离子体、热等离子体），把 $T_e>T_g$ 的等离子体叫作非平衡等离子体（非等温等离子体、低温等离子体）。在用等离子体激活的化学反应中，有的是非平衡等离子体。

CVD 的化学反应大致可以分为两种类型。一类是一种气态化合物在一定的激活能量（如通过加热）下被分解，生成固态物质淀积在衬底上，而生成的气态物质泄出，例如正硅酸乙酯经热分解，生成 SiO_2 就属于这一类：

$$Si(OC_2H_5)_4 =\!=\!= SiO_2+4C_2H_4^+\uparrow+2H_2O\uparrow \tag{2-27}$$

另一类是两种气态化合物经化学反应生成新的固态物质和气态物质，例如硅烷 SiH_4 和氨 NH_3 起反应生成 Si_3N_4 就属于这一类：

$$3SiH_4+4NH_3 =\!=\!= Si_3N_4+12H_2\uparrow \tag{2-28}$$

CVD 技术淀积薄膜的主要过程如图 2-16 所示。反应气体输送到淀积衬底上方，以扩散方式穿过附面层到达表面并被吸附，此过程称为质量传输过程。反应气体在衬底表面上发生化学反应，生成淀积薄膜，未反应的气体和反应生成物脱离衬底表面回到主流气体中去。

下面，我们以 PCVD 技术为例介绍 CVD 技术设备和制造工艺。PCVD 技术的基本原理是在非平衡等离子体中，气态物质被激活，在衬底上发生化学反应并在衬底上淀积出固态薄膜。用 PCVD 技术可淀积多种薄膜，如多晶硅、SiO_2、Al_2O_3 和 Si_3N_4 等。

图 2-17 为 PCVD 装置示意图，它是平板型结构，称为平板电容式 PCVD 装置。电极由直径为 66cm 的两个圆板相互平行放置构成，板相距 5cm，上部电极输入射频功率，下部旋转，

并可加热到 $400℃$。反应气体通过旋转中心进入上部，通过接通电极的外侧进入下部，并经等间隔的四个排气孔由真空泵排出。

（4）分子束外延（MBE）

所谓外延是指以某点为中心向外生长，分子束外延（MBE）是一种利用分子射束在单晶衬底上生长单晶层的外延方法，它是随超真空、表面分析和其他薄膜制备微细加工技术的发展而逐渐成熟的一种新工艺。目前，MBE 技术已成为研制

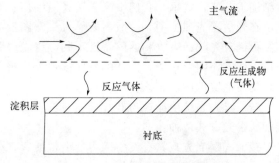

图 2-16　CVD 技术的过程示意图

GaAs 集成电路和集成光路不可缺少的技术，MBE 技术的出现和发展，为表面物理、表面化学的基础研究和研究新型传感器提供了最佳环境和工艺条件。

在超高真空（$1.33×10^{-8}\text{Pa}$）气氛中，把需要进行生长的物质或掺杂物装入喷射炉中，将炉温升到蒸发温度以产生分子束。坩埚喷射的分子以一定速度打在具有适当温度的衬底上，实现单晶硅薄膜外延生长。其生长单晶薄膜的机构主要由动力学过程决定。基本条件是：生长化合物半导体时，它的化学计量比，即晶体组成元素必须保持 $1:1$。例如，生长 GaAs，要求 $N_{Ga}:N_{As}=1:1$。

实际上，分子束外延技术可以看成是一种可以监控的定向分子流蒸发技术，图 2-18 为 MBE 原理图。与真空蒸发相比，分子束外延技术具有如下特点：

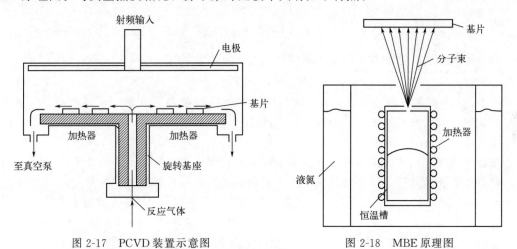

图 2-17　PCVD 装置示意图　　　　图 2-18　MBE 原理图

① 可以实现多种蒸发物边生产、边分析、边控制。

② 在清洁超真空条件下进行，能获得超纯薄膜。

③ 衬底生长温度低，热扩散效应很小，便于控制特定掺杂分布和横向尺寸，晶体的完整性主要取决于表面清洁程度和生长温度。

④ 生长速度低。

⑤ 蒸发源和衬底分开，可原位监控晶体生长和掺杂工艺过程。

⑥ 采用适当的几何尺寸和衬底自转机构，提高了大面积样品的均匀性，生产成品率高。

2.2.3.2　光学曝光微细加工工艺

曝光微细加工工艺包括光学曝光微细加工工艺、电子束曝光微细加工工艺和离子束曝光

微细加工工艺，这里，我们以光学曝光微细加工工艺为例加以介绍。

在光学曝光加工中，一般需要具有一定图形的掩模板（简称掩模），掩模上的图形区和非图形区对光线的吸收和透射特性不同，将光线照射在具有特定电路图形的掩模上，就会将掩模上的电路图形转印到硅片的抗腐蚀剂上，然后通过显影、刻蚀和淀积金属等工艺，即可获得集成电路的图形布线。

按照曝光系统中掩模与硅片的相对位置不同，可以将光学曝光分成接触式曝光方式和非接触式曝光方式两种。

接触式曝光方式具有设备简单、造价便宜、分辨率较高的特点。但由于接触式曝光方式成品率很低，目前已不再采用。

非接触式曝光方法是指掩模和衬底抗蚀剂不直接接触而实现图形复印曝光的方法。掩模和衬底分离组合方式有许多种，常用的非接触式曝光形式有接近式和投影式两种方式。

图 2-19 为接近式曝光示意图，这种方法虽然可以克服了接触式曝光容易损坏掩模和硅片的缺点，但光的衍射效应又使图形曝光的分辨率下降。

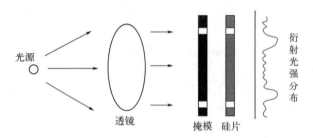

图 2-19　接近式曝光方法

由于衍射效应，这种方法的最小制作线宽为：

$$W_{min} = 15\sqrt{\lambda s/200} \tag{2-29}$$

式中，λ 为照射光的波长；s 为掩模与抗蚀剂薄膜的距离。实际上，在大批量生产时，总是考虑到不同图形的制作要求而取不同的间隙。例如取间隙 s 为 $10\mu m$ 时，能够获得的线条极限宽度为 $3\mu m$；取间隙 s 为 $20\mu m$ 时，能够获得的线条极限宽度为 $4\mu m$。

与接触式曝光相比，相同的曝光次数下，接近式曝光方法掩模的寿命要延长 10 倍以上。

投影式曝光是通过光学系统将掩模图形反射或透射到硅片或其他涂敷感光材料的衬底上成像的方法。这种方法是目前使用最为广泛的方法，按照投影成像倍数的不同，投影式曝光可分为等比例全反射曝光和透射式缩小曝光两种方法。

（1）等比例全反射曝光技术

等比例全反射曝光的原理如图 2-20 所示，成像系统由一组球面反射镜构成。光源发出的光线透过掩模经多次反射在基片上成像，这种全反射系统的优点在于：

① 无光学像差，光学成像质量优异。因为系统不论在曝光波长或在观察波长范围内都表现出完全相同的成像特性，所以从根本上提高了位置对准精度。具体地说，因为是全反射系统，所以没有色差。系统使物像均位于垂直于光轴的平面内。其相互位置完全对称，也没有彗差及畸变，在像散校正区内也没有像散。所以，只要使光线成为通过该区域内窄缝的弧状光，

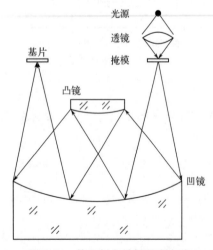

图 2-20　等比例全反射曝光光路

就能获得基本上无像差的高质量图像。

② 在曝光期观察中可以使用连续波长，不受驻波干扰。

③ 因为仅使用表面反射系统，所以不受在折射系统中存在的那种在透镜界面上产生弥散、反射等杂乱光的不良影响，也没有幻象及光斑等，可形成清晰图像。

等比例全反射曝光并非接触式或接近时那样的静止曝光，而是以动态扫描形式进行曝光。因为在曝光时，掩模和基片都是快速且均匀地做线性运动（两者的运动保持同步），使得从反射器反射出的图形（光束）呈弧形狭缝状在基片上扫描。

衍射效应也会影响投影曝光的分辨率。假定在曝光系统中，线宽与间隔相同，且认为一般的光致抗蚀剂曝光最小调制传递函数 MTF 为 60%，则实际能分辨的最小线宽为：

$$W_{\min} \approx \frac{\lambda}{1.28NA} \tag{2-30}$$

式中，λ 为照射光波长；NA 为镜头的数值孔径。

镜头的焦深为：

$$Z = \pm \frac{\lambda}{2(NA)^2} \tag{2-31}$$

从式（2-30）中可以看出，短波长的照射光，大数值孔径的镜头，图形的分辨率高，通常采用数值孔径为 1.6 左右的镜头。但从式（2-31）中来看，短波长、高数值孔径的光学系统的焦深较小。由此可见，在图形分辨率提高的同时，焦深明显减小。而小焦深的镜头对于起伏不平（以平整度衡量）的片子就不容易形成清晰的图像。

（2）透射式缩小曝光技术

透射式缩小曝光技术采用具有高分辨率的缩小镜头，把中间掩模图形缩小到基片上进行曝光，如图 2-21 所示。

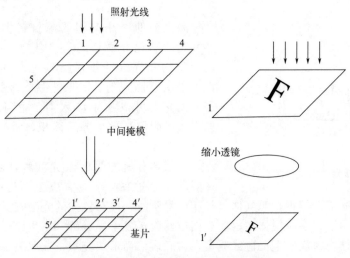

图 2-21 　 透射式缩小曝光系统原理图

通常，缩小率有 1/10、1/7、1/4 等。透射式缩小曝光技术与上述投影曝光技术在原理和结构上的最大不同在于，可以采用分步重复透射式缩小曝光。分步重复透射式缩小曝光机（direct step on the wafer，DSW）是在硅片上直接分步形成图形。

IC 集成度的提高、芯片面积的增大、电路图形线宽的缩小，使得一幅 IC 的图形既复杂精细又占很大面积。照射光线既没有如此大的视场，也不可能在大视场里处处精确清晰地投影曝光出细微的图形。为了解决这个矛盾，采用把大视场分割成很多小视场的办法，即如图

2-21 所示的 1、2、3……分割区。精确定位的机械系统将中间掩模和片子同步移动到小视场里，光学系统对这个小视场进行透射式缩小曝光。当前一个视场曝光完毕后，机械系统又将中间掩模和片子移动到下一个小视场里进行投影曝光，直到中间掩模的图像全部一对一地复印到整个基片上为止。

透射式缩小曝光系统的优点是显著的。对于一块平整度在微米量级的片子，如果将其分割成很多小单元，那么，在这个小单元里，相对来说，就可以认为比较平整。这样，在小视场内就可以采用较大数值孔径的投影系统，在不影响曝光清晰度的前提下，提高图形分辨率。现在的透射式缩小曝光系统的数值孔径最大可达 0.4，采用 $0.405\mu m$ 的照射光，能分辨的最小线宽为 $0.78\mu m$、焦深为 $\pm 1.3\mu m$。可见，即使在平整度不够高的情况下，也可以得到较高分辨率的图形。透射式缩小曝光系统的另外一个优点是可以简化中间掩模的制造工艺，获得较好的掩模反差和掩模尺寸精度。因为掩模的尺寸可以比实际曝光的片子尺寸大很多，所以，掩模图形线条可以做得较大，制造方便，精度也高。

透射式缩小曝光系统的不足之处是设备比较昂贵、曝光效率低。

2.2.3.3　激光微细加工工艺

激光微细加工工艺具有直接写入、低温处理等独特的优点，在微电子、光电子、集成光学、光电集成电路等领域都能发挥广泛的作用，这里，我们将简单介绍激光微细加工工艺的激光辅助气相淀积、激光辅助固相淀积、激光辅助液相淀积、激光退火、激光辅助化学掺杂等。

（1）激光辅助气相淀积

一般在 CVD 装置上再加激光器、光路、基片加热及传动装置、淀积膜的实时检测设备等就构成了激光辅助气相淀积的装置，其核心部分是充有反应气体的密封反应室，激光束通过入射窗口投射到衬底上，如图 2-22 所示。在激光辅助气相淀积中，衬底片（元件）往往置于反应室中。

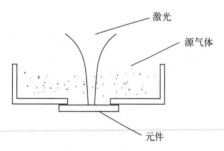

激光
源气体
元件

图 2-22　激光辅助气相淀积

激光辅助气相淀积的源材料多为有机化合物，尤其是烃基化合物和碳基化合物，在激光作用下生成淀积物和挥发性物质。激光束可以从正面入射，也可以从背面入射。一般来说，如果属光热分解淀积，激光束可以从正面入射，也可以从背面入射；如果属吸附层光化学分解淀积，激光束从正面入射；如果属气相光化学分解淀积，激光束应从反面入射。

对于热分解增强的激光淀积，源气体对激光是透明的，但衬底必须具有较强的光吸收；对于光化学分解增强的激光辅助淀积，源气体（气相或黏附态）应有较强的光吸收。

在激光束作用下，反应气体在衬底表面或其附近发生光分解，产生原子或自由基，这些原子或自由基可能与衬底发生反应或凝聚在衬底表面而形成淀积，这取决于反应气体和衬底的化学性质。例如在 GaAs 的激光辅助淀积过程中，膜生长增强的机制可以是光分解，也可以是热分解。

激光辅助气相淀积技术可用于 GaAs 的原子层外延、Si 衬底上的 GaAs 区域选择淀积等方面。以单片光敏集成电路为例，由于光敏器件是以 GaAs 为材料的，电子线路则是以 Si 为材料的，这两种材料性能上不能互换，即 GaAs 材料不能做电子线路，Si 材料很难做成光敏器件。在这种情况下，可以利用激光辅助淀积 GaAs 的低温处理和"直接写入"功能，先在 Si 基片上做电子线路，再在激光辅助淀积的 GaAs 上完成光敏器件的制作，这就为解决电器件和光器件的材料工艺相容性问题提供了一种有效的方法。

（2）激光辅助固相淀积

相对于激光辅助气相淀积而言，激光辅助固相淀积不需要专用反应室，除了衬底表面源材料膜的制备需要在超净间进行外，其余各道工序都可以在一般环境中进行，设备也就相对简单多了。

激光辅助固相淀积的一般工艺流程为制膜→曝光→显影。

① 制膜：先以离心式涂胶机在衬底的淀积表面用源材料如 Pd、Cu 和 Au 等和载体材料的混合溶液制备一层金属有机薄膜，烘干。

② 曝光：用激光束对淀积区曝光，使淀积区的金属有机化合物聚合膜在激光束作用下发生分解。在分解生成物中，只有淀积物原子留在衬底表面，其余生成物都是挥发性物质。曝光时，可以让激光束沿所需图样扫描。

③ 显影：将样品浸泡在有机溶剂中，除去未曝光的聚合膜，淀积金属则留在淀积表面，成为金属图样。不难看出，激光辅助固相淀积容易与常规工艺的光刻技术兼容，可以借助于已有的一些光刻设备和技术。

在光热分解的激光辅助固相淀积中，源材料或载体材料的光热分解都常常释放出大量的热，影响淀积膜的结构。不同的化学物质，不同的分解机制，都会对淀积膜的结构和性质产生重要影响。因此，抑制反应释热对淀积膜结构和纯度的影响是必要的。

在激光辅助固相淀积中，激光束总是从正面入射。

（3）激光辅助液相淀积

激光辅助液相淀积的应用范围比较窄，淀积膜质量一般，但淀积设备简单，而且，由于溶液中可以实现很高的源分子密度，因而可以得到比激光辅助气相淀积更高的淀积速率。

激光辅助液相淀积中，无论是光热分解淀积还是光化学分解淀积，一般都从背面入射，而不从正面入射。如果光从正面入射，必然透过溶液后才能到达衬底的淀积面，这样势必在远离淀积表面的溶液中产生大量的淀积物，这既可能影响光的透过，大量浪费源材料和光源能量，又会严重影响淀积膜质量。激光束一般总是从背面入射，这是激光辅助液相淀积中光入射方式的主要特点。

由于光束总是从背面入射，激光辅助液相淀积装置也有其相应的特点。在激光辅助液相淀积中，为了让淀积面与溶液接触，背面与溶液隔离，衬底（元件）不能再置于反应室中。常用的方式有两种，一是把衬底做成溶液盒的侧壁，内表面为淀积面，光就从该侧壁入射；二是衬底盖在溶液上面，下表面为淀积面，光线从上面入射。

由于激光束从背面入射，激光总是要经衬底和淀积膜才能进入溶液。对于光热分解的激光辅助液相淀积，这不会对膜的厚度产生严重影响，因为随着淀积膜厚度增加而增加的淀积膜光吸收，同样会使淀积区维持足够的温度，使淀积过程得以继续。对光化学反应的激光淀积，情况就不一样了，当厚度增加到一定程度时，激光会几乎全被淀积层所吸收，于是激光辅助淀积过程终止，厚度不再增加。这就是激光辅助液相淀积中常常出现的厚度"自限制"现象。由于厚度的这种"自限制"，光化学反应增强的激光淀积膜厚度一般都比较薄，只能在 10nm 数量级。

（4）激光退火

所谓激光退火，就是用功率密度很高的激光束照射半导体表面，使其损伤区（如离子注入掺杂或中子嬗变掺杂时造成的损伤）达到合适的温度，从而达到消除损伤的目的。激光退火克服了常规的热退火的缺点，诸如热退火后遗留的二次缺陷对半导体的电特性影响仍然很大，虽然热退火后迁移率可以恢复，但少数载流子扩散长度并不能恢复。激光退火分为脉冲激光退火和连续扫描激光退火两种。

激光束照射半导体材料时，一部分辐射能将被吸收，使半导体中价带电子激发到导带，分别在导带和价带中产生热电子和热空穴。经过与晶格多次碰撞，它们会把能量传递给晶格而转变成热。电子晶格的弛豫时间为皮秒数量级，而激光退火中所用的光辐射持续时间一般大于纳秒数量级，这意味着在激光照射时间内，半导体吸收光子的瞬间就立即转变成热，迅速地建立起热平衡，升温速度极快，一般可以达到 $10^9 \sim 10^{14}\,℃/s$。另外，光子还可以把能量直接传递给晶格振动，或者为杂质所吸收，使束缚在杂质能级上的电子或空穴分别跃迁到导带和价带上。此时，自由载流子还会进一步吸收光子在带内跃迁，当它们与晶格相互作用时，会发生能量转换而产生热。在激光照射结束后，激光在固体表面产生的热量迅速地由高温区传到低温区，冷却速度极快，可以达到 $10^9 \sim 10^{14}\,℃/s$。这样，当激光束照射半导体材料时，在照射区将产生温度随时间的变化率很大、持续时间很短的骤冷、骤热过程。将该温度骤变过程控制在合适的变化范围，就可能使半导体性能得以改善，缺陷、损伤得以消除。

一般认为，激光退火有以下两种模型：

① 脉冲激光退火的液相外延再生长。当半导体材料受到宽度为 $10 \sim 200$ns 的脉冲激光照射时，其表面吸收层的温度骤然升高，如果激光功率密度足够大，表面吸收层就能达到熔点而变成熔融状态。在脉冲结束时，固-液界面快速移动，产生液相外延再结晶。外延生长速率很高，可以达到 $1 \sim 2$m/s，掺杂原子在外延过程中会迅速进入晶格成为替位原子，以致使超过热平衡固溶度的掺杂原子来不及析出而被"溶解"在晶格中，因而可以得到超过固溶度极限的高掺杂浓度。

② 连续扫描激光退火的固相外延再生长。当采用辐射持续时间为毫秒量级的激光连续扫描照射半导体材料时，只要控制激光功率密度和扫描速度处于合适的范围内，即使半导体材料表面吸收层温度保持在熔点以下，也能得到满意的退火效果。在这种情况下，激光退火与热退火的机制相似，为固相外延再结晶过程。由于扫描持续时间要比脉冲宽度大几个数量级，如果温度高到使样品表面变成熔融状态的水平，将引起材料表面气化，这对半导体器件是很不利的。因此，连续扫描激光退火应保持在固相外延状态。

（5）激光辅助化学掺杂

掺杂是实现集成电路、半导体器件、光电混合集成回路和半导体光电子器件纵向结构的重要手段，例如 CCD 器件中，掺杂是十分普遍的。要获得满意的器件参数和功能，必须将某些杂质以一定的方式掺入半导体基片的特定区域内，而且要在合适的掺入深度内，掺入必要的剂量，并满足一定的杂质浓度分布要求。常规的掺入方法有热扩散、离子注入、合金、中子嬗变、反冲注入等掺杂技术。

按所用激光的波长成分来分，激光掺杂分为单波长法和双波长法。单波长法使用单波长的激光束做激光掺杂，它以光热分解或光化学分解的方式使源物质分解产生杂质原子，同时又对衬底定域加热，使杂质原子得以掺入。双波长法是同时使用两束不同波长的激光实现激光辅助化学掺杂。较短波长的激光常以化学分解的方式使源物质分解产生杂质原子，其强度取决于掺入衬底的杂质浓度；波长较长的激光起加热衬底表面的作用，以控制掺杂范围。双波长法可以用两束激光分别控制掺杂浓度和掺杂范围，单波长法没有色差、对准等问题，光路调整方便。

按掺杂所用杂质源来分，激光掺杂可以分为气态杂质源激光掺杂和固态杂质源激光掺杂。气态杂质源激光掺杂所用的源物质都是气态物质，通常是由吸附在衬底表面或碰撞在衬底表面的源气体分子发生光热分解产生杂质原子。固态杂质源激光掺杂通常是使用源物质的溶液在衬底表面制备固态掺杂膜，掺杂膜作为扩散源，在激光束照射时以光化学分解或光热分解的方式分解产生杂质原子。

按掺杂时衬底掺杂区的物相分，激光掺杂还可以分为液态掺杂和固态掺杂。所谓液态掺杂，是指掺杂时，衬底的掺杂区呈短时熔融状态。在固态掺杂中，衬底掺杂区始终呈固体状态。光化学掺杂主要利用了激光束功率密度高、输出功率和脉冲重复频率易于控制、可强聚焦等优点。在掺杂过程中，激光束起两个作用：一部分激光能量用于源物质的光热分解或光化学分解，使之释放出杂质原子；另一部分激光能量由衬底吸收，使衬底的表面层温度升高，甚至转变为熔融状态，使光分解生成的掺杂原子通过固相扩散或液相扩散进入衬底。Ar+激光器和准分子激光器是激光辅助化学掺杂中最常用的两类光源。

气态杂质源激光掺杂和激光辅助气相淀积的工艺过程和主要装置都很相似，都需要真空处理，都需要反应室及相应的储气设备及抽送气系统等。但两者具有不同的处理工艺，本质上存在着诸多差异，主要表现在：①在激光掺杂中，无论掺杂原子是来自光热分解还是光化学分解，激光束都必须加热衬底表面，使其温度足够高，否则，杂质掺杂速度会太慢。激光辅助气相淀积就不一样，如果属光化学分解淀积，衬底可以保持在相当低的温度，甚至可以是室温或更低的温度。②激光掺杂是结深、薄层电阻、掺杂浓度分布等，掺杂过程中实现监控的是这些参数或与这些参数相关的物理量，对掺杂样品的分析也同样是着重于这些参数及其相关的物理量。激光辅助气相淀积的主要控制参数是淀积膜的厚度、杂质含量、附着强度等，这自然使激光掺杂和激光淀积所用的在线测控设备及样品分析设备都不大一样。固态杂质源激光掺杂与激光辅助固相淀积也存在类似的情况，两者的薄膜制备、烘干、曝光、残余膜的清除等工艺程序和设备十分相似，而在测控、分析的设备、方法等方面也是互不相同的。以光源为例，激光辅助固相淀积只需一种波长的激光，能使源物质光分解生成淀积原子即可；固态杂质源激光掺杂则可用两种波长的激光，分别决定掺杂浓度和掺杂区域。

2.2.3.4　光纤制造工艺

石英玻璃光纤的制造工艺主要包括预制双层超纯石英玻璃光纤棒、拉丝制成光纤、涂覆。

（1）光纤预制棒的制备

光纤棒的预制常采用改进的化学气相沉积法。化学气相沉积法制备预制棒以管内沉积法（MCVD 法）最为普遍，此外还有外附法（OVD 法）以及轴向沉积法（VAD 法）等。

① 管内沉积法（MCVD 法）　管内沉积是在石英管的内壁通过化学的办法沉积其他材料（作为纤芯），形成内部材料折射率高（石英包层）、外部折射率低的结构。图 2-23 为MCVD 法设备示意图。

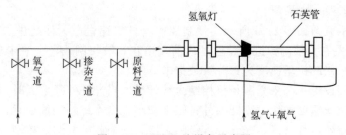

图 2-23　MCVD 法设备示意图

氧气及原料气体分别由氧气道及原料气道送入石英管内，原料气体以四氯化硅（$SiCl_4$）为主，经氧化反应生成的 SiO_2 是纤芯的基材，化学反应过程：

$$SiCl_4 + O_2 \longrightarrow SiO_2 + 2Cl_2$$

在全部加热过程中，石英管以 50r/min 左右的转速转动，目的是保证加热温度均匀，防止玻璃管变形。石英管外面用氢氧灯来回加热到 1300～1600℃，使管内气体发生氧化反应。氢氧灯每移过一次，便在管内壁均匀地沉积一层 SiO_2。沉积完毕后再将氢氧灯火焰温度提高到 1800～2000℃，将玻璃管烧成透明的实心棒。预制棒直径一般约为 10mm，长 500～1000mm，用这样的预制棒可拉制标准光纤（纤径 125μm）5～8km。目前，有的大预制棒可拉成 50～60km 的光纤。

为了调节纤芯的折射率分布，可以根据设计要求，在原料气体中定量掺杂特定的掺杂气体（如 $GeCl_4$、$POCl_3$ 等），掺杂气体与氧气混合通过掺杂气道送入石英管内。它们与 $SiCl_4$ 同时发生氧化反应生成 GeO_3、P_2O_5 等氧化物沉积于管壁。控制每层掺杂气体流量就控制了纤芯折射率分布。例如，突变型光纤沉积时各层掺杂气体流量不变，而制造新变型光纤时，掺杂气体流量按设计曲线的变化率从零逐层增大到最大值，使 GeO_2 等掺杂氧化物的含量从零增加到 10%～20%。

② 外附法（OVD 法）　外附法是用高折射率的实心玻璃棒作支撑体，在玻璃棒上沉积低折射率的材料。图 2-24 为外附法示意图，原料气体流经氢氧灯火焰加热，遇水后发生分解反应，生成的氧化物粉末喷溅于芯棒表面。其反应过程为：

$$SiCl_4 + 2H_2O \Longrightarrow SiO_2 + 4HCl$$

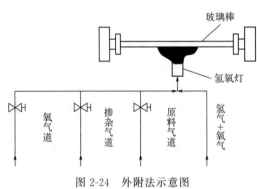

图 2-24　外附法示意图

同 MCVD 法一样，外附法也是一层层地沉积，故折射率分布较易控制。由于直接加热，反应速度快，效率高，易于制成大型预制棒。但是反应在敞开条件下进行，较易污染，故需超净环境。沉积物含水量高，需做脱水处理。此法已可制造与 MCVD 法同样的带宽及损耗的产品。

另外，还有轴向沉积法（VAD 法），其反应原理与外附法基本一致。但沉积方向由横向改为轴向，这样，可使沉积工艺、脱水烧结工艺连续进行，理论上可制得极长的预制棒，且直径更粗，制造速度更快。目前此法制得的预制棒最大的可连续拉丝达 200km 以上，一般可拉丝 10～20km（125μm 外径的标准光纤）。光纤的折射率分布取决于原料气体的空间径向分布，故各种工艺参数要十分稳定，控制难度较大。沉积需要在超净环境下进行。产品的损耗及带宽水平与 MCVD 法制得的光纤基本一致。

（2）光纤拉丝及一次涂覆

光纤拉丝机示意图如图 2-25 所示。预制棒由丝杆定速送下，使之进入拉丝炉。拉丝炉的炉温为 2000℃左右，预制棒进入拉丝炉后前端熔化，被拉制成丝。对于丝径为 125μm 的标准光纤，通常采用的拉丝速度为每分钟数十米。

在拉丝炉下面设置一个激光测径仪控制光纤外径。当光纤外径偏大时，激光测径仪即发出控制信号，使拉丝速度加快，光纤的外径随之减小；当光纤外径偏小时，激光测径仪即发出控制信号，使拉丝速度减慢，光纤的外径随之增大。如此反复测量控制，可使光纤的外径控制在标准公差（125±3)μm 之内。

在拉丝时，还必须在光纤表面涂上一层塑料保护层，常用的有丙烯酸环氧或有机硅树脂，称为一次涂覆。涂覆、烘干与拉丝形成连续工序，一次完成。

（3）光纤二次涂覆

一次涂覆光纤虽然强度较高，但因涂层很薄，容易擦伤，且光纤直径很细（200～

400μm），易折断。为了便于使用及后加工，在它的外面
还涂覆一层挤出塑料保护层，称为二次涂覆。二次涂覆后
光纤的外径约 1mm。二次涂覆常用的材料有尼龙 12、聚
丙烯、氟塑料等。加工方法基本上与一般电线绝缘层挤出
相似。

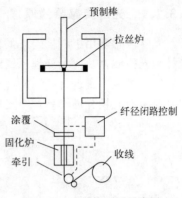

图 2-25　光纤拉丝机示意图

　　二次涂覆一般有两种结构。一种称为松套结构，即挤
出塑料套的内孔大于光纤外径，光纤在管内可自由活动。
在这种结构中，外界压力作用不到光纤，但因塑料的膨胀
系数大，在低温下产生收缩会迫使光纤在管内卷曲，造成
较大的"微弯损耗"。另一种称为紧套结构，是在较厚的、
富有弹性的有机硅涂层外挤上一层紧贴的塑料涂覆层，与
一次涂覆的光纤形成一个整体，因此，即使在低温下塑料
发生收缩，光纤也不易弯曲，光纤损耗仍可保持稳定。当然抗外界压力的性能要比松套结构
差一些。

2.3　特殊环境下的新型传感器

新型传感器

　　随着科学技术的不断提升和发展，为满足特殊环境下的检测需要，出现
了许多新型传感器。新型传感器借助于现代先进科学技术，利用了现代科学
原理，应用了现代新型功能材料，采用了现代先进制造技术。本节重点介绍特殊环境下检测
常用的三种新型传感器：光纤传感器、红外传感器和超声波传感器。

2.3.1　光纤传感器

　　光纤传感器就是使用光导纤维的传感器。在光纤中，根据光传播特性的变化，光纤传感
器能够对其因环境而产生的变化进行测量。与电路传输电信号类似，光导纤维能够对光信号
进行传输，通过被测量的变化对波导中的光波进行调制，令光纤中后者的参量随着前者的变
化而变化，据此算出被测信号的大小。

　　光纤传感器兴起于 20 世纪 70 年代。20 世纪 90 年代初，只有少数光纤传感器在市场上
出现，其原因主要有三个：一是技术不成熟；二是可靠性不高；三是早期的光纤传感器是小
批量生产，产品价格相对较高。当今世界，传感器在朝着灵敏、精确、分布式、环境适应性
强、小巧和智能化的方向发展。在这一过程中，光纤传感器作为传感器家族的新成员备受青
睐。近 10 年来，仅在医学方面就有一百多万种光纤传感器用于人体血液及血压的测量，其
他如用于胆红素、pH 酸碱度、尿素、辐射等测量的光纤传感器正处于临床试验阶段，部分
已经商品化。光纤传感器已经广泛应用于人体医学、城建监控、环境监测等方面，有着很好
的市场前景。

　　光纤传感器还具有很多优点和特性，可以满足不同特殊环境测试需要，具体如下：

　　① 易组成分布式测量系统，能够通过光通信电路进行便捷的远距离测量。

　　② 体积小，精度大，灵敏度高，质量小。

　　③ 光纤易于弯折且细小，能够进入人体内脏和设备内部测量。

　　④ 耐腐蚀，性能佳，具有良好的环境适应能力和强抗电磁干扰能力。

2.3.1.1 光纤传感器的原理

光纤传感器用于将被测量的信息转变为可测的光信号，其基本结构由光源、敏感元件、光纤和光检测器及信号处理系统组成。光纤传感器具有信息调制和解调功能。被测量对光纤传感器中光波参量进行调制的部位称为调制区，光检测器及信号处理部分称为解调区。当光源所发出的光耦合进光纤，经光纤进入调制区后，在调制区内受被测量的影响，其光学性质将发生改变（如光的强度、频率、波长、相位、偏振态等发生改变），成为被调制的信号光。光信号经过光纤传输到光检测器，被光检测器接收并进行光电转换，输出电信号。最后，信号处理系统对电信号进行处理得出被测量的相关参数，也就是解调。光纤传感器原理如图 2-26 所示。

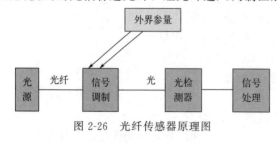

图 2-26 光纤传感器原理图

2.3.1.2 光纤传感器的分类

光纤传感器按照不同的分类依据有着不同的分类结果。

（1）按光纤在传感器中的作用分类

根据光纤在传感器中的作用，光纤传感器可以分为功能型光纤传感器、传光型光纤传感器和拾光型光纤传感器。

① 功能型光纤传感器。功能型光纤传感器也称作全光纤型光纤传感器，光源耦合的发射光纤和光检测器耦合的接收光纤是一根连续光纤，具有"传"和"感"两种功能，被测参量通过直接改变光纤的某些传输特征参量对光波实施调制。此类传感器结构紧凑、灵敏度高，但是需要用到特殊的光纤及先进的传感技术，比如光纤陀螺仪、光纤水听器等。其结构图如图 2-27（a）所示。

② 传光型光纤传感器。传光型光纤传感器的光纤仅仅起到传导光波的作用，其调制区在光纤之外，发射光纤与接收光纤不具有连续性，其原理为光照射在外加的调制装置（敏感元件）上受被测参量调制。这类传感器的优点是结构简单、成本低、容易实现，但灵敏度要低于功能型光纤传感器。目前已商用化的光纤传感器大多属于传光型光纤传感器，如图 2-27（b）所示。

③ 拾光型光纤传感器。拾光型光纤传感器利用光纤作为探头，接收由被测对象辐射的光或者被其反射、散射的光并传输到光检测器，经过信号处理得出被测参量。光纤激光多普勒测速仪就是典型的拾光型光纤传感器。早在 20 世纪 80 年代，光纤激光多普勒测速仪就被应用在动物的脉动血流速度的实时测量上。后来，TajikawaT 等人研制了一种新型的光纤激光多普勒测速传感器。它所能够测量的流体的浊度比以往所测流体要高至少 5 倍，实现了不透明流体局部速度的测量。此外，多普勒测速仪还被应用于列车的速度测量等。反射式光纤温度传感器也是拾光型光纤传感器的代表之一，如图 2-27（c）所示。

（2）按光波调制方式分类

根据被外界信号调制的光波物理特征参量的变化情况，光纤传感器可分为强度调制型光纤传感器、相位调制型光纤传感器、频率调制型光纤传感器、分布式光纤传感器以及偏振态调制型光纤传感器等 5 种。

① 强度调制型光纤传感器。强度调制是光纤传感中相对简单且使用广泛的调制方法。其基本原理为：被测参量对光纤中传输的光进行调制使光强发生改变，然后通过检测光强的

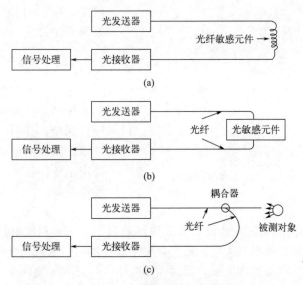

图 2-27　光纤传感器基本形式

变化（即解调）实现对待测参量的测量。强度调制型光纤传感器大多基于反射式强度调制。这类传感器结构简单、成本低、容易实现，但容易受光源强度波动的影响。强度调制型光纤传感器的开发应用较早，近年来的研究也在不断突破创新。

② 频率调制型光纤传感器。光频率调制是指被测参量对光纤中传输光的频率进行调制，通过频率偏移来检测出被测参量。目前，频率调制型光纤传感器大多用于测量位移和速度。

③ 分布式光纤传感器。分布式光纤传感器的整根光纤都属于敏感元件，光纤既是传感器，又是传输信号的介质，适用于检测结构的应变分布。例如应用于土木工程中的大型结构，可以快速、无损地测量结构的位移、内部或表面应力等重要参数。根据沿着光纤的光波参量分布，同时获取传感光纤区域内随时间和空间变化的待测量分布信息，可实现大范围、长距离、长时间的连续传感。目前主要的分布式光纤传感器类型有 Fabry-Perot 干涉型光纤传感器、光纤布拉格光栅传感器以及 Mach-Zehnder 干涉型光纤传感器等。工程应用中，分布式光纤传感技术可以连续不间断地动态监测目标物的受力变化情况，监测结果准确度高、抗干扰能力强。但是，该技术依旧存在一些问题，如：分布式解调设备造价高昂，目前国内调节器多依靠进口；关于传感技术的相关理论的规范缺乏，没有一套合理且标准的评价体系为检测结果提供理论支撑。

④ 相位调制型光纤传感器。相位调制型光纤传感器的基本原理是：在被测参量对敏感元件的作用下，敏感元件的折射率或者传播常数发生变化，导致传输光的相位发生改变，再用干涉仪检测这种相位变化得出被测参量。此类传感器具有高灵敏度、快响应、动态测量范围大等优点，但是对光源和检测系统的精密度要求高。比较典型的相位调制型光纤传感器有 Mach-Zehnder 干涉仪型、Sagnac 干涉仪型和 Michlson 干涉仪型等。基于 Mach-Zehnder 干涉的液体温度传感器在液体温度为 $26\sim90℃$ 时，传感器相应灵敏度为 $42.6pm/℃$，线性度为 0.994。Mach-Zehnder 干涉仪如图 2-28 所示。

⑤ 偏振态调制型光纤传感器。偏振态调制型光纤传感器不受光源强度影响、结构简单、灵敏度高。利用法拉第效应的电流传感器是其主要应用领域之一。利用法拉第效应设计了偏振调制型光纤智能电流传感器，实现了电流的数字化、智能化实时测量。此外，还有基于 Pockels 效应的电压传感器，可直接测量高电位电极与无电容分压器的接地电极之间的电场

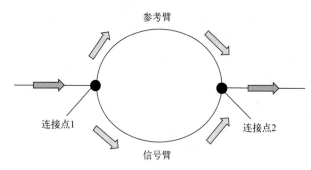

图 2-28   Mach-Zehnder 干涉仪示意图

强度，在 8～12kV 电压范围内具有良好的线性关系。

2.3.1.3   光纤传感器的应用

光纤传感器能够实现的传感物理量十分广泛，能够对许多种外界参量进行测量。其中，对温度、位移以及气体方面的测量应用尤为突出，被广泛用于各行各业，有着十分广阔的市场和前景。

（1）光纤温度传感器

① 光纤中返回的散射光有线性散射和非线性散射。其中瑞利散射是由光纤的折射率随机变化引起的，其散射光频率与入射光相同，属于线性散射，散射光强度较高。非线性散射包含受激拉曼散射和受激布里渊散射，散射光相对于入射光有一定的非线性频移，其散射光强度要弱于瑞利散射。因为光纤中散射光的特性和散射介质的温度有关，通过测量光纤中返回的散射光强度或频率可以测量温度值，通过 OTDR 技术或光干涉技术对测量点进行定位，可以实现光纤传输方向上连续传感温度。图 2-29 是一个分布式光纤温度传感器结构图，其测温原理基于对光纤中拉曼散射光的测量。

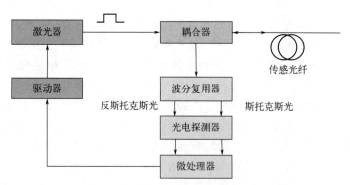

图 2-29   基于拉曼散射的分布式光纤温度传感器

② 当前最热门的研究，就是针对光纤荧光温度传感器，其是利用荧光的材料会发光的特性，来检测发光区域的温度。这种荧光的材料通常在受到紫外线或红外线的刺激时，就会出现发光的情况，发射出的光参数和温度是有着必然联系的，因此可以通过检测荧光强度来测试温度。

（2）光纤压力传感器

伴随着光导纤维及光纤通信技术的发展而迅速发展起来的一种以光为载体、以光纤为媒质、感知和传输外界信号（被测量）的新型传感技术。当这种外界信号为压力时，即构成光纤压力传感器。光纤压力传感器作为一种新型的传感器，与传统的压力传感器相比体积小、重量轻，具有电绝缘性、不受电磁干扰、可用于易燃易爆的环境中等优点，另外还可以构成光纤分布式压力传感器，对桥梁、大坝等进行健康状况的实时监测。

① 强度调制型光纤压力传感器。强度调制型光纤压力传感器的结构如图 2-30 所示，在发射光纤与接收光纤之间放置一个遮光片，对进入接收光纤的光束产生一定程度的遮挡，外界信号通过控制遮光片的位移来制约遮光程度，实现对进入接收光纤的光束的光强的调制。

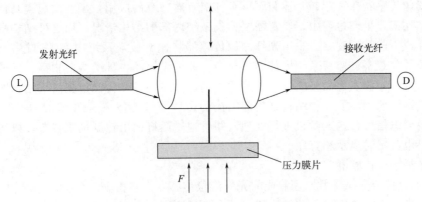

图 2-30 强度调制型光纤压力传感器

② 频率调制型光纤压力传感器。频率调制型光纤压力传感器的结构如图 2-31 所示。硅谐振器在调制光的激励下以固有频率振动，当压力影响了硅谐振器的频率后，通过检测频率的变化就可以得到压力的大小。优点：测量精度高，抗干扰能力强，采用频率输出，属于数字式传感器，省掉了模数转换环节，具有广泛的应用前景。

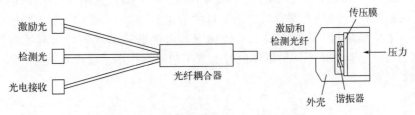

图 2-31 频率调制型光纤压力传感器

③ 波长调制型光纤压力传感器。波长调制型光纤压力传感器的结构如图 2-32 所示。光纤布拉格光栅贴在形变体上，当压力加在被测物体上时，形变体受到外界压力产生形变，光纤光栅的有效折射率和光纤周期都将发生变化，光源发出的宽带光经发生形变的光纤光栅反射，布拉格波长产生移位，通过光谱仪测量反射光的光谱，根据公式可得到压力的大小。这种传感器精度高、大量程测量分辨率高、抗干扰能力强、测量结果具有很好的重复性，因此常用于温度、压力和液体高度等的测量。

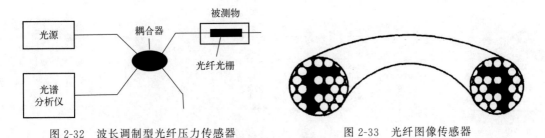

图 2-32 波长调制型光纤压力传感器   图 2-33 光纤图像传感器

（3）光纤图像传感器

图像光纤是由数目众多的光纤组成一个图像单元（像素单元），典型数目为 3000～100000 股，每一股光纤的直径约为 $10\mu m$。图像经图像光纤传输的原理如图 2-33 所示。在光纤的两端，所有的光纤都是按同一规律整齐排列的。投影在光纤束一端的图像被分解成许多像素，然后，图像作为一组强度与颜色不同的光点传达，并在另一端重建原图像。

光纤图像传感器在医疗、工业和军事等部门有着广泛的应用,工业内窥镜是传输图像的应用实例。在工业生产过程中,经常需要检查系统内部的结构情况,而这种结构由于各种原因不能打开或不能靠近观察。采用光纤图像传感器将探头放入系统内部,通过光束的传输,可以在系统外部观察、监视系统内部的情况。工业内窥镜的一种结构由物镜、传像束、传光束、目镜组成,光源发出的光通过光束照明视场,通过物镜和传像束把内部结构图像传送出来,以便观察和照相。另一种结构是内部结构的图像通过传像束送到 CCD 器件,这样可把光信号转换成电信号,送入微机进行处理,并可通过微机输出控制伺服装置,以实现跟踪扫描,其结果也可实时显示和打印。

（4）光纤液位传感器

图 2-34 为基于全内反射原理制成的光纤液位传感器。它由 LED 光源、光的接收元件光电二极管、多模光纤等组成。其结构特点是在光纤测头端有一个圆锥体反射器。当测头置于空气中没有接触到液面时,光线在圆锥体内发生全内反射而返回到光电二极管。当测头接触到液面时,由于液体的折射率与空气的折射率不同,全内反射被破坏,将部分光线透入液体内,而使返回到光电二极管的光强变弱。返回光强是液体折射率的线性函数。当返回光强出现突变时,表明测头已经接触到液位。

图 2-34 给出了光纤液位传感器的三种结构形式。对于图 2-34(a),其结构主要由一个 Y 形光纤、全反射锥体、LED 光源以及光电二极管等组成。图 2-34(b) 是一种 U 形结构,图 2-34(c) 是一种 V 形结构。当测头浸入液体内时,无包层的那段光纤光波导的数值孔径增加。这是由于与空气折射率不同的液体此时起到了包层的作用。接收光强与液体的折射率和测头弯曲的形状有关。

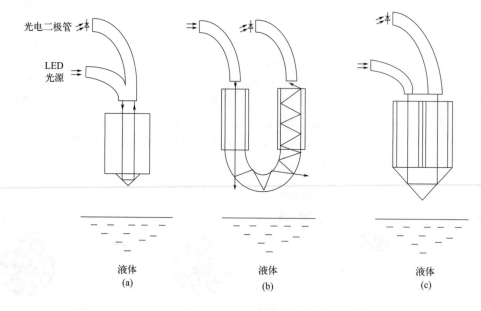

图 2-34　光纤液位传感器

2.3.2　红外传感器

红外传感器是一种能够感应目标辐射的红外线,利用红外线的物理性质来进行测量的传感器。红外传感技术已经在现代科技、国防和工农业等领域获得了广泛的应用。红外传感系统是以红外线为介质的测量系统,按照功能能够分成五类:

① 辐射计：用于辐射和光谱测量；

② 搜索和跟踪系统：用于搜索和跟踪红外目标，确定其空间位置并对它的运动进行跟踪；

③ 热成像系统：可产生整个目标红外辐射的分布图像；

④ 红外测距和通信系统；

⑤ 混合系统：是指以上各类系统中的两个或者多个的组合。

2.3.2.1　红外辐射

人的眼睛能看到的可见光按波长从长到短排列，依次为红、橙、黄、绿、青、蓝、紫。其中，红光的波长范围为 $0.62\sim0.76\mu m$，紫光的波长范围为 $0.38\sim0.46\mu m$。比紫光波长更短的光叫紫外线，比红光波长更长的光叫红外线。红外线是一种不可见光，由于是位于可见光中红色光以外的光线，故称为红外线。

红外辐射的物理本质是热辐射，一个炽热物体向外辐射的能量大部分是通过红外线辐射出来的。物体的温度越高，辐射出来的红外线越多，辐射的能量就越强。红外线的本质与可见光或电磁波的性质一样，具有反射、折射、散射、干涉、吸收等特性，它在真空中也以光速传播，并具有明显的波粒二相性。

红外线有以下特点：

① 红外线易于产生，容易接收；

② 采用红外发光二极管，结构简单，易于小型化，且成本低；

③ 红外线调制简单，依靠调制信号编码可实现多路控制；

④ 红外线不能通过遮挡物，不会产生信号串扰等误动作；

⑤ 功率消耗小，反应速度快；

⑥ 对环境无污染，对人、物无损害；

⑦ 抗干扰能力强。

2.3.2.2　红外传感器的构成

红外传感器一般由光学系统、探测器、信号调理电路及显示单元等组成。红外探测器是红外传感器的核心。红外探测器是利用红外辐射与物质相互作用所呈现的物理效应来探测红外辐射的。红外探测器的种类很多，按探测机理的不同，分为热探测器和光子探测器两大类。

（1）热探测器

热探测器的工作机理：利用红外辐射的热效应，探测器的敏感元件吸收辐射能后引起温度升高，进而使某些有关物理参数发生相应变化，通过测量物理参数的变化来确定探测器所吸收的红外辐射。

热探测器主要有四类：热释电型、热敏电阻型、热电阻型和气体型。其中，热释电型探测器在热探测器中的探测率最高，频率响应最宽，所以这种探测器备受重视，发展很快，这里主要介绍热释电型探测器。

热释电型探测器是根据热释电效应制成的。电石、水晶、酒石酸钾钠、钛酸钡等晶体受热产生温度变化时，其原子排列将发生变化，晶体自然极化，在其两表面产生电荷的现象称为热释电效应。用此效应制成的"铁电体"，其极化强度（单位面积上的电荷）与温度有关。当红外辐射照射到已经极化的铁电体薄片表面上时引起薄片温度升高，使其极化强度降低，表面电荷减少，这相当于释放一部分电荷，所以称为热释电型探测器。如果将负载电阻与铁电体薄片相连，则负载电阻上便产生一个电信号输出。输出信号的强弱取决于薄片温度变化的快慢，从而反映出入射的红外辐射的强弱。热释电型探测器的电压响应率正比于入射光辐射率变化的速率。

（2）光子探测器

光子探测器的工作原理是利用入射光辐射的光子流与探测器材料中的电子互相作用，从而改变电子的能量状态，引起各种电学现象（这种现象称为光子效应）。

光子探测器有内光电探测器与外光电探测器两种，后者分为光电导探测器、光生伏特探测器和光磁电探测器等三种。光子探测器的主要特点是灵敏度高、响应速度快、响应频率高，但探测波段较窄，一般需要在低温下工作。

2.3.2.3　红外传感器的应用

（1）红外测温仪

红外测温仪是利用热辐射体在红外波段的辐射通量来测量温度的。当物体的温度低于1000℃时，它向外辐射的不再是可见光而是红外光，可用红外探测器检测其温度。如采用分离出所需波段的滤光片，可使红外测温仪工作在任意红外波段。

图 2-35 是常见的红外测温仪工作原理框图。它是一个包括光、机、电一体化的红外测温系统。图中的光学系统是一个固定焦距的透射系统，滤光片一般采用只允许 $8\sim14\mu m$ 的红外辐射能通过的材料。步进电动机带动调制盘转动，将被测的红外辐射调制成交变的红外辐射线。红外探测器一般为钽酸锂热释电型探测器，透镜的焦点落在其光敏面上。被测目标的红外辐射通过透镜聚焦在红外探测器上，红外探测器将红外辐射变换为电信号输出。

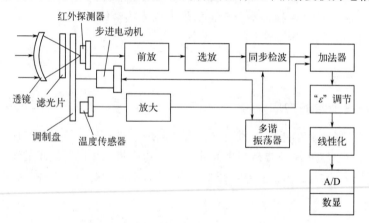

图 2-35　红外测温仪工作原理框图

红外测温仪的电路比较复杂，包括前置放大、选频放大、温度补偿、线性化、发射率（ε）调节等。目前已有一种带单片机的智能红外测温仪，利用单片机与软件的功能，大大简化了硬件电路，提高了仪表的稳定性、可靠性和准确性。

（2）红外自动干手器

红外线控制的自动干手器是一种红外线控制的电阻开关，其工作原理框图如图 2-36 所示。将红外线发射头和接收头置于干手器的下方，当手伸向干手器的下方时，红外发射头发射的红外信号被反射到接收头，通过信号处理使电热吹风机开启，15s 后自动关闭。如果想继续开启，可在停机后在此将手伸向干手器的下方。

（3）红外无损探伤

无损检测又称无损探伤，是指在不损害或不影响被检测对象使用性能、不伤害被检测对

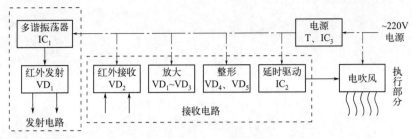

图 2-36　红外自动干手器工作原理框图

象内部组织的前提下，利用材料内部结构异常或缺陷存在引起的热、声、光、电、磁等反应的变化，以物理或者化学的方法和手段，借助现代化的技术和设备，对试件内部或表面的结构、性质、状态，以及缺陷的类型、性质、数量、形状、尺寸、分布及变化进行检查和测试的方法。

红外探伤有主动测试和被动测试两种方法，习惯上称为瞬态法和恒温法。主动测试法是对试件人为地注入热量，再通过探测设备测量热量通过试件的变化情况，由此确定出物体的内部状况。被动测试法是将被测试件恒温一段时间后，再放入另一（较低）恒温环境。此时试件产生的热辐射，在有缺陷和无缺陷处是不相同的。如试件内有脱胶、裂纹等缺陷，内部热流向外流动时，由于受裂纹阻挡，试件表面热辐射就会出现不均匀现象。当用红外探测器扫描时，在记录纸上记录的温度曲线出现一个凸形或凹形，或在红外热像仪荧光屏上出现一个相应的暗影，这样就能找出相应的缺陷位置。

用主动测试法时必须对物体加热，热注入源可以是热空气喷注、等离子喷注、直接火焰、感应加热线圈、红外灯、弧光灯、激光器和热电技术等，应根据测试材料的性质和具体情况选择适当的热注入方式。也可以在物体上敷一层导电材料进行加热，有些材料本身就可以通电加热。选择热注入源时要求尽量简单易行，同时对物体表面的加热必须做到均匀且快速。

因为红外探伤具有方便、快速、精确、直观和成本低等优点，如它利用对金属和非金属辐射能力的不同、各种物质的热容量不相同等特点，可以把 X 射线、超声波等其他探伤方法不能胜任的探伤工作担当起来。由于加热设备和探伤设备比较简单，能针对各种特殊需要设计出合适的探伤方案。

图 2-37 为火箭发动机壳体的检测示意图。固体燃料的导弹或火箭发动机壳体是胶合的夹层结构。从图中可以看到，缺陷可以发生在外壳和衬里间的第一界面或在衬里与内壳间的第二界面。采用超声波探伤可以发现第一界面上的缺陷，但探测不到第二界面，而采用 X 射线探伤也无效，但采用红外辐射计进行扫描探伤就比较理想。

检测时，试件放在一个旋转台上，旋转周期为 20s。旋转台旋转时，红外辐射计即对试件表面进行螺线扫描。同时，用另外一个热源照射试件，热源照射方向与红外辐射计的视向角相垂直。也就是对试件上同一点从热源加热到红外辐射计开始测量，中间相隔 5s。如试件中存在接合缺陷，该处温度必然升高，在记录的曲线上就会出现一个峰值。

图 2-38 是红外辐射计对试件扫描一圈的温度曲线。为了使发现的缺陷在试件上有一个相对位置，在试件表面沿轴向画了一条细线，由于细线处辐射率小，辐射功率比表面其他地方低很多，在记录的曲线上就形成了一个负脉冲，它可以作为表面位置的参考基准。图 2-38 中出现的两个温度峰值，表示在试件上存在两个缺陷。根据峰值的高低及试件的具体结构，可判断出第一个峰值代表的缺陷在第一界面，而第二个峰值代表的缺陷在第二界面。

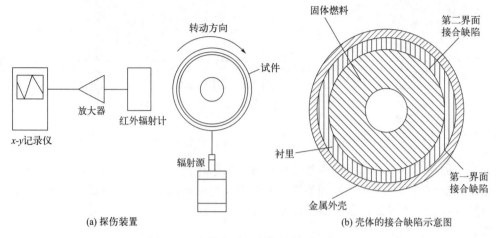

(a) 探伤装置　　　　　　　　　　　　　(b) 壳体的接合缺陷示意图

图 2-37　火箭发动机壳体的检测示意图

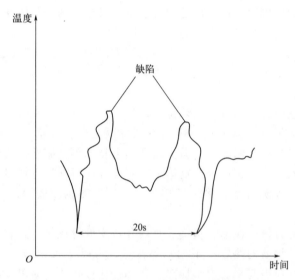

图 2-38　红外辐射计对试件扫描一圈的温度曲线

2.3.3　超声波传感器

超声波传感器是利用超声波的特性研制而成的传感器，广泛应用于工业、国防、生物医学等方面。超声波是一种振动频率高于声波的机械波，是由换能晶片在电压的激励下发生振动产生的，它具有频率高、波长短、绕射现象小，特别是方向性好、能够成为射线而定向传播等特点。超声波对液体、固体的穿透本领很大，尤其是在阳光不透明的固体中，它可穿透几十米的深度。超声波碰到杂质或分界面会产生显著反射形成反射回波，碰到活动物体能产生多普勒效应。

2.3.3.1　超声波检测的物理基础

波是振动在弹性介质中的传播。通常把振动频率在 16Hz 以下的机械波称为次声波，振动频率在 16Hz～20kHz 之间的机械波称为声波，振动频率在 20kHz 以上的机械波称为超声波。

当超声波由一种介质入射到另一种介质时，由于在两种介质中的传播速度不同，在异质界面上将会产生反射、折射和波形转换等现象，下面分别给予介绍。

（1）波的反射和折射

由物理学可知，当波在界面上产生反射时，入射角 α 的正弦与反射角 α' 的正弦之比等于波速之比。当波在界面处产生折射时，如图 2-39 所示，入射角 α 的正弦与折射角 β 的正弦之比，等于入射波在第一介质中的波速 c_1 与折射波在第二介质中的波速 c_2 之比，即

$$\frac{\sin\alpha}{\sin\beta}=\frac{c_1}{c_2} \tag{2-32}$$

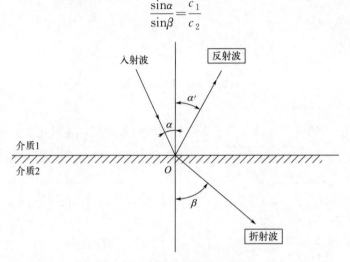

图 2-39　超声波的折射和反射

（2）超声波的波形及其转换

当声源在介质中的施力方向与波在介质中的传播方向不同时，声波的波形也有所不同。质点振动方向与传播方向一致的波称为纵波；质点振动方向与传播方向垂直的波称为横波；质点振动介于纵波和横波之间，沿表面进行传播的波称为表面波，根据介质厚度与波长之比与质点振动方式和传播速度的不同，表面波又分为瑞利波和乐甫波。其中，纵波能够在固体、液体和气体介质中传播，而横波、表面波只能在固体介质中传播。

当声波以某一角度入射到第二介质（固体）的界面上时，除有纵波的反射、折射外，还会产生横波的反射和折射，如图 2-40 所示。在一定条件下，还会产生表面波，各种波形均符合几何光学中的反射定理，即

$$\frac{c_{\mathrm{L}}}{\sin\alpha}=\frac{c_{\mathrm{L}_1}}{\sin\alpha_1}=\frac{c_{\mathrm{S}_1}}{\sin\alpha_2}=\frac{c_{\mathrm{L}_2}}{\sin\gamma}=\frac{c_{\mathrm{S}_2}}{\sin\beta} \tag{2-33}$$

（3）声波在多层平面中的穿透

用声波进行检测时，经常遇到声波通过多层平行界面的情况（如复合板的探伤、耦合层的问题等）。当声波由一种介质内传来、通过第二种介质传到第三种介质中去的时候，就要通过两个界面。在本小节中仅考虑第二种介质是一平行板状介质且声波是垂直入射的情况。

假设声波由声阻抗为 $\rho_1 c_1$ 的介质中入射到声阻抗为 $\rho_1 c_1$ 和 $\rho_2 c_2$ 两种介质的交界面上，然后透过第二种介质入射到后两种介质的交界面上，最后进入声阻抗为 $\rho_3 c_3$ 的介质。由物理学可知，进入第三介质的声波声压与第一介质的声压的比为：

$$\frac{p_3}{p_1}=\frac{4\rho_2 c_2 \rho_3 c_3}{(\rho_2 c_2+\rho_3 c_3)(\rho_2 c_2+\rho_1 c_1)\mathrm{e}^{\mathrm{j}\left(\frac{\omega}{c_2}\right)d}+(\rho_2 c_2-\rho_1 c_1)(\rho_3 c_3-\rho_2 c_2)\mathrm{e}^{-\mathrm{j}\left(\frac{\omega}{c_2}\right)d}} \tag{2-34}$$

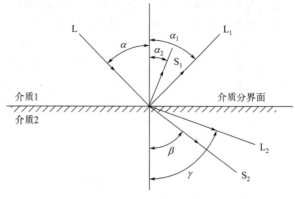

图 2-40 波形转换图

式中 d——介质 2 的厚度。

则由透射系数 T 的定义（进入第三介质的声强与入射波声强的比值）可得：

$$T=\frac{\dfrac{4\rho_1 c_1}{\rho_3 c_3}}{\left(1+\dfrac{\rho_1 c_1}{\rho_3 c_3}\right)^2 \cos^2\left(\dfrac{\omega}{c_2}d\right)+\left(\dfrac{\rho_1 c_1}{\rho_2 c_2}+\dfrac{\rho_2 c_2}{\rho_3 c_3}\right)^2 \sin^2\left(\dfrac{\omega}{c_2}d\right)} \tag{2-35}$$

若 $\dfrac{\rho_1 c_1}{\rho_2 c_2}=m$，当 $\dfrac{\omega}{c_2}=\dfrac{2\pi d}{\lambda_2}=\dfrac{\pi}{2}(2n+1)$，式（2-35）可简化为：

$$T=\frac{1}{\left(\dfrac{m^2+1}{2m}\right)^2} \tag{2-36}$$

这时，若有 $\rho_2 c_2=\sqrt{\rho_1 c_1+\rho_3 c_3}$，得到 $T=1$。其物理意义是：当声波垂直通过声阻抗分别 $\rho_1 c_1$ 和 $\rho_2 c_2$、$\rho_3 c_3$ 的介质所组成的界面时，只要介质 2 的声阻抗为介质 1 和介质 3 的几何平均值时，则选取介质 2 的厚度为声波波长的 $(2n+1)/4$ 时，就能获得声波的全透射。

当声波在某种介质中传播时，如遇到一片法线方向与声波传播方向一致的异质材料，不论材料性质如何，只要它的厚度为声波波长一半的整数倍，那么有异质材料与没有异质材料一样。

2.3.3.2　超声波传感器的原理与结构

超声波的穿透性较强，具有一定的方向性，传输过程中的衰减较小，反射能力较强，在实际中得到了广泛应用。超声波传感器是实现声、电转换的装置，又称为超声换能器或超声波探头。这种装置能够发射超声波和接收超声波回波，并转换成相应电信号。

利用超声波在超声场中的物理特性和各种效应而研制的装置被称为超声波换能器、探测器或传感器。超声波探头按其工作原理可分为压电式、磁致伸缩式、电磁式等，其中以压电式最为常用，下面主要介绍压电式。

压电式超声波换能器的原理是以压电效应为基础的，作为发射超声波的换能器是利用压电材料的逆压电效应（电致伸缩效应），而接收用的换能器则是利用其压电效应。在实际使用中，由于压电效应的可逆性，有时将超声波换能器作为"发射"与"接收"兼用，即将脉冲交流电压加在电元件上，使其向介质发射超声波，同时又利用它接收从介质中反射回来的超声波，并将反射波转换为电信号送到后面的放大器。因此，压电式超声波换能器实质上就是压电式传感器。

在压电式超声波换能器中，常用的压电材料有石英（SiO₂）、钛酸钡（BaTiO₃）、锆钛酸铅（PZT）、偏铌酸铅（PbNb₂O₆）等。

换能器由于其结构不同，可分为直探头式、斜探头式、组合式等几种。

（1）直探头式换能器

直探头式换能器可以发射和接收纵波。它主要由压电片、阻尼块（吸收块）及保护膜组成，如图 2-41（a）所示。

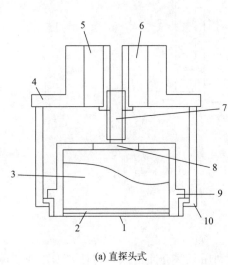

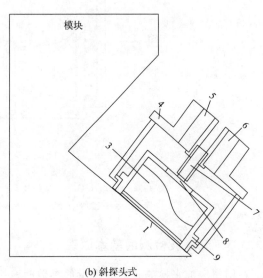

(a) 直探头式　　　　　　　　　　　　　(b) 斜探头式

图 2-41　换能器的结构

1—压电片；2—保护膜；3—吸收块；4—盖；5—绝缘柱；
6—接线座；7—导电螺杆；8—接线片；9—压电片座；10—外壳

压电片是换能器中的主要元件，大多做成圆板形。压电片的厚度与超声频率成反比。例如锆钛酸铅的频率厚度常数为 1890kHz/mm，压电片厚度为 1mm 时固有振动频率为 1.89MHz。压电片的直径与扩散角成反比。压电片的两面敷有银层，作为导电的极板。压电片的底面接地线，上面接导线引至电路中。为了避免压电片与被测体直接接触而磨损压电片，在压电片下黏合一层保护膜。

（2）斜探头式换能器

斜探头式换能器又称斜探头，可发射与接收横波。它主要由压电片、阻尼块和斜楔块组成，如图 2-41（b）所示。压电片产生纵波，经斜楔块倾斜入射到被测工件中，转换为横波。如斜楔块为有机玻璃，被测工件为钢，当斜探头的角度（即入射角）为 28°～61° 时，在钢中可产生横波。

如果把直探头在液体中倾斜入射工件时，也能产生横波。

当入射角增大到某一角度，使在工件中横波的折射角为 90° 时，在工件中可产生表面波，而形成表面波探头，因此表面波探头是斜探头的一个特例。

（3）组合式换能器

组合式换能器又称为双探头或组合探头。它是把两块压电片装在一个探头架内，一块压电片发射，另一块压电片接收。双探头可发射与接收纵波，其结构如图 2-42 所示。压电片下面的延迟块（有机玻璃）的作用是使声波延迟一段时间后再射入工件，这样可以探测探头处的工件。

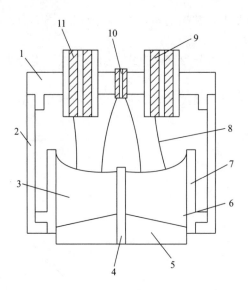

图 2-42　双探头结构

1—上盖；2—金属壳；3—吸收块；4—隔声层；5—延迟块；6—压电片；

7—压电片座；8—导线；9—接触座；10—接地点；11—绝缘柱

2.3.3.3　超声波检测的基本原理

在用超声波来检测一些非电量的参数时，主要是利用某些介质的声学特性（如声速、声衰减、声阻抗等）来测量的。

超声波检测技术中应用最多的是介质的声速这一物理量，且已有明确的理论公式，例如在测得声速和密度后，就可求出介质的弹性模量。有些关系虽然比较间接而且复杂，但在特定条件下，仍可以建立一些半理论或纯经验的关系式。例如，介质的成分、混合物的比例、溶液的浓度、聚合物的转化率、某些液体产品的密度、某些材料的强度等，都可与声速建立一定的关系，利用这些关系，就能通过测量声速来检测介质的这些参数。另外，介质的声速与介质所处的状态也有相互关系，例如介质的温度、压力和流速等参数的变化都会引起相应的声速变化。因此，可以用测量声速来检测温度流量等参数。声学温度计和超声流量计就是利用这一原理工作的。

如果某一介质的声速为已知时，利用声波传播的距离 L 和传播时间 t 的关系（$L=ct$）或利用波长 λ 和频率 f（或周期 T）之间的关系（$c=f\lambda=\dfrac{\lambda}{T}$）可测量距离。超声液位计与超声测厚计就是利用这一原理工作的。

利用声阻抗与介质某些特性的关系也是常用的原理。如果换能器在介质中所激起的是平面纵波，则辐射阻抗率就是声阻抗率 ρc。当两种介质的声速 c 几乎相同，但密度 ρ 有很大不同时，就可根据测量声阻抗 Z（$Z=\rho c$）来测量 ρ。声衰减可以用来测量距离、位移等。

利用上述原理，可以做成很多种超声波式的检测仪表。

在前面已经讲到，超声波检测的基本原理是把待测量变换成声参数（声速、声衰减和声阻抗等）的变化，但是作为一台非电量电测仪表，要用表头显示、示波器显示或记录仪器记录，还必须把声参数的变化转换成电量的变化。测量声参数的方法也是很多的，由于这些参数中，在检测技术中用得最多的是声速，因此下面主要介绍测量声速的方法。

（1）脉冲法

脉冲法可以用来测定介质的声速和衰减。由于它有测量迅速、机械装置简单、容易实现连续自动遥测以及适用范围广等优点，所以得到了广泛的应用。脉冲法分为透射和反射两种方法。用垂直透射法时要有两个换能器，一个作发射用，另一个用来接收超声脉冲信号，如图 2-43(a) 所示。用垂直入射的反射法时，可用同一个换能器兼作超声脉冲发射和接收用，如图 2-43(b) 所示。

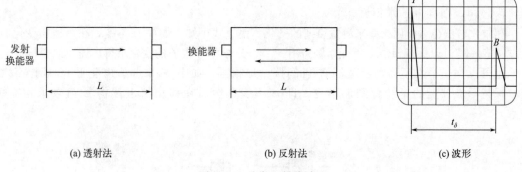

| (a) 透射法 | (b) 反射法 | (c) 波形 |

图 2-43　垂直入射脉冲法

把发射和接收脉冲加到示波器上就可得到类似于图 2-43(c) 所示的波形。图中，T 表示发射脉冲波形，B 表示反射回来的脉冲波形，t_δ 表示两个脉冲之间的时间间隔。在发射波 T 和第一接收脉冲 B 之间。声波在介质中走了 $2L$ 的路程，如测出相应的时间间隔 t，则可以求出声速 c：

$$c = \frac{2L}{t} \tag{2-37}$$

如果知道声速 c，就可求出被测物体的长度 L。

（2）传播时间法

这种方法的原理框图如图 2-44 所示。主控振荡器每发出一个脉冲信号，发射电路就使换能器发射一个超声脉冲，同时双稳态触发器 2 被触发。反射回来的超声脉冲再次触发双稳态触发器 2，它的两次触发给出一门控方波信号，其宽度与超声波在介质中的传播时间有关。

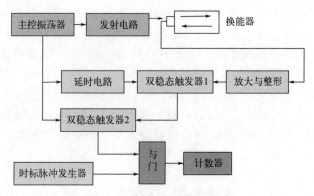

图 2-44　传播时间法原理框图

（3）相位比较法

把一个发射换能器和接收换能器相对安放，如图 2-45 所示，用信号发生器激发发射换能器发射一组声连续波，此连续波透过被测介质传到接收换能器，接收信号经放大后加到示波器的 Y 轴，而发射信号直接加到 X 轴，在示波器的屏幕上，就可以看到李沙育图形。发射波和接收波之间有一定的相位差，这个相位差 φ 与超声波的声速 c、频率 f（或角频率 ω）、波长 λ、距离 L、传播时间 T 等的关系如下：

$$\varphi = \omega T = \frac{2\pi f L}{c} = \frac{2\pi L}{\lambda} \tag{2-38}$$

由 $\varphi = \omega T = 2\pi f L/c = 2\pi L/\lambda$ 可知，已知频率 f、距离 L，即可由相位 φ 求出声速 c；若 c 为已知，则可由 φ 求得 L。

相位比较法也可以用频率来测量声速的变化。由上式可知，如果 L 不变，在声速 c 变化时，通过调整频率 f 以保持相位 φ 不变，则可由 $c=(2\pi L/\varphi)f$，从 f 的变化求得声速 c 的变化。

也可以在信号发生器与示波器 X 轴间接一移相器，如图 2-45 点画线框所示，调节移相器，保持示波器上的李沙育图形不变，即 φ 不变，然后在移相器上读得 φ 值来求得有关参数。

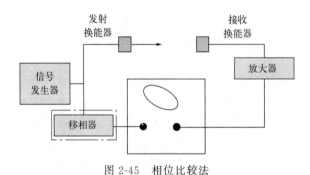

图 2-45　相位比较法

2.3.3.4　超声波传感器的应用

在非电量电测技术中，利用超声波检测技术可以测量液位、流量、温度、黏度、厚度等参数，也可以检测探伤。下面介绍几个例子。

（1）超声波测量液位

利用超声波检测液位，根据传声介质的不同，可以分为液介式、气介式和固介式三类；根据换能器的工作方式，又可分为自发自收单换能器方式和一发一收双换能器方式。这样可以组成六种超声波液位计的方案，如图 2-46 所示，其中图 2-46(a)～(c) 表示自发自收单换能器方式的三种方案的工作原理，图 2-46(d)～(f) 表示一发一收双换能器方式的三种方案的工作原理。

根据式 $c=2L/t$，若介质中的声速 c 和超声脉冲从发到收所经过的时间 t 可知，即可求得换能器到液面的距离 L。在图 2-46(a)～(c) 和图 2-46(f) 中，超声脉冲在介质中的行程为 $2L$。在图 2-46(d)、(e) 中行程为 $2S$，而换能器至液面的垂直距离 L 与 S 的关系为：

$$L = \sqrt{S^2 - a^2} \tag{2-39}$$

其中，收发天线间距为 $2a$，此时式 (2-37) 可改写为 $S = \frac{1}{2}ct$。

图 2-46(f) 中，超声脉冲从发射换能器经过第一根固体传至液面，再在液体中传至第二根固体，然后沿第二根固体传至接收换能器。超声波在固体中传过 $2L$ 距离所需的时间将比从发到收的时间 t 略短，缩短的时间就是超声波在液体中传过距离 d 所需的时间，所以：

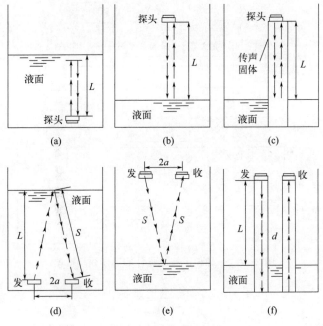

图 2-46　超声波液位计

$$L = \frac{1}{2}c\left(t - \frac{d}{c_L}\right) \tag{2-40}$$

（2）超声波测量流量

利用超声波检测技术测量流量的超声波流量计，其工作原理可以分为两种：一种是测量在顺流和逆流方向传递超声波的时间差；另一种是测量顺流或逆流时，传递超声波重复频率的频率差。图 2-47 所示为一种超声波流量计的工作原理框图。

发射换能器 K_1 和 K_3 把超声波发射出去，其中 K_1 发射的超声波和液流同向，另一个换能器 K_3 发射的超声波和液流反向。它们发射出的超声波分别由接收换能器 K_2 和 K_4 接收回来。

平均速度为 v 的流量在沿超声波传播方向的平均速度为：

$$v' = v\cos\theta \tag{2-41}$$

如果两个换能器间的距离为 L，则换能器 K_1、K_2 和 K_3、K_4 间超声波的传播时间 t_1、t_2 分别为：

$$t_1 = \frac{L}{c + v'} = \frac{L}{c + v\cos\theta} \tag{2-42}$$

$$t_2 = \frac{L}{c - v'} = \frac{L}{c - v\cos\theta} \tag{2-43}$$

图 2-47 中，调制器以触发器方式工作。发射换能器发射一个超声脉冲的同时调制器闭塞；待接收换能器接收到超声脉冲后，调制器才重新开启，使电振荡信号再次进入发射换能器，这样就形成了一系列受超声脉冲调制的周期性高频信号。它们的重发周期分别为 $T_1 = t_1$、$T_2 = t_2$，它们的频率 f_1 和 f_2 为：

$$f_1 = \frac{c + v\cos\theta}{L} \tag{2-44}$$

$$f_2 = \frac{c - v\cos\theta}{L} \tag{2-45}$$

两频率的差值为：

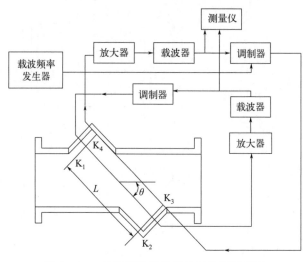

图 2-47　一种超声波流量计的工作原理框图

$$\Delta f = \frac{2v\cos\theta}{L} = Kv \qquad (2\text{-}46)$$

式中，$K = \dfrac{2\cos\theta}{L}$。

上式表明，可由时间 t_1 和 t_2 求得平均流速 v。

（3）超声波测量厚度

厚度的测量通常采用脉冲反射法来进行。其工作原理框图如图 2-48 所示。

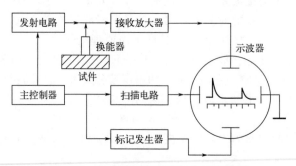

图 2-48　超声波测量厚度工作原理框图

　　换能器接收到的脉冲信号经放大加至示波器的垂直偏转板上。标记发生器输出一定时间间隔的标记脉冲信号，也加在示波器的垂直偏转板上，而扫描电压则加在水平偏转板上。这样，在示波器荧光屏上可以直接观察到发射脉冲和接收脉冲信号，根据横轴上的标记信号可以测出从发射到接收间的时间间隔 t，而被测件的厚度 h 可由下式求得：

$$h = \frac{ct}{2} \qquad (2\text{-}47)$$

　　标记信号一般是可调的，如果预先用标准试块进行校准，也可以根据示波器荧光屏上发射标准脉冲与接收标准脉冲间的脉冲数来直接读出厚度值。

　　（4）超声波测量距离

　　超声波测量距离的工作原理如图 2-49 所示。超声波传感器的测距原理为采用传感器向外发出超声波，发出的超声波在遇到障碍后将返回到接收器，此时以传输时间为依据，能计算与被测物体之间的距离。可见，采用超声波传感器进行测距的原理十分简单，且数据处理的速度很快，设备安装与维护便利，无论是在精确测距中，还是机器人避障及液位测量中，都有着广泛的应用。比如，采用以无线传输为基础的超声波传感器进行液位测量，能对不同储液罐的实际液位实时测量，在系统内还添加测温电路予以温度补偿，进一步保证了测量的精度；采用双传感器对机器人行走时周围障碍实际信息进行检测，能使机器人具备避障功能，同时获取障碍距离信息，但无法确定边界信息；在室内若干已知的位置设置超声波传感器，并在机器人上加装超声波接收器，借助卡尔曼滤波器，能对机器人进行准确定位。为解决超声波传感器存在检测盲区的问题，研制出了以超声波和红外传感器为基础的感测系统，即借助红外传感器对超声波传感器存在的检测盲区予以补偿，能有效增大感测范围，已经广泛用于机器人的导航与避障。另外，已设计出一个采用单片机作为系统主控芯片、采用 CPLD 生成并发送超声波的测距系统，它的误差可以达到很小，有助于测量精度的大幅提高。

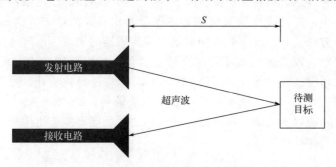

图 2-49　超声波测量距离工作原理图

2.3.3.5　超声波发展前景

超声波传感器作为典型的非接触检测技术，同时具有体积小、成本低，不受电磁、光线、烟雾等干扰的优点，具有广阔的发展前景。综合分析了超声波传感器在测距等方面的应用现状、存在的问题及解决方法，对超声波传感器的发展趋势做以下几点展望：

① 集成化、高精度。未来的超声波传感器将内置温度补偿电路，当外界环境温度变化时，由温度补偿电路自动进行校对，提高测量的精度。

② 提高抗干扰性。新型的超声波传感器的感应头应具有更强的自我保护能力，可以抵御物质损害，适应比较脏乱的环境，使得超声波传感器能适应恶劣环境下的测量。

③ 智能化、数字化。新型超声波传感器应易于调整、适应不同的测量距离，输出的信号有多种类型，使得应用更加灵活。

④ 多种传感器融合技术。随着工业现场对传感器的检测精度和可靠性的要求越来越高，多种传感器（如激光测距、红外线等）与超声波传感器冗余结合使用，充分发挥各自的优势，提高传感器的总体性能，也将成为超声波传感器的一个发展趋势。

2.4　特殊环境下的传感器选型

传感器选型

随着信息时代的到来，传感器成为了人们获取自然和生产领域中信息的主要途径与手段。目前常规环境下的传感器技术已较为成熟，特别是在现代工业生产过程中，要用各种传感器来监视和控制生产过程中的各个参数，使设备工作在正常状态，并使产品达到较好的质量，但是针对高低温、高压、强振动、强干扰等特殊环境下的使用还有待提高。

如今，传感器早已渗透到诸如工业生产、宇宙开发、深海探测、环境保护、复杂地层油气开发、医学诊断、生物工程，甚至文物保护等特殊领域。然而现代传感器不仅在原理与结构上千差万别，在不同环境下的使用情况也各不相同，如何根据具体的测量目的、测量对象以及测量环境合理地选用传感器，是在进行某个量的测量时首先要解决的问题。在选择和使用传感器时需要考虑以下几点。

2.4.1 基于测量对象进行选择

要进行一个具体的测量工作，首先要考虑采用何种原理的传感器，这需要分析多方面的因素之后才能确定。因为，即使是测量同一物理量，也有多种原理的传感器可供选用，哪一种原理的传感器更为合适，则需要根据被测量的特点和传感器的使用条件考虑以下一些具体问题：①量程的大小；②被测位置对传感器体积的要求；③测量方式为接触式还是非接触式；④信号的引出方法，有线或是非接触测量；⑤传感器的来源，国产还是进口，价格能否承受，还是自行研制。以流量特殊环境信息检测为例，可以选用的流量传感器有电磁流量计、涡街流量计和超声波流量计等，需要针对具体目标去选择流量计。除此之外，还需要参考使用哪种输出模式，比如说二线制还是四线制电流信号，$0\sim20mA$、$4\sim20mA$、$0\sim10V$电压信号或者是某种协议的通信。在考虑上述问题之后就能确定选用何种类型的传感器，然后再考虑传感器的具体性能指标。

2.4.2 基于传感器使用环境进行选择

环境的改变会导致传感器的使用受到一定限制，不同的测量环境需要的传感器类型不一，因此在选择传感器之前，需要对其使用环境进行调查。针对高低温、高压、强振动、强干扰等特殊环境，要想准确测量出其被测参数信息，需要根据使用环境选择合适的传感器进行检测，而传感器的使用材料具有不同的环境适应能力，所以选择传感器的同时还需要考虑合适的安装位置。例如在高温环境下，需要选择以铁、钴、镍等为材料的高温传感器，这类材料往往具有较好的力学性能和耐高温能力，非常适合高温环境，同时需要考虑将传感器安装在温度合适的位置。在高压环境下，可以选择以压力敏感材料为材料的传感器，也可在高压传感器上设置压力敏感膜片。在强磁干扰环境下，应该选择受外磁场干扰较小的内磁式结构传感器，而非易受外磁场干扰的外磁式结构传感器。

2.4.3 基于灵敏度进行选择

通常，在传感器的线性范围内，希望传感器的灵敏度越高越好。因为只有灵敏度高时，与被测量变化对应的输出信号的值才比较大，有利于信号处理。但要注意的是，传感器的灵敏度高，与被测量无关的外界噪声也容易混入，也会被放大系统放大，影响测量精度。因此，要求传感器本身应具有较高的信噪比，尽量减少从外界引入的干扰信号。传感器的灵敏度是有方向性的。当被测量是单向量，而且对其方向性要求较高时，则应选择其他方向灵敏度小的传感器；如果被测量是多维向量，则要求传感器的交叉灵敏度越小越好。

2.4.4 基于频率响应特性进行选择

传感器的频率响应特性决定了被测量的频率范围，必须在允许频率范围内保持不失真。实际上传感器的响应总有一定延迟，希望延迟时间越短越好。传感器的频率响应高，可测的信号频率范围就宽，而由于受到结构特性的影响，机械系统的惯性较大，因此频率低的传感器可测信号的频率较低。在动态测量中，应根据信号的特点（稳态、瞬态、随机等）响应特性，以免产生过大的误差。

2.4.5　基于传感器稳定性进行选择

传感器使用一段时间后，其性能保持不变的能力称为稳定性。影响传感器长期稳定性的因素除传感器本身结构外，主要是传感器的使用环境。因此，要使传感器具有良好的稳定性，传感器必须要有较强的环境适应能力。在选择传感器之前，应对其使用环境进行调查，并根据具体的使用环境选择合适的传感器，或采取适当的措施，减小环境的影响。传感器的稳定性有定量指标，在超过使用期后，在使用前应重新进行标定，以确定传感器的性能是否发生变化。在某些要求传感器能长期使用而又不能轻易更换或标定的场合，所选用传感器的稳定性要求更严格，要能够经受住长时间的考验。

2.4.6　基于传感器的线性范围进行选择

传感器的线性范围是指输出与输入成正比的范围。从理论上讲，在此范围内，灵敏度保持定值。传感器的线性范围越宽，则其量程越大，并且能保证一定的测量精度。在选择传感器时，当传感器的种类确定以后首先要看其量程是否满足要求。但实际上，任何传感器都不能保证绝对的线性，其线性度也是相对的。当所要求的测量精度比较低时，在一定的范围内，可将非线性误差较小的传感器近似看作线性的，给测量带来极大方便。

2.4.7　传感器的量程和精度之间的平衡

精度是传感器的一个重要的性能指标，它是关系到整个测量系统测量精度的一个重要环节。传感器的精度越高，其价格越昂贵，因此，传感器的精度只要满足整个测量系统的精度要求就可以，不必选得过高以降低成本。如果测量目的是定性分析的，选用重复精度高的传感器即可，不宜选用绝对量值精度高的传感器；如果是为了定量分析，必须获得精确的测量值，就需选用精度等级能满足要求的传感器。然而传感器的精度受量程的制约，一般量程越大，精度越低，但高精度的传感器很有可能量程不够，因此也就导致了高精度、大量程的传感器非常昂贵，选择的时候需要平衡两者之间的关系。对某些特殊使用场合，无法选到合适的传感器，则需自行设计制造传感器，自制传感器的性能应满足使用要求。

2.4.8　传感器对被测对象的影响小

对于接触式传感器，在测试时将与被测物体接触或直接固定在被测物体之上，因此传感器的质量将附加在被测物体上，如果传感器的质量与被测物体相比不能忽略，则将对被测物体的运行状态产生影响，此时，需要选择质量较小的传感器，以保证测试结果的真实性。在很多石油机械的测试中，由于被测对象的质量较大，传感器的质量对被测对象影响不大，因此对传感器的质量没有过多要求。对于旋转机械或往复机械，多采用非接触式传感器。

2.5　特殊环境下的传感器设计

传感器设计

随着信息时代的到来，传感器成为人们获取自然和生产领域中信息的主要途径与手段，目前常规环境下的传感器技术已较为成熟，基本可以买到现成的产品。但是针对高低温、高压、强振动、强干扰等特殊环境下使用的传感器，如果无法买到成熟的产品，需要专门进行设计与制作。

2.5.1　传感器设计的一般内容及步骤

2.5.1.1　设计方案的选择

根据设计任务给定的被测参数（被测量）的种类、类型及精度要求和使用条件等因素，选择完成此设计任务的传感器的种类并组成框图，如图 2-50 所示。

图 2-50　设计传感器组成框图

需要确定以下内容：

① 敏感元件的种类及类型；

② 传感（转换）元件的种类及类型；

③ 测量电路的种类及类型；

④ 辅助电源的种类及类型。

以上四个环节，每种传感器不一定全用，可根据设计任务确定所需要的组成环节的数量。

2.5.1.2　工作原理设计

根据所选定的测量方案，利用相关理论或实验数据推导或拟合出所设计传感器的数学模型。

（1）对于拟合的数学模型可采用如下方法

① 采用数学归纳法找出实验数据的数学规律并用已知函数表示数学模型。

② 将实验数据绘成光滑曲线与已知函数的曲线相对比，找出误差最小的已知曲线并用该已知曲线的函数做所求传感器的数学模型，该方法称为经验模型法。

③ 采用高次多项式做所设计传感器的数学模型的方法。

设所设计传感器的数学模型为：

$$y = a_0 + a_1 y + a_2 y^2 + \cdots + a_n y^n \tag{2-48}$$

再用判别法则确定多项式的方次数，并要注意使用时次数和系数对曲线的影响。

（2）利用相关理论推导数学模型的方法

将传感器的结构原理图简化成物理模型（或力学模型），根据物理（力学）模型应用相关理论建立数学模型的方法。

2.5.1.3　参数的计算与选择

根据所建立的数学模型，设计、计算数学模型中的结构系数及相关系数。

① 对于用实验数据拟合的数学模型式（2-48）中的结构系数 a_0，a_1，$\cdots$，a_n 的确定，可采用最小二乘法求得其值的大小。

② 对于通过相关理论建立的数学模型，一般情况下都是动态数学模型，且通常为二阶

系统模型，即

$$a_2 \frac{\mathrm{d}^2 y}{\mathrm{d}t^2} + a_1 \frac{\mathrm{d}y}{\mathrm{d}t} + a_0 y = b_0 x \tag{2-49}$$

式中，a_0、a_1、a_2 为结构系数。其求法是，先求式（2-49）的传递函数：

$$H(s) = \frac{s_0}{\left(\dfrac{s}{\omega_0}\right)^2 + 2\dfrac{\xi}{\omega_0}s + 1} = f(\omega_0, \xi) \tag{2-50}$$

式中 ω_0 为固有频率，$\omega_0 = \sqrt{\dfrac{a_0}{a_2}}$；$\xi$ 为阻尼比，$\xi = \dfrac{a_1}{2\sqrt{a_0 a_2}}$；$s_0$ 为零频增益，$s_0 = \dfrac{b_0}{a_0}$。

再求出频率传递函数：

$$H(\mathrm{j}\omega) = \frac{s_0}{1 + \left(\dfrac{\omega}{\omega_0}\right)^2 + 2\xi\left(\dfrac{\omega}{\omega_0}\right)\mathrm{j}} = f(s_0, \omega, \omega_0, \xi) =$$

$$f(\omega_0, \xi)\big|_{\omega, s_0 = 常数} = f\left\{\omega_0 = \sqrt{\frac{a_0}{a_2}}, \xi = \frac{a_1}{2\sqrt{a_0 a_2}}\right\} = f(a_0, a_1, a_2)\big|_{\omega, s_0 = 常数} \tag{2-51}$$

式（2-51）的幅值比为：

$$\left|\frac{y}{x}\right| = \frac{s_0}{\sqrt{\left[1 + \left(\dfrac{\omega}{\omega_0}\right)^2\right]^2 + \left(2\xi\dfrac{\omega}{\omega_0}\right)^2}} \tag{2-52}$$

由题目给定的线性度 $\pm\Delta\%\mathrm{FS}$，则式（2-52）应满足 $|y/x| \leqslant \pm\Delta\%\mathrm{FS}$，则有：

$$\left|\frac{y}{x}\right| = \frac{s_0}{\sqrt{\left[1 + \left(\dfrac{\omega}{\omega_0}\right)^2\right]^2 + \left(2\xi\dfrac{\omega}{\omega_0}\right)^2}} \leqslant \pm\Delta\%\mathrm{FS} \tag{2-53}$$

因此，当 $\left|\dfrac{y}{x}\right| \leqslant +\Delta\%\mathrm{FS}$ 时，求得 $\dfrac{\omega}{\omega_0} = A$（数值）；当 $\left|\dfrac{y}{x}\right| \leqslant -\Delta\%\mathrm{FS}$ 时，求得 $\dfrac{\omega}{\omega_0} = B$（数值）。

通常有 $A > B$，由理论分析可知：当 $\omega/\omega_0 \geqslant 3$，且 $\xi = 0.6 \sim 0.7$ 时，$y \approx x$，取 A、B 中大于 3 的那个值，如取 A，则有 $\omega/\omega_0 = A$，因 ω 为输入 x 的变化角频率是已知的，故求得：

$$\omega_0 = \omega/A \tag{2-54}$$

再由 $\omega_0 = \sqrt{a_0/a_2}$ 及 $\xi = a_1/2\sqrt{a_0 a_2}$ 求得结构系数 a_0、a_1、a_2 各值。

2.5.1.4 误差分析

根据以上求得的数学模型，将其进行线性处理得到线性数学模型，再进行下面的误差分析：

① 非线性误差（线性度）；

② 零位误差；

③ 静态误差；

④ 动态误差；

⑤ 综合静态误差；

⑥ 温度误差。

2.5.1.5　结构设计

根据以上误差分析的结果，确定所设计的传感器是否需要采用差动式、补偿式或闭环式等结构形式，或采用电路补偿或软件处理等方式来消除误差因素的影响，最后确定所设计传感器的结构形式。

在结构设计中还要通过结构的稳定性（主要是温度的影响）的分析设计，求得结构中各组成元件满足温度补偿条件的各种材料的温度系数值，按计算出的温度系数各值，来确定结构中各组成元件的材料种类。

2.5.1.6　绘制机械结构图及电气原理图

根据最后所确定的组成结构框图，绘出传感器的机械结构图及电气原理图各一张。

2.5.2　传感器设计需要考虑的指标

传感器的测量对象千变万化，即使同一个测量对象，由于工作的特殊环境不同，要求也不相同。所以，可以采用不同的原理、不同的方法、不同的测量电路来实现对同一个测量对象的测量。完成一个传感器的设计，即要实现传感器的设计任务中规定的技术指标，一般包括传感器的静态特性指标和动态特性指标，还有环境参数、可靠性参数和其他指标，如表2-5所示。

表 2-5　传感器的技术指标

分类	技术指标
基本参数指标	量程指标：量程范围、过载能力等
	灵敏度指标：灵敏度、分辨力、满量程输出、输入输出阻抗等
	精度指标：精度、误差、线性、迟滞、重复性、灵敏度、稳定性
	动态性能指标：固有频率、阻尼比、时间常数、频率响应范围、频率特性、临界频率、临界速度、稳定时间等
环境参数指标	温度指标：工作温度范围、温度误差、温度漂移、温度系数、热滞后等
	抗冲振指标：容许各向冲振的频率、振幅及加速度，冲振引入误差等
	其他环境参数：抗潮湿、抗介质腐蚀能力、抗电磁场干扰能力等
可靠性参数指标	工作寿命、平均无故障时间、保险期、疲劳性能、绝缘电阻、耐压等
其他指标	使用有关指标：供电方式(直流、交流、频率及波形等)、功率、各项分布参数值、电压范围与稳定度等

电源：电源及允许波动范围。

工作条件：环境条件，例如温度、湿度、大气压等；特殊条件，例如荷压、电磁场、干扰等。

（1）静态特性

静态特性是指对静态的输入信号，传感器的输出量与输入量之间所具有的相互关系。因为这时输入量和输出量都和时间无关，所以它们之间的关系，即传感器的静态特性可用一个不含时间变量的代数方程，或以输入量作横坐标，把与其对应的输出量作纵坐标而画出的特性曲线来描述。表征传感器静态特性的主要参数有：线性度、灵敏度、分辨力和迟滞等。

（2）动态特性

动态特性是指传感器在输入变化时它的输出的特性。在实际工作中，传感器的动态特性常用它对某些标准输入信号的响应来表示。这是因为传感器对标准输入信号的响应容易用实验方法求得，并且它对标准输入信号的响应与它对任意输入信号的响应之间存在一定的关系，往往知道了前者就能推定后者。最常用的标准输入信号有阶跃信号和正弦信号两种，所以传感器的动态特性也常用阶跃响应和频率响应来表示。

（3）线性度

通常情况下，传感器的实际静态特性输出是条曲线而非直线。在实际工作中，为使仪表具有均匀刻度的读数，常用一条拟合直线近似地代表实际的特性曲线，线性度（非线性误差）就是这个近似程度的一个性能指标。拟合直线的选取有多种方法，如：将零输入和满量程输出点相连的理论直线作为拟合直线；或将与特性曲线上各点偏差的平方和为最小的理论直线作为拟合直线，此拟合直线称为最小二乘法拟合直线。

（4）迟滞特性

迟滞特性表征传感器在正向（输入量增大）和反向（输入量减小）行程间输出-输入特性曲线不一致的程度，通常用这两条曲线之间的最大差值与满量程输出的百分比表示。迟滞可由传感器内部元件存在能量的吸收造成。

（5）灵敏度

灵敏度是指传感器在稳态工作情况下输出量变化 Δy 对输入量变化 Δx 的比值。它是输出-输入特性曲线的斜率。如果传感器的输出和输入之间呈线性关系，则灵敏度是一个常数。否则，它将随输入量的变化而变化。

（6）分辨率和分辨力

分辨率和分辨力是用来表示传感器能够检测被测量的最小量值的性能指标。前者是以满量程的百分数来表示的，后者是以最小量程的单位值来表示的。

（7）精度

传感器的精度是指测量结果的可靠程度，它以给定的准确度来表示重复某个读数的能力，误差越小，则传感器精度越高。

2.5.3　传感器设计举例

传感器种类繁多，下面介绍几种常规传感器的设计。

2.5.3.1　金属电阻应变式传感器

金属电阻应变式传感器是一种利用金属电阻应变片将应变转换成电阻变化的传感器。其工作原理是基于金属导体的电阻-应变效应，即当金属导体在外力作用下发生机械变形时，其电阻值将相应地发生变化。

选择应变片是传感器设计的首要任务，为了正确选用电阻应变片，应对其工作特性和主要参数进行了解。主要参数包括应变片电阻值、绝缘电阻、灵敏度系数、允许电流、横向效应与横向灵敏度系数、机械滞后、应变极限、零漂和蠕变、动态特性等。

应变片将被测试件的应变转换成相应电阻变化，还需要一定的测量电路将其电阻变化进一步转换成电压或者电信号，这样才能用测量仪表或用计算机进行数据采集实现自动检测。应变片电阻变化测量常用的测量电路是电桥电路。

2.5.3.2　电感式传感器

电感式传感器是基于电磁感应原理，利用线圈自感或互感的变化来实现非电量电测的一种装置，主要有气隙型和螺管型两种结构。变隙式电感传感器主要由线圈、衔铁和铁芯等组成，工作时衔铁与被测体相连，被测体使衔铁运动产生位移，导致气隙厚度变化引起气隙磁阻的变化，从而使线圈电感值变化。当传感器线圈接入测量电路后，电感的变化进一步转换成电压、电流或频率的变化，实现非电量到电量的转换。

电感式传感器设计时应考虑给定的技术指标，如量程、准确度、灵敏度和使用环境等。传感器的灵敏度实际上常用单位位移引起的输出电压变化来衡量，因此这是传感器和测量电路的综合灵敏度，这样在确定设计方案时必须综合考虑传感器和测量电路。

传感器的量程是指其输出信号与位移量之间呈线性关系（允许有一定误差）的位移范围。它是传感器结构形式的重要依据。单线圈螺管式用于特大量程，一般常用差动螺管式。具体尺寸的确定，需配以必要的实验。传感器线圈的长度是根据量程来选择的，如 DWZ 系列电感式位移传感器在非线性误差不超过 ±5% 的范围内，位移范围有 ±5mm、±10mm、±50mm 几种规格。为了满足当铁芯移动时线圈内部磁通变化的均匀性，保持输出电压与铁芯位移量之间的线性关系，传感器必须满足三个要求：铁芯的加工精度、线圈架的加工精度、线圈绕制的均匀性。对一个尺寸已经确定的传感器，如果在其余参数不变的情况下，仅仅改变铁芯的长度或线圈匝数，也可以改变它的线性范围。当铁芯增大时，输出灵敏度减小。考虑到线性关系，铁芯长度有一个最佳值，此值一般用实验方法求得。线圈匝数增加时，输出灵敏度相应增加，为线性关系。考虑到该关系以及线圈散热和磁饱和条件的限制对线圈匝数的要求，线圈匝数也有一个最佳值，此值也可以用实验方法求得。

线圈的电感量取决于线圈的匝数和磁路的磁导率大小。电感量大，输出灵敏度也高。用增加线圈匝数来增大电感量不是一个好办法，因为随着匝数增加，线圈电阻增大，线圈电阻受温度影响也较大，使传感器的温度特性变差。因此，为了增大电感量，应尽量考虑增大磁路的磁导率。实际选用磁路材料（铁芯和衔铁）时要求磁导率高，损耗要低，磁化曲线的饱和磁感应强度要大，剩磁和矫顽力要小。此外，还要求导磁体电阻率大、居里温度高、磁性能稳定、便于加工等。常用的磁路材料有硅钢片、纯铁、坡莫合金等。为了增大电感量，还应使铁芯外径接近于线圈架内径、导磁体外壳的内径小一些。

电感式传感器的误差因素主要有激励电源电压和频率影响、温度变化影响、非线性特性的影响、输出电压和电源电压之间的相位差、零位误差等。这些误差因素也是设计传感器时需要考虑的因素。

2.5.3.3　热电式传感器

热电式传感器是利用某种材料或元件与温度有关的物理特性，将温度的变化转换为电量变化的装置或器件。在测量中常用的热电式传感器是热电偶传感器和热电阻传感器，热电偶传感器是将温度变化转换为电势变化，而热电阻传感器是将温度变化转换为电阻值变化。此外，PN 结型温度传感器也得到了迅速的发展和广泛的使用。

（1）热电阻传感器

由纯金属热敏元件制作的热电阻称为金属热电阻，由半导体材料制作的热电阻称为半导体热电阻。不同的金属导体的电阻温度系数等保持常数所对应的温度范围不同，所以在设计传感器时选作感温元件的材料应满足：①材料的电阻温度系数必须大，温度系数越大，热电阻的灵敏度越高；纯金属的温度系数比合金的高，所以一般采用纯金属材料作热电阻感温元件；②在测温范围内，材料的物理、化学性质稳定；③在测温范围内，电阻温度系数保持常数，便于实现温度表的线性刻度特性；④具有较大的电阻率，以利于减小元件尺寸，从而减小热惯性；⑤特性复现性好，容易复制。

（2）热电偶传感器

热电偶传感器是将温度量转换为电势大小的热电式传感器。热电极是热电偶传感器的主要元件，作为实用测温元件的热电偶传感器，设计时对热电极材料的基本要求是：①热电势要足够大，测温范围宽，线性好；②热电特性稳定；③理化性能稳定，不易氧化、变形和腐蚀；④电阻温度系数小，电阻率小；⑤易加工，复制性好；⑥价格低廉。根据不同的热电极材料，可以制成适用不同温度范围、不同测量精度的各类热电偶传感器。

（3）PN 结型温度传感器

PN 结的温度效应对多数应用是不利的，然而它能有效地应用于温度的测量。

2.5.3.4　压电式传感器

压电式传感器以某些电介质的压电效应为基础，它是典型的有源传感器（发电型传感器）。电介质材料中石英晶体（SiO_2）是常用的天然压电材料，此外，人造压电陶瓷，如钛酸钡、锆钛酸铅、铌酸钾等多晶体也因具有良好的压电性能而作为压电材料得到应用。压电敏感元件是力敏元件，在外力作用下，压电敏感元件（压电材料）的表面上产生电荷，从而实现非电量电测的目的。它能测量最终能变换为力的那些物理量，例如压力、应力、位移、加速度等。压电式传感器是应用较广的一种传感器，而且特别适合于动态测量，绝大多数加速度（振动）传感器属于压电式传感器。压电式传感器的主要缺点是压电转换元件无静态输出、输出阻抗高、需高输入阻抗的前置放大级作为阻抗匹配，而且很多压电元件的工作温度最高只有 250℃。压电材料可以分为两大类：压电晶体和压电陶瓷。压电陶瓷的压电系数比压电晶体大得多，所以采用压电陶瓷制作的压电式传感器的灵敏度较高。但极化处理后的压电陶瓷材料的剩余极化强度和特性与温度有关，它的参数也随时间变化，从而使其压电特性减弱。

2.6　特殊环境下的传感器发展趋势

特殊环境下的
传感器发展趋势

传感器是特殊环境信息检测系统中不可缺少的重要环节，是生产自动化、科学测试、监测诊断等系统中的一个基础环节。由于传感器的重要性，21 世纪以来，国际上出现了"传感器热"。随着信息技术和新材料技术的发展，许多新型传感器应运而生，如光纤传感器、CCD 传感器、MEMS 传感器、生物传感器、半导体传感器、微波传感器、超导传感器、液晶传感器等。未来，在经济环境持续好转的大背景下，传感器市场的需求量会不断增多，传感器将越来越多地被应用到社会建设和生活的各个领域。据高工产业研究院预测，未来几年全球传感器市场将保持 20% 以上的增长速度。

目前全球传感器有 2.6 万余种，随着技术创新，新品种和类型不断出现。而我国目前约有 1.4 万种，约占全球的 1/2。自 2014 年以来，我国先后出台了一系列具有战略性、指导性的文件，有效推动了我国传感器及物联网产业向着创新化、融合化、集群化以及智能化的方向快速发展。智能传感器具备一定的通信功能，并且拥有采集、处理、交换信息的能力，可通过软件技术来实现高精度的信息采集。如今传感器的发展趋势逐渐向着小型化、智能化、多功能化和网络化方面发展。面对日益恶劣的环境，如何提高稳定性、环境适应性，采用智能化技术，克服材料芯体的自身短板，提高传感器测量准确度是未来发展的一个重要研究方向。

2.6.1　微型化

传统传感器由于体积较大、性能单一，使其使用受到一定的限制。微型传感器则是基于半导体集成电路技术发展的微电子机械系统（micro-electro-mechanical system，MEMS）技术，利用微机械加工技术将微米级的敏感组件、信号处理器、数据处理装置封装在一块芯片上。微型传感器具有体积小、重量轻、反应快、灵敏度高、成本低等优点，广泛应用于航空、医疗、工业自动化等领域。

传感器的微型化主要依赖于以下技术。

2.6.1.1　计算机辅助设计和微电子机械系统技术

计算机辅助设计（CAD）使传感器的设计逐渐由传统的结构化生产设计向模拟式工程化设计转变，设计者能够在较短的时间内设计出低成本、高性能的新型系统。

微电子机械系统（MEMS）的核心技术是研究微电子与微机械加工及封装技术的巧妙结合，以研制出体积小而功能强大的新型系统。在目前的技术水平下，微切削加工技术可以生产出具有不同层次的3D微型结构，从而生产出体积非常微小的微型传感器敏感元件，如微差压传感器、离子传感器、光电探测器等。

2.6.1.2　敏感光纤技术

光纤传感器的工作原理是将光作为信号载体，并通过光纤来传送信号。由于光纤本身具有良好的传光性能，对光的损耗极低，加之光纤传输光信号的频带非常宽，且光纤本身就是一种敏感元件，所以光纤传感器具有许多其他传统传感器不具有的优良特征，如重量轻、体积小、敏感性高、动态测量范围大、传输频带宽、易于转向作业，以及波形特征能与客观情况相适应等。

2.6.2　智能化

随着智能时代的到来，各种智能传感器的研究和应用越来越受到人们的重视。智能传感器在传统传感器的基础上还具有丰富的信息处理能力，能够提供更综合的功能。智能传感器是指具有信息检测、信息处理、信息记忆、逻辑思维和判断功能的传感器。相对于仅提供表征待测物理量的模拟电压信号的传统传感器，智能传感器充分利用集成技术和微处理器技术，集感知、信息处理、通信于一体，能提供以数字量方式传播的具有一定知识级别的信息。智能传感器是由一个或多个敏感元件、微处理器、外围控制及通信电路、智能软件系统相结合的产物，它兼有监测、判断、信息处理等功能。智能传感器相当于微型机与传感器的综合体。

智能传感器的优点主要有以下几点：

① 智能传感器不仅能够对信息进行处理、分析和调节，能对所测的数据及其误差进行补偿，而且还能够进行逻辑思考和结论判断，能够借助于一览表对非线性信号进行线性化处理，借助于软件滤波器对数字信号滤波，还能利用软件实现非线性补偿或其他更复杂的环境补偿，以改进测量精度。

② 智能传感器具有自诊断和自校准功能，可以用来检测工作环境。当面对高低温、高压、强振动、强干扰等特殊环境时，传感器易受到影响并产生故障，利用智能传感器可以及时发出报警信号提醒操作人员，根据其分析器的输入信号给出相关的诊断信息。当智能传感器由于某些内部故障而不能正常工作时，传感器能借助其内部检测链路找出异常现象或出故障的部件。

③ 智能传感器能够完成多传感器、多参数混合测量，并能对多种信号进行实时处理，也能将检测数据储存，以备事后查询。

④ 智能传感器备有一个数字式通信接口，通过此接口可以直接与其所属计算机进行通信联络和信息交换。

2.6.3　集成化、多功能

通常一个传感器只能测量一种物理量，但当面对特殊环境和特殊情形时，往往需要对多个物理量同时进行测量，此时若采用传统方法，则需要多个传感器。为了减少传感器的使用，在满足特殊环境的同时实现被测参数的信息获取，更准确全面地反映客观事物并提高传感器的使用效率，需要制成集成化多功能传感器，以实现多个物理量的同时测量。随着传感器技术和微机技术的发展，目前传感器已逐渐集成化、多功能化。集成化包括两种：一种是同类型多个传感器的集成，即同一功能的多个传感元件用集成工艺在同一平面上排列，组成线性传感器（如 CCD 图像传感器）；另一种是多功能一体化，如几种不同的敏感元器件制作在同一硅片上，制成集成化多功能传感器，其集成度高、体积小，容易实现补偿和校正，是当前传感器集成化发展的主要方向。

多功能传感器中，目前最热门的研究领域是各种类型的仿生传感器。仿生传感器是通过对人的种种行为如视觉、听觉、感觉、嗅觉和思维等进行模拟，研制出的自动捕获信息、处理信息、模仿人类的行为装置，是近年来生物医学和电子学、工程学相互渗透发展起来的一种新型的信息技术。

2.6.4　无线网络化

无线传感器网络的主要组成部分是一个个的传感器节点，这些节点可以感受温度、湿度、压力、噪声等变化。每一个节点都是一个可以进行快速运算的微型计算机，可以将传感器收集到的信息转换成数字信号进行编码，然后通过节点与节点之间自行建立的无线网络发送给具有更大处理能力的服务器。

传感器网络综合了传感器技术、嵌入式计算机技术、现代网络、无线通信技术、分布式信息处理技术等，能够通过各类集成化的微型传感器协作地实时监测、感知和采集各种环境或监测对象的信息，通过嵌入式系统对信息进行处理，并通过随机自组织无线通信网络以多跳中继方式将所感知的信息传送到用户终端，从而真正实现"无处不在的计算"理念。

传感器网络的应用在军事、国防、工业、农业、城市管理、环境监测、生物医药、抢险救灾、防恐反恐以及家庭生活等领域有着重要的意义。随着环境不断恶化，传感器的使用变得愈加复杂，为了使传感器能够适应特殊环境，并在特殊环境下保持高精度、长寿命、高可靠性和长期稳定性，以及能实现防窃取、信息安全、保密性等高级功能，需要使其朝着无线网络化方向发展。

第 3 章

微弱信号检测技术

人类对自然的探索越深入，所需获取的信息就越丰富多样，所需检测的信号就越微弱，极端条件下的测量，是当今科学技术的前沿课题。随着科技的发展，越来越需要把深埋在噪声干扰中的微弱信号检测出来，越来越多以前测不到的信号被检测出来。微弱信号检测是发展高新技术、探索及发现新的自然规律的重要手段，对推动相关领域发展具有重要意义。将淹没在强背景噪声下的微弱信号，通过新的检测手段，抑制噪声，获得信号的恢复，是微弱信号下检测技术研究的主要内容。本章主要讲述了微弱信号检测中的噪声、仪用放大电路设计、调制放大与解调电路设计、锁相放大电路设计以及其他微弱信号检测技术。

3.1　概述

检测技术的发展，始终是围绕着两个问题逐渐解决和提高的，即所谓的速度和精度。检测精度意味着检测灵敏度的提高和动态范围的扩大，即能容纳更多的噪声和从噪声中提取信号能力的提高；而检测的速度表示快速的瞬变响应和处理的能力。微弱信号检测（weak signal detection）则是测量技术中的综合技术和尖端领域，它能测量传统观念认为不能测到的微弱量，所以得到了迅速的发展和普遍的重视。

对于众多的微弱量（如弱光、小位移、微振动、微温差、小电容、弱磁、弱声、微电导、微电流、低电平电压及弱流量等），一般都通过各种传感器做非电量转换，使检测对象转变成电量（电压或电流）。但当检测量甚为微弱时，弱检测量本身的涨落以及所用传感器本身与测量仪表的噪声影响，表现出来的总效果是：有用的被测信号被大量的噪声和干扰所淹没，使测量受到每一发展阶段的绝对限制。自从 1928 年约翰逊（J. B. Johnson）对热骚动电子运动产生的噪声进行研究以来，大量科学工作者对信号的检测做出了重要贡献。尤其是近几十年来，更加取得了突飞猛进的发展，测量的极限不断低于噪声的量级。例如，1962年，美国 PARC 第一台相干检测的锁相放大器问世，使检测的信噪比突然提高到 10^3；1968年，从大量二次电子的背景中测得 Auger 电子；到 20 世纪 80 年代初，在特定的条件下可使 <1nV 的信号获得满度输出（使信号的放大量接近 200dB），信噪比提高到 10^6。粗略估计，平均每 5～6 年测量极限提高一个数量级。因此，过去视为不可测量的微观现象或弱相互作用所体现的弱信号，现在已能测量，这大大地推动了物理学、化学、电化学、天文学、生物学、医学以及广泛的工程技术领域等学科的发展，微弱信号检测技术也成为一门被人重视的、新兴的分支技术学科。

人类对微弱信号有两个方面的含义。其一是指有用信号的幅值相对于噪声和干扰来说十分微弱，如输入信号的信噪比为 10^{-1}、10^{-2} 以至 10^{-4}，也就是说，有用信号的幅度比噪声小 10 倍、100 倍乃至万倍，这时有用信号完全淹没在噪声之中。其二是指有用信号幅度绝对值极小，如检测微伏级的电压信号，检测每秒多少个光子的弱光信号与图像。利用微弱信号检测技术与仪器设备，可以大大提高信噪改善比。常规检测方法的信噪改善比为 10 左右，而通过微弱信号检测技术则信噪改善比可达 $10^{4} \sim 10^{5}$。

科学研究中经常需要检测极微弱的信号，例如：生物学中细胞发光特性、光合作用、生物电，天文学中的星体光谱，化学反应中的物质生成过程，物理学中的表面物理特性，光学中的拉曼光谱、光声光谱、脉冲瞬态光谱，微机电系统（MEMS）的微位移、微力、微电流、微电压等，油气测控中的流量、压力、位移、微量有害气体等等。信号微弱的原因大致可以分为以下几种情况：

① 被测信号微弱。有些信号具有弱光、弱磁、弱声以及小位移等性质，所以在实际测量中这些信号不易被检测出来。

② 噪声及干扰。在几乎所有微弱信号测量领域，微弱的物理量信号最终都是转变为微弱的电信号再进行放大处理。微弱信号不仅表现为其幅值极其微弱，更表现在其可能被各种噪声信号严重淹没。噪声可以来自检测系统内部（如传感器、放大器等），也有可能来自检测系统外部，而且噪声源的种类可以有很多，并且可以具有不同的特点，对信号检测的影响可以不同。

微弱信号检测具有两个重要特点：第一，要求在较低的信噪比下检测信号；第二，要求检测具有一定的快速性和实时性。工程实际中所采集的数据长度和持续时间往往会受到限制，这种在较短数据长度（或较短采集时间）下的微弱信号检测在诸如通信、雷达、声呐、地震、工业测量、机械系统实时监控等领域有着广泛的需求。因此，微弱信号检测技术的发展应该归结为两个方面：一是提高检测能力，尽可能降低其所能达到的最低检测信噪比；二是提高检测速度，最大限度地满足现场实时监控和故障诊断的要求。正是由于微弱信号检测技术应用的广泛性和迫切性，使之成为一个热点，并促使人们不断探索与研究微弱信号检测技术的新理论、新方法，以期能更快速、更准确地从强噪声背景中检测微弱信号。

因此，微弱信号检测的重要任务是提高检测系统输出信号的信噪比，检测被噪声淹没的微弱有用信号。主要采用隔离噪声源，降低传感器和检测电路的噪声，并采用先进的微弱信号检测方法实现微弱信号的检测。微弱信号检测技术的主要研究方法有分析噪声产生的原因和规律（如噪声幅度、频率、相位等），研究被测信号的特点（频谱与相关性等），采用信息论、电子学和计算机分析等方法进行信息处理。

3.2 信号检测中的噪声

在实际检测电路中，不仅组成电路的元件会产生一定的噪声，对电路造成影响，而且外部干扰源产生的噪声也可能会对电路造成影响。由组成检测电路的元件产生的噪声称为内部噪声，它是由电荷载体的随机运动引起的，例如，散粒噪声是流过势垒的电流的随机成分，它是由载流子随机越过势垒所引起的。由外部干扰源产生，经一定的途径耦合到检测电路的噪声称为外部干扰噪声，例如，检测电路的一部分电路可能像天线一样拾取各种无线电波，变压器或电机的交变磁场可能会在检测电路中感应出同样频率的电压或电流。

很多噪声是随机变量随时间变化的过程，对于随机噪声的不可预测性，只能用概率和统计的方法来描述。常用的概率和统计描述方法有概率密度函数以及期望、方差、相关函数等特征值。本节对随机噪声、电子系统内部固有噪声、元器件噪声和外部噪声进行介绍。

常规信号检测技术

3.2.1 随机噪声

3.2.1.1 随机噪声的统计特征量

对于一个随机信号，虽然不能确定它每个时刻的值，但可以从统计平均的角度来认识它，可以知道它在每个时刻可能取哪几种值和取各种值的概率是多少，以及各个时间点上取值的关联性。因此，如果已经知道了它的概率分布，就认为对这个随机信号在统计意义上有了充分的了解。而随机过程的各种统计特征量分别从各个侧面间接反映了概率分布特性。

（1）随机噪声的概率密度函数

如果 $x(t)$ 是一个随机过程，则其在时刻 t_1 取值 $x(t)$ 是一个随机变量，其统计特性可以用分布函数或概率密度函数来描述。把 $x(t_1)$ 小于或等于某一数值 x_1 的概率 $P[x(t_1) \leqslant x_1]$，记作：

$$F_1(x_1, t_1) = P[x(t_1) \leqslant x_1] \tag{3-1}$$

并称它为随机过程 $x(t)$ 的一维分布函数。如果 $F_1(x_1, t_1)$ 的偏导数存在，则

$$\frac{\partial F_1(x_1, t_1)}{\partial x_1} = f_1(x_1, t_1) \tag{3-2}$$

被称为 $x(t)$ 的一维概率密度函数。

（2）均值

对于连续的随机噪声 $x(t)$，其均值 μ_x 可以用数学期望值来表示：

$$\mu_x = E[x(t)] = \int_{-\infty}^{\infty} x(t) p(x) \, dx \tag{3-3}$$

对于电压或电流型的随机噪声，均值 μ_x 表示的是其直流分量。

（3）方差

方差 σ_x^2 表示的是随机噪声瞬时取值与其平均值之差的平方的数学期望值，即

$$\sigma_x^2 = E[x(t) - \mu_x]^2 = \int_{-\infty}^{\infty} [x(t) - \mu_x]^2 p(x) \, dx \tag{3-4}$$

方差 σ_x^2 反映的是随机噪声的起伏程度。

（4）均方值

均方值 $\overline{x^2}$ 表示的是随机噪声瞬时取值的平方的数学期望，即

$$\overline{x^2} = E[x^2(t)] = \int_{-\infty}^{\infty} x^2(t) p(x) \, dx \tag{3-5}$$

3.2.1.2 随机噪声的功率谱密度函数

设噪声电压 $x(t)$ 的功率为 P_x，在角频率 ω 与 $\omega + \Delta\omega$ 之间的功率为 ΔP_x，噪声的功率谱密度函数定义为：

$$S_x(\omega) = \lim_{\Delta\omega \to 0} \frac{\Delta P_x}{\Delta\omega} \tag{3-6}$$

噪声的功率谱密度函数反映的是噪声功率在不同频率点上的分布情况。功率谱密度函数 $S_x(\omega)$ 曲线下覆盖的面积表示噪声的功率 P_x。

3.2.1.3　常见随机噪声及特性

噪声是一个随机过程，根据实际问题和环境，它可以取不同的数学模型。在电子信息系统中，描述噪声统计特性的数学模型也有多种，其中十分重要、最常用的数学模型是时域的高斯噪声和频域的白噪声。

（1）高斯噪声

幅度起伏遵从高斯分布（正态分布）的噪声称为高斯噪声。自然界中发生的许多随机量属于高斯分布。如果噪声是由很多独立的噪声源产生的综合结果，则根据中心极限定理，该噪声服从高斯分布：

$$p(x) = \frac{1}{\sqrt{2\pi}\sigma_x} \exp\left[-\frac{(x-\mu_x)^2}{2\sigma_x^2}\right] \tag{3-7}$$

式中，μ_x 为噪声电压平均值，一般为零；σ_x^2 为噪声电压方差，在 $\mu_x = 0$ 时，σ_x^2 为噪声电压均方值，σ_x 为噪声电压均方根值。在低噪声设计和检测中，主要关心的是 σ_x，它是衡量系统噪声大小的基本量。

图 3-1 为典型的电压噪声波形及通用高斯曲线，高斯曲线包围的面积代表不同噪声电压产生的概率，概率取值在 0～1 之间，所以总面积为 1。波形集中在零电平附近，超过 e_1 电平值的概率如图中所示的阴影区域的面积。作为工程近似，一般认为电噪声都位于 6.6 倍的噪声均方根值之内，峰-峰电压在 99.9% 的时间内小于 6.6 倍的均方根值。

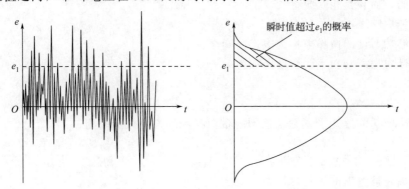

图 3-1　高斯噪声波形及概率密度函数

高斯噪声具有如下特性：

① 高斯噪声的线性组合仍是高斯噪声。

② 高斯噪声与一固定数值相加的结果只改变噪声平均值，不改变其他特性。

③ 对独立的噪声源产生的噪声求和时，按功率相加。

④ 高斯噪声通过线性系统后，仍是高斯噪声。

（2）白噪声

噪声过程的频域描述是其功率谱密度 $G_n(\omega)$。如按平稳过程 $n(t)$ 的功率谱形状来分类，其中在理论分析和实际应用中具有重要意义的是经过理想化了的白噪声。白噪声是功率谱均匀分布在整个频率轴上（$-\infty$，$+\infty$）的一种噪声过程。若噪声功率谱按正负两个半轴上定义，则噪声功率谱密度为 $G_n(\omega) = N_0/2$，如图 3-2（a）所示。

白噪声的自相关函数为：

$$R_n(\tau) = \frac{1}{2\pi}\int_{-\infty}^{\infty} G_n(\omega)\, \mathrm{e}^{\mathrm{j}\omega\tau}\, \mathrm{d}\omega = \frac{N_0}{4\pi}\int_{-\infty}^{\infty} \mathrm{e}^{\mathrm{j}\omega\tau}\, \mathrm{d}\omega = \frac{N_0}{2}\delta(\tau) \tag{3-8}$$

这说明，白噪声在不同时刻的取值互不相关，只有当 $\tau = 0$ 时，$R_n(\tau)$ 才不等于零，其形状如图 3-2(b) 所示。

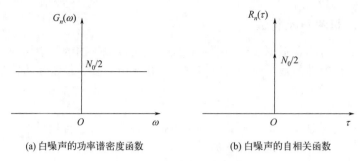

(a) 白噪声的功率谱密度函数　　　　　(b) 白噪声的自相关函数

图 3-2　白噪声的功率谱

白噪声过程是一种理想化的数学模型，由于其功率谱密度在整个频域上均匀分布，所以其能量是无限的，但实际上这种理想的白噪声并不存在。讨论这种理想化的白噪声过程的意义在于：由于所采用的系统相对于整个频率轴来说是窄带系统，这样只要在系统的有效频带附近的一定范围内噪声功率谱密度是均匀分布的，就可以把它作为白噪声过程来看待，这并不影响处理结果，而且可以带来数学上的很大方便。

（3）高斯白噪声

如果一个噪声，它的幅度分布服从高斯分布，而它的功率谱密度又是均匀分布的，则称它为高斯白噪声。高斯白噪声的重要特性是：任意两个或两个以上不同时刻的随机变量不仅是互不相关的，而且是相互统计独立的。

（4）限带白噪声

具有矩形功率谱的白噪声称为限带白噪声。

低频限带白噪声的功率谱密度函数为：

$$G_n(\omega) = \frac{N_0}{2} \mathrm{rect}\left(\frac{\omega}{2B}\right) \tag{3-9}$$

式中，$\mathrm{rect}(\cdot)$ 是矩形函数。低频限带白噪声的自相关函数为：

$$R_n(\tau) = \frac{1}{2\pi} \int_{-B}^{B} G_n(\omega)\, \mathrm{e}^{\mathrm{j}\omega\tau}\, \mathrm{d}\omega = \frac{N_0}{4\pi} \int_{-B}^{B} \mathrm{e}^{\mathrm{j}\omega\tau}\, \mathrm{d}\omega = \frac{N_0 B}{2\pi} \times \frac{\sin(B\tau)}{B\tau} \tag{3-10}$$

（5）高频限带白噪声

高频限带白噪声的功率谱密度函数为：

$$G_n(\omega) = \frac{N_0}{2} \left[\mathrm{rect}\left(\frac{\omega - \omega_0}{B}\right) + \mathrm{rect}\left(\frac{\omega + \omega_0}{B}\right) \right] \tag{3-11}$$

高频限带白噪声的自相关函数为：

$$R_n(\tau) = \frac{N_0 B}{2\pi} \times \frac{\sin(B\tau/2)}{B\tau/2} \cos(\omega_0 \tau) \tag{3-12}$$

（6）有色噪声

如果噪声过程 $n(t)$ 的功率谱密度在频域上的分布是不均匀的，则称其为有色噪声。在有色噪声中，通常采用具有高斯功率谱密度的模型，即

$$G_n(f) = G_0 \exp\left[-\frac{(f - f_0)^2}{2\sigma_f^2} \right] \tag{3-13}$$

这是因为均值 f_0 代表噪声的中心频率，方差 σ_f^2 反映噪声的谱密度。

3.2.1.4　等效噪声带宽

对于应用于确定性信号的线性电路，带宽的典型定义是半功率点之间的频率间隔，即线

性电路的 $-3dB$ 带宽 B_0。功率正比于电压的平方，功率下降到原值的 50% 处相当于电压下降到原值的 $1/\sqrt{2}=70.7\%$ 处，即电压下降了 $3dB$。

但对于随机噪声而言，由于其电压幅度具有不确定性，而人们主要关心的是系统输出的随机噪声功率的大小。引入等效噪声带宽的概念，可以简化很多输出噪声功率的工程计算。

随机噪声的等效噪声带宽 B_e 的定义是：在相同的输入噪声情况下，与实际线性电路输出噪声功率相等的理想矩形通带系统的带宽。其计算公式如下：

$$B_e = \frac{1}{|A_0|^2}\int_0^\infty |H_2(f)|^2 df \qquad (3\text{-}14)$$

式中，$A_0 = |H_1(f)|$，$|H_1(f)|$ 为理想矩形通带系统的频率传递函数；f 为系统频率；$H_2(f)$ 为实际线性电路的频率传递函数。

具体到如图 3-3 所示的一阶有源低通滤波电路，其随机噪声的等效噪声带宽计算：

$$B_e = \frac{1}{4RC} \qquad (3\text{-}15)$$

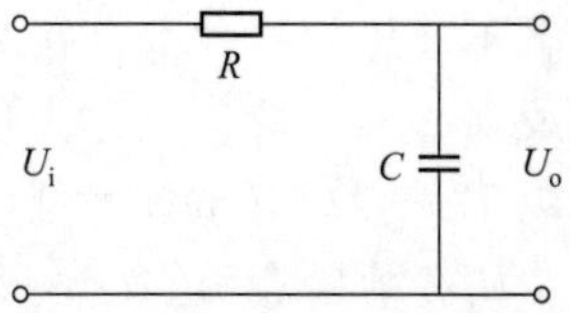

通过类似的推理计算过程可以得到，对于二阶的低通滤波器，$B_e \approx 1.22 B_0$；对于三阶的低通滤波器，$B_e \approx 1.15 B_0$；对于四阶的低通滤波器，$B_e \approx 1.13 B_0$。B_0 为理想滤波带宽。可见滤波器的阶次越高，幅频响应曲线越接近理想滤波器。

图 3-3　一阶有源低通滤波电路

3.2.2　电子系统内部固有噪声

为了把微弱信号的幅度放大到人们可以感知的幅度，必须使用放大器或其他电路对其进行处理，但电子系统内部器件本身产生的噪声同样也会被放大。这里适当地对固有噪声源的特性进行了介绍，电子系统中遇到的噪声主要有三类：热噪声、散粒噪声和 $1/f$ 噪声。

3.2.2.1　热噪声

由于导体和电阻中大量的自由电子将做不规则运动，大量电子的热运动将会在电阻两端产生起伏电压，这种因电阻内部自由电子热运动产生的起伏电压就称为电阻的热噪声。热噪声不仅存在于电阻中，也存在于其他电子元器件中，如：晶体管基区电阻（由基区半导体材料的体电阻构成）是晶体管噪声的主要来源；对于结型场效应晶体管，多数载流子在导电沟道中做随机运动产生热噪声，它是场效应晶体管的主要噪声源。1928 年，奈奎斯特对热噪声进行了理论分析，并证明了热噪声 e_t 的功率谱密度函数为：

$$S_t(f) = 4kTR \quad (\text{V}^2/\text{Hz}) \qquad (3\text{-}16)$$

式中，k 为玻尔兹曼常数，$k = 1.38 \times 10^{-23} \text{J/K}$；$T$ 为电阻的绝对温度；R 为电阻阻值。在室温下，$4kT \approx 1.6 \times 10^{-20} \text{V}^2/(\text{Hz} \cdot \Omega)$，根据上式可知，对于温度和阻值一定的电阻，其热噪声的功率谱密度为常数。实际上在很低的温度及很高的频率时，$S_t(f)$ 将发生变化。在一般检测系统的工作频率范围内，可以认为热噪声为白噪声。

3.2.2.2　散粒噪声

PN 结的散粒噪声又称为散弹噪声，与越过势垒的电流有关。在半导体器件中，越过 PN 结的载流子的随机扩散以及空穴电子对的随机产生和组合导致散粒噪声。凡是具有 PN 结的器件均存在这种散粒噪声，因此实际流过 PN 结的电流为平均电流与散粒噪声电流之和。肖特基于 1918 年在热阴极电子管中发现了散粒噪声，并对其进行了理论研究，他证明了散粒噪声电流 i_{sh} 是一种白噪声，其功率谱密度函数为：

$$S_h(f) = 2qI_{DC} \quad (\text{A}^2/\text{Hz}) \tag{3-17}$$

式中，q 为电子电荷，$q = 1.602 \times 10^{-19}\text{C}$；$I_{DC}$ 为平均直流电流。因为散粒噪声是大量独立随机事件综合的结果，所以散粒噪声的幅度分布为高斯分布。近年来的研究表明，上式仅适用于小注入、低频工作情况。对于工作于高频区或大注入的情况，应对式（3-17）进行适当修正。

3.2.2.3 $1/f$ 噪声

$1/f$ 噪声又称为接触噪声，是由两种导体的接触点电导的随机涨落引起的，凡是有导体接触不理想的器件都存在 $1/f$ 噪声。在电子管中观测到的 $1/f$ 噪声被称为闪烁噪声，电阻中发现的 $1/f$ 噪声又称为过剩噪声。因其功率谱密度正比于 $1/f$，频率越低 $1/f$ 噪声越大，所以 $1/f$ 噪声又被称为低频噪声。

研究结果表明，$1/f$ 噪声的功率谱密度函数 $S_f(f)$ 正比于工作频率的倒数，$S_f(f)$ 可表示为：

$$S_f(f) = \frac{K_f}{f} \quad (\text{V}^2/\text{Hz}) \tag{3-18}$$

式中，K_f 取决于接触面材料类型和几何形状，以及流过样品直流电流的系数，在 $f_1 \sim f_2$ 频率范围内，$1/f$ 噪声的功率 P_f 为：

$$P_f = \int_{f_1}^{f_2} S_f(f)\,\mathrm{d}f = K_f \ln\frac{f_2}{f_1} \tag{3-19}$$

由上式可见，$1/f$ 噪声的功率取决于频率的上下限之比，这样的噪声被称为粉红色噪声，其频率分布类似于人类听觉的频率响应。由于 $S_f(f)$ 正比于 $1/f$，频率越低噪声的功率谱密度越大，在低频段 $1/f$ 噪声的幅度可能很大，但当 f 趋近于 0 时，$S_f(f)$ 趋近于无穷大，显然在实际中是不可能的。一般当频率降低到一定程度时，$1/f$ 噪声的幅度趋向于常数，所以进行有关计算时一般限定低频边界频率大于 0.001Hz。当频率高于某一数值时，与热噪声、散弹噪声相比，$1/f$ 噪声可以忽略不计，$1/f$ 噪声的幅度分布为高斯分布。

3.2.3 元器件噪声

3.2.3.1 电阻的噪声

理想电容是不产生噪声的，只有当电容绝缘电阻下降，产生了漏电流时才会有噪声发生。这种实际电容常用一个理想电容与一个漏电阻并联（或串联）的等效电路来代替，电路阻抗的实数部分产生噪声。噪声模型用一个噪声电流发生器与电容并联，由于噪声高频部分被电容旁通，故主要表现为低频噪声。

虽然理想电容不产生噪声，但在电路中，它有可能使电路的等效输入噪声增大，现以图 3-4 为例来说明，图中并联的是理想电容 C。

由等效电路确定的输出噪声 $E_{no}^2 E_{ni}^2$ 为：

$$E_{no}^2 = E_t^2\left(\frac{1}{1+\omega^2 R_s^2 C^2}\right) + E_n^2 + I_n^2\left(\frac{R_s^2}{1+\omega^2 R_s^2 C^2}\right) \tag{3-20}$$

从信号源到输出端的传输函数为 $A_s^2 = \dfrac{1}{1+\omega^2 R_s^2 C^2}$，等效输入噪声 E_{ni}^2 为：

$$E_{ni}^2 = \frac{E_{no}^2}{A_s^2} = E_t^2 + E_n^2(1+\omega^2 R_s^2 C^2) + I_n^2 R_s^2 \tag{3-21}$$

式中，E_n^2 项的系数不为 1，说明等效输入噪声比没有电容 C 时大，该项系数随电容 C 以及频率 ω 的增加而增大。

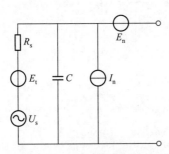

图 3-4　输入端并联电容后
放大器的等效噪声电路

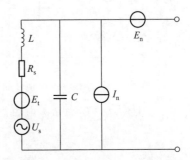

图 3-5　电感与图 3-4 所示信号源
串联时的等效噪声电路

3.2.3.2　电感的噪声

理想的电感是不产生噪声的，实际使用的电感线圈由于有电阻，所以可以用一个理想电感 L 和一个电阻 R 串联（或并联）的等效电路代替，阻抗的实数部分将产生热噪声。虽然理想电感不产生噪声，但在电路中它可以改变整个电路的噪声。图 3-4 所示电路的信号源支路串联一个电感，形成图 3-5 所示的噪声等效电路。

则其输出噪声 E_{no}^2 为：

$$E_{no}^2 = E_t^2\left[\frac{1}{(1-\omega^2 LC)^2 + \omega^2 R_s^2 C^2}\right] + E_n^2 + I_n^2\left[\frac{R_s^2 + \omega^2 L^2}{(1-\omega^2 LC)^2 + \omega^2 R_s^2 C^2}\right] \tag{3-22}$$

从信号源到输出端的传输函数 $A_s^2 = \dfrac{1}{(1-\omega^2 LC)^2 + \omega^2 R_s^2 C^2}$，等效输入噪声 E_{ni}^2 为：

$$E_{ni}^2 = E_t^2 + E_n^2\left[(1-\omega^2 LC)^2 + \omega^2 R_s^2 C^2\right] + I_n^2(R_s^2 + \omega^2 L^2) \tag{3-23}$$

与电容的等效输入噪声比较，电感的出现不仅影响 E_n 项，而且还使 I_n 项增加。当 $\omega^2 LC = 1$ 即电路谐振时，E_n 项的系数最小，等于 $\omega R_s C$。如果 R_s 不大，噪声电压 E_n 项可以忽略，这时等效输入噪声 E_{ni}^2 为：

$$E_{ni}^2 = E_t^2 + I_n^2(\omega^2 L^2) \tag{3-24}$$

这条结论用于改善低阻抗探测器的放大器噪声是很有效的。源阻抗不大时，E_n 的噪声贡献是主要的，此时若在探测器支路加入电感使电路谐振，能减小 E_n 项的噪声贡献，剩下的主要是探测器的热噪声。

3.2.3.3　双极型晶体管的噪声

图 3-6 是小信号时晶体管的混合 π 型等效电路。图中，$r_{bb'}$ 代表基极扩展电阻，$r_{b'e}$ 代表共射接法下 b' 与 e 之间的等效电阻。$r_{b'c}$ 为 b' 与 c 之间的等效电阻，晶体管工作在放大状态下的时候此值比较大，常将其作为开路处理。$C_{b'e}'$ 包含两部分：一部分为发射结电容

$C'_{b'e}$，另一部分为跨接在 b′ 与 c 之间的电容 $C'_{b'c}$，它对输入的影响可以用一个并联 $C'_{b'e}$ 的电容 $(1+A'_u)C'_{b'c}$ 代替。对输出端而言，$C'_{b'c}$ 的作用变成 $\dfrac{1+A'_u}{A'_u}C'_{b'c}$。

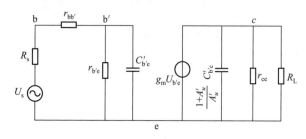

图 3-6　小信号晶体管混合 π 型等效电路

电路中，$r_{bb'}$、R_s、R_L 均为实体电阻，都能产生热噪声：

$$E_{nb}^2 = 4kTr_{bb'}\Delta f \tag{3-25a}$$

$$E_{ns}^2 = 4kTR_s\Delta f \tag{3-25b}$$

$$E_{nL}^2 = 4kTR_L\Delta f \tag{3-25c}$$

基极电流 i_B 和集电极电流 i_C 在通过各自有关的势垒时引起散粒噪声：

$$I_{nb}^2 = 2qI_B\Delta f \tag{3-26a}$$

$$I_{nc}^2 = 2qI_C\Delta f \tag{3-26b}$$

式中，I_B、I_C 为基极电流 i_B 和集电极电流 i_C 的直流分量。

流经 b-e 耗尽区产生 $1/f$ 噪声：

$$I_{nf}^2 = KI_B^\gamma f^{-\alpha} \tag{3-27}$$

式中，γ 在 1 与 2 之间，与工作电流范围有关，通常取 1；经验常数 K 的值在 $2.2\times 10^{-12} \sim 1.2\times 10^{-5}$ 之间；各个晶体管的值互不相同，通常 α 取 1。因此 $1/f$ 噪声可写为：

$$I_{nf}^2 = KI_B f^{-1} \tag{3-28}$$

$1/f$ 噪声电压发生器 E_{nf}^2 应是噪声电流 I_{nf}^2 与 $r_{bb'}^2$ 的乘积，为了符合实验数据，定义约为 $0.5r_{bb'}$ 的 r_b。所以 $1/f$ 噪声电压发生器的表达式可写为 $E_{nf}^2 = \dfrac{KI_B r_b^2}{f}$。考虑到上述各个噪声源后，可以将晶体管的混合 π 型噪声等效电路画成如图 3-6 所示的形式（略去 $r_{b'c}$ 与 $C_{b'c}$，未考虑分配噪声和爆裂噪声），其中包括了源电阻和负载电阻在内。由于共射电路可得到高增益和高稳定的性能，所以在低噪声前置放大器中得到了广泛的应用。

为了确定晶体管的总信噪比，将图中所有的噪声都折算到输入端，求出它的等效输入噪声：

$$E_{ni}^2 = 4kT(r_{bb'}+R_s)\Delta f + 2qI_B(r_{bb'}+R_s)^2\Delta f + \frac{KI_B}{f}(r_b+R_s)^2\Delta f$$
$$+ \frac{2qI_C\Delta f(r_{bb'}+R_s+Z_{b'e})^2}{g_m^2 Z_{b'e}^2} \tag{3-29}$$

由此可见，晶体管的噪声与晶体管参数、温度、工作点电流、频率、源电阻、负载电阻等有关，上式可作为选择和使用晶体管的依据。

根据噪声特性的不同，可以将整个噪声特性分成如图 3-7 所示的三个频段。

低频段主要是 $1/f$ 噪声，此外还有热噪声和散粒噪声，由于 $1/f$ 噪声与频率成反比关

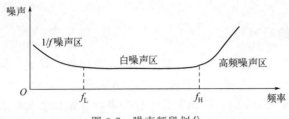

图 3-7　噪声频段划分

系，随着 f 的增大噪声会减小，当 $1/f$ 噪声到达 3dB 时对应的频率 f_L，通常称为噪声拐角频率，低频段即为 $f<f_L$ 的区域，又称 $1/f$ 噪声区。不同元器件的 f_L 不同，一般为 1kHz。

高频段内主要是分配噪声，同时还包含有热噪声和散粒噪声。由于渡越时间的影响，载流子在基区停靠的时间相对增加，结果在基区复合的概率大大增加，使得基极电流在分配中比例增大，造成分配噪声增大，当工作频率高到一定值时，分配噪声将随频率升高而迅速增大。分配噪声由其最小值上升到 3dB 时对应的频率 f_H，通常称为高噪声拐角频率，$f>f_H$ 的区域即为高频段，又称为高频噪声区。$f_H=f_T/\sqrt{\beta_0}$，其中 f_T 为晶体管的特征频率，β_0 为晶体管的共射直流放大系数。对于不同的元器件，f_T 也不相同。通常 f_T 在几百兆赫范围内，于是 f_H 在几十兆赫左右。

中频段的频率范围为 $f_L<f<f_H$，此频段内仅含热噪声和散粒噪声，由于它们均属于白噪声，因此此频段又称为白噪声区。

3.2.4　外部干扰噪声

外部干扰问题大都与磁场或电场的耦合有关，还有一些干扰噪声是由导线引入的。环境干扰噪声对检测结果影响的大小与检测电路的布局和结构密切相关，其特性既取决于干扰源的特性，又取决于耦合途径的特性，与电路中元件的优劣无关。干扰源的种类有很多，它可能是电噪声，通过电场、磁场等途径耦合到敏感的检测电路。它也有可能是机械性的，通过压电效应、机械振动产生电噪声。下面介绍几种常见的干扰源。

3.2.4.1　电力线噪声

随着工业电气化的发展，工频（50Hz）电源几乎无处不在，因此工频电力线也就普遍存在。电力线干扰主要表现在以下几个方面：由于电网中大功率开关的通断、大功率设备的启停等原因产生的尖峰脉冲干扰噪声；在高电压、小电流的工频设备附近存在着较强的工频电场，在低电压、大电流的工频设备附近存在较强的工频磁场，工频电磁场会在检测电路的导体和信号回路中感应出 50Hz 的干扰噪声；检测系统的电源稳压电路性能不高，工频电压的波动就有可能串入检测信号中。

3.2.4.2　电气设备噪声

电气设备必然产生工频电磁场，开关时还会产生尖峰脉冲，某些特殊的设备甚至还会产生射频噪声，除此之外，某些电气设备还会产生放电干扰。当两个电极之间的气体被电离时，离子的碰撞就会产生辉光放电，辉光放电会产生超高频电磁波，其强度取决于放电电流；弧光放电是一种金属雾放电，电弧电流产生的高温将电极金属熔化并气化形成电弧光，弧光放电会产生高频电磁波辐射，造成局部电网的电压波动和尖峰脉冲干扰；在电气设备触点通断的瞬间，触点处的断续电流会引起火花放电，火花放电产生的电磁辐射频率很宽，辐射能量也很大。

3.2.4.3 机械起源的噪声

在非电起源的噪声中，机械原因占多数。例如，电路板、导线和触点的振动，有可能通过某种机-电传感机理转换为电噪声。两种不同的物质相互摩擦会产生电荷的转移，这种摩擦电效应有可能导致高阻抗小信号电路中的干扰噪声；导体在交变磁场中运动，还会因互感产生噪声；压电材料振动时，由于压电效应，附着在其表面的导体之间会产生噪声电压。

3.2.4.4 射频噪声

随着无线广播、电视、雷达、微波通信事业的不断发展，空间中的射频噪声越来越严重。射频噪声的频率范围很广，从 100kHz 到吉赫兹数量级。射频噪声多数是调制电磁波，也含有随机成分。检测设备中的传输导线都可以看作是接收天线，不同程度地接收空间中无处不在的射频噪声。

上述干扰源产生的噪声经过某种途径耦合到检测电路，从而影响到检测电路的正常工作。在各种干扰耦合途径中，辐射场耦合是最普遍的耦合方式，同时也是最难计算的耦合方式。除此之外，常见的干扰噪声耦合方式还有传导耦合、电场耦合、磁场耦合与电磁辐射耦合。

3.3 仪用放大电路设计

仪用放大检测技术

在特殊环境下的信息检测系统中，被检测的物理量经过传感器变换成模拟电信号，往往是很微弱的微伏级信号（如热电偶的输出信号），需要用放大器加以放大。现在市场可以采购到各种放大器（如通用运算放大器、仪用放大器等），由于通用运算放大器一般都具有毫伏级的失调电压和每度数微伏的温漂，因此通用运算放大器不能直接用于放大微弱信号，而仪用放大器则能较好地实现此功能。仪用放大器是一种带有精密差动电压增益的器件，具有高输入阻抗、低输出阻抗、强抗共模干扰能力、低温漂、低失调电压和高稳定增益等特点，在检测微弱信号的系统中被广泛用作前置放大器。

3.3.1 仪用放大器工作原理

仪用放大器的电路原理如图 3-8 所示。由图可见，仪用放大器由三个运放构成，并分为两级：第一级是两个同相放大器 A_1、A_2，因此输入阻抗高；第二级是普通的差动放大器 A_3，把双端输入变为对地的单端输出。下面以图 3-8 所示的仪用放大器电路原理为例，讨论两个问题：仪用放大器的增益和抗共模干扰能力。

3.3.1.1 仪用放大器增益

根据虚短原理，可得 R_G 两端压降为：

$$u_G = u_{i1} - u_{i2} \tag{3-30}$$

对运放 A_1、A_2 应用虚短可得：

$$\frac{u_3 - u_4}{R_1 + R_G + R_2} = \frac{u_{i1} - u_{i2}}{R_G} \tag{3-31}$$

则
$$u_3 - u_4 = \left(1 + \frac{R_1 + R_2}{R_G}\right)(u_{i1} - u_{i2}) \tag{3-32}$$

对运放 A_3 反相端应用虚断可得：
$$\frac{u_o - u_{3-}}{R_5} = \frac{u_{3-} - u_3}{R_3} \tag{3-33}$$

整理可得：
$$u_{3-} = \frac{R_3}{R_3 + R_5}\left(\frac{R_5}{R_3}u_3 + u_o\right) \tag{3-34}$$

对运放 A_3 同相端应用虚断可得：
$$\frac{0 - u_{3+}}{R_6} = \frac{u_{3+} - u_4}{R_4} \tag{3-35}$$

整理可得：
$$u_{3+} = \frac{R_6}{(R_4 + R_6)}u_4 \tag{3-36}$$

根据 A_3 虚短可得 $u_{3+} = u_{3-}$，则
$$u_o = \frac{R_6(R_3 + R_5)}{R_3(R_4 + R_6)}u_4 - \frac{R_5}{R_3}u_3 \tag{3-37}$$

为提高共模抑制比和降低温漂影响，仪用放大器采用对称结构，即取 $R_1 = R_2$、$R_3 = R_4$、$R_5 = R_6$，联立解式（3-30）～式（3-37），并整理可得仪用放大器的增益为：
$$A_u = \frac{u_o}{u_{i1} - u_{i2}} = -\frac{R_5}{R_3}\left(1 + \frac{R_1 + R_2}{R_G}\right) \tag{3-38}$$

所以，通过调节外接电阻 R_G 的大小可以很方便地改变仪用放大器的增益。

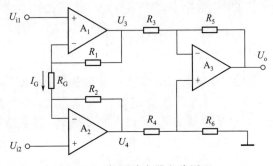

图 3-8　仪用放大器电路原理

3.3.1.2　抗共模干扰能力

由图 3-9 可知，对于直流共模信号，由于 $I_G = 0$，当 $R_3 = R_4 = R_5 = R_6$ 时，$U_o = 0$，所以仪用放大器对直流共模信号的抑制比为无穷大。对于交流共模信号，情况就不一样了，因为输入信号的传输线存在线阻 R_{i1}、R_{i2} 和分布电容 C_1、C_2，如图 3-9 所示。显然，$R_{i1}C_1$ 和 $R_{i2}C_2$ 可分别对地构成回路，当 $R_{i1}C_1 \neq R_{i2}C_2$ 时，交流共模信号在两运放输入端产生分压，其电压分别为 U_{i1} 和 U_{i2}，且 $U_{i1} \neq U_{i2}$，所以 $I_G \neq 0$，对输入信号产生干扰。

要抑制交流共模信号的干扰，可在其输入端接一个输入保护电路把信号线屏蔽起来，这就是所谓的"输入保护"。当 $R_1' = R_2'$ 时，由于屏蔽层和信号线间对交流共模信号是等电位的，因此 C_1 和 C_2 的分压作用就不存在，从而大大降低了共模交流信号的影响（因为正常

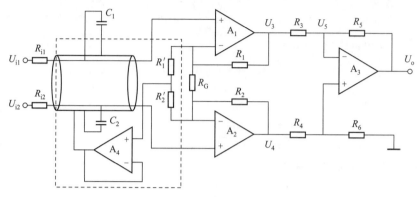

图 3-9   交流共模干扰影响及抑制方法

使用的情况下，$C_1 \gg C_2$）。

虽然目前市场上也有高精度、低漂移的运算放大器（如 OP07、AD517 等），但在弱信号、强干扰的环境中应用，仍代替不了仪用放大器，这是因为：

① 为了提高抗共模干扰能力和抑制漂移影响，通常要求运放的两个输入电阻对称，这样：一则运放的输入阻抗受反馈电阻影响不可能做得很高，因此不适于作为多点检测的前置放大器（因为信号源内阻不同，放大器增益也不同）；二则调节增益不方便，因为要保证两输入端电阻对称，必须在改变反馈量（调节增益）的同时，相应调节另一输入端等效输入电阻。

② 抗共模干扰的能力低于仪用放大器，尤其是对交流共模信号，原因是它无法接入"输入保护"电路。

3.3.2   仪用放大器主要性能指标

3.3.2.1   非线性度

非线性度是指放大器实际输出输入关系曲线与理想直线的偏差。当增益为 1 时，如果一个 12 位 A/D 转换器有 ±0.025% 的非线性偏差，当增益为 500 时，非线性偏差可达到 ±0.1%，相当于把 12 位 A/D 转换器变成 10 位以下转换器，故在选择仪用放大器时，一定要选择非线性度偏差小于 0.024% 的仪用放大器。

3.3.2.2   温漂

温漂是指仪用放大器输出电压随温度变化而变化的程度。通常仪用放大器的输出电压会随温度的变化而发生 $1 \sim 50 \mu V/℃$ 的变化，这也与仪用放大器的增益有关。例如，一个温漂为 $2\mu V/℃$ 的仪用放大器，当其增益为 1000 时，仪用放大器的输出电压产生约 20mV 的变化。这个数字相当于 12 位 A/D 转换器在满量程为 10V 的 8 个 LSB 值。所以在选择仪用放大器时，要根据所选 A/D 转换器的绝对精度尽量选择温漂小的仪用放大器。

3.3.2.3   建立时间

建立时间是指从阶跃信号驱动瞬间至仪用放大器输出电压达到并保持在给定误差范围内所需的时间。仪用放大器的建立时间随其增益的增加而上升。当增益大于 200 时，为达到误差范围 ±0.01%，往往要求建立时间为 $50 \sim 100\mu s$，有时甚至要求高达 $350\mu s$ 的建立时间。

同等条件下，建立时间越短越好。

3.3.2.4　恢复时间

恢复时间是指放大器撤除驱动信号瞬间至放大器由饱和状态恢复到最终值所需的时间。显然，放大器的建立时间和恢复时间直接影响数据采集系统的采样速率。同等条件下，恢复时间越短越好。

3.3.2.5　电源引起的失调

电源引起的失调是指电源电压每变化 1‰，引起放大器的漂移电压值。仪用放大器一般用作数据采集系统的前置放大器，对于共电源系统，该指标则是设计系统稳压电源的主要依据之一。当然，电源引起的失调越小越好。

3.3.2.6　共模抑制比

当放大器两个输入端具有等量电压变化值 U_{in} 时，在放大器输出端测量出电压变化值 U_{cm}，则共模抑制比 CMRR 可用式（3-39）计算：

$$\text{CMRR} = 20\lg \frac{U_{\text{cm}}}{U_{\text{in}}} \tag{3-39}$$

CMRR 也是放大器增益的函数，它随增益的增加而增大，这是因为仪用放大器具有一个不放大共模的前端结构，这个前端结构对差动信号有增益，对共模信号没有增益，但 CMRR 的计算却是折合到放大器输出端，这样就使 CMRR 随增益的增加而增大。

3.3.3　仪用放大器集成芯片

与三运算放大器构成的仪表放大器相比，单片集成仪用放大器可以达到更高的性能、更小的体积，价格也更低，而且使用维护更加方便。常见的仪用放大器集成电路有：AD522、AD620、AD621 等等。

AD620 是 AD 公司推出的高精度数据采集放大器，可以在环境恶劣的条件下进行高精度的数据采集。它线性好，并具有高共模抑制比、低电压漂移和低噪声等优点。增益范围为 1～1000，只需一个电阻即可设定放大倍数，使用简单。AD620 通常应用于过程控制、仪器仪表、信息处理等各类便携式仪器中。其引脚排列如图 3-10 所示。

要使放大器正常工作，1、8 引脚要跨接一个电阻来调整放大倍数，4、7 引脚需提供正负相等的工作电压，由 2、3 引脚输入的电压即可从 6 引脚输出放大后的电压值。5 引脚是参考基准，如果接地则 6 引脚的输出为与地之间的相对电压。

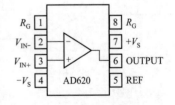

图 3-10　AD620 仪表放大器的引脚排列

AD620 由传统的三运算放大器发展而成，但一些主要性能却优于三运算放大器构成的仪表放大器的设计，如电源范围宽（±2.3～±18V）、设计体积小、功耗非常低（最大供电电流仅 1.3mA），因而适用于低电压、低功耗的应用场合。AD620 的单片结构和激光晶体调整，允许电路元件紧密匹配和跟踪，从而保证电路固有的高性能。为保护增益控制的高精度，其输入端的三极管提供简单的差分双极输入，并采用 β 工艺获得更低的输入偏置电流，通过输入级内部运放的反馈，保持输入三极管的集电极电流恒定，并使输入电压加到外部增益控制电阻 R_G 上。AD620 的放大增益关系式如式（3-40）、式（3-41）所示，通过以上两式可推算出各种增益所要使用的电阻值 R_G。放大器增益 G 和电阻阻值 R_G 关系如表 3-1 所示。

$$G = \frac{49.4\text{k}\Omega}{R_G} + 1 \tag{3-40}$$

$$R_G = \frac{49.4\text{k}\Omega}{G-1} \tag{3-41}$$

表 3-1　增益 G 和电阻阻值 R_G 的关系

所需增益 G	1％精度的 R_G 标准值	所需增益 G	1％精度的 R_G 标准值
1.990	49.9kΩ	50.4	1.0kΩ
4.984	12.4kΩ	100.0	499Ω
9.998	5.49kΩ	199.4	249Ω
19.93	2.61kΩ	495.0	100Ω

3.3.4　仪用放大器的使用

3.3.4.1　AD620 实现毫伏信号放大

图 3-11（a）所示为应用 AD620 实现毫伏信号放大电路，4、7 引脚分别接 ±9V 电源为 AD620 提供双电源供电，所以 V_{OUT} 电压处于 ±9V 之间，但因为 AD620 不是轨到轨运放，所以 V_{OUT} 不能达到 ±9V。3、2 引脚分别是差模输入信号的正负输入端，其与地之间接一个 10kΩ 的电阻是为 AD620 提供偏置电流。5 引脚是参考端，有 $V_{OUT} = (V_{IN+} - V_{IN-})G + R_{EF}$，这里将参考端接地。1、8 之间串联的电阻是为了改变电路增益，这里将两个 390Ω 的电阻并联，并联后的阻值为 195Ω，所以此放大电路的电压增益为 $G = 49.4\text{k}\Omega/195\Omega + 1$，$G = 254.3$。6 引脚是放大电路的输出端，放大以后的电压从这里输出。

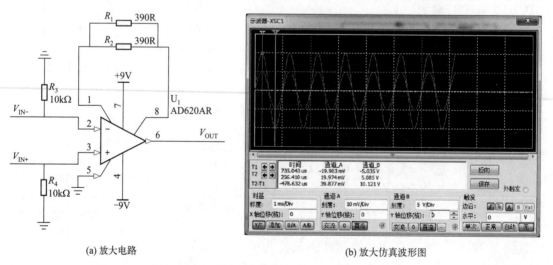

(a) 放大电路　　　　　　　　　　　　　(b) 放大仿真波形图

图 3-11　用 AD620 实现毫伏信号放大

从图 3-11（b）中可以看出，输入电压的幅度为 20mV，经过放大电路放大后的电压幅度为 5.08V 左右，放大倍数为 5.08÷0.02＝254，这和设计的放大倍数 $G = 254.3$ 相差很小。

3.3.4.2　AD620 实现 K 型热电偶信号放大

　　热电偶是温度测量中使用最广泛的传感器之一，其测量温区宽，一般在 $-180 \sim 2800℃$ 的范围内均可使用，测量的准确度和灵敏度都较高。热电偶有多种型号，称作分度号，有 K、J、S、R、T 等分度号。不同分度号的热电偶在特定温度下输出的毫伏电压值不同。分度号为 K 的热电偶测温范围为 $-50 \sim +1370℃$。其中 $0 \sim +1233℃$ 所对应的毫伏值为 $0 \sim 50.24\text{mV}$（详情见 K 型热电偶分度表）。

　　图 3-12 所示为 AD620 实现 K 型热电偶信号放大电路图，由表 3-1 可知，要实现增益 $G=100$，只需在 AD620 的 8 引脚和 1 引脚之间接 499Ω 的电阻。图中，TCK 为 K 型热电偶，其负端 CJ 接地，且和 AD620 的 2 引脚相连；热电偶的正端和 AD620 的 3 引脚相连。AD620 的参考基准（5 引脚）接地。从 $u_。$ 处输出信号，输出信号 $u_。$ 用虚拟电压表测量。在 K 型热电偶的两端接一虚拟电压毫伏表，用来测量 K 型热电偶随温度变化时输出的毫伏级电压。

　　调节 K 型热电偶的温度值使其等于 1233℃，图中虚拟电压毫伏表即显示与 1233℃ 对应的毫伏值 $+50.0\text{mV}$，用 Proteus 交互仿真功能，可以测出电路输出端的电压值，如图 3-12 所示。由图可见，虚拟电压表现实的电压值为 $+5.00\text{V}$。调节 K 型热电偶的温度值使其等于 0℃，再执行一次，虚拟毫伏表将显示 0mV，测量输出端电压值为 0mV。由此可知，图 3-12 所示电路将 K 型热电偶输出的 $0 \sim 50\text{mV}$ 的信号放大了 100 倍，变为 $0 \sim 5\text{V}$。仔细调试可得，分度表的中间任何地方放大 100 倍都是准确的。放大后的 $0 \sim 5\text{V}$ 的电压信号可直接与接收 $0 \sim 5\text{V}$ 电压信号的 A/D 转换器相连，从而实现温度值的采样。

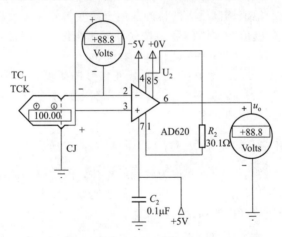

图 3-12　用 AD620 实现 K 型热电偶信号放大电路

3.4　调制放大与解调电路设计

调制放大与解调
技术

　　噪声干扰无处不在，并与信号共存。要提取有用信号，必须抑制噪声。微弱信号检测技术实质上是专门与噪声干扰作斗争的技术。在信息检测系统中，$1/f$ 噪声随频率的增加噪声干扰的能量谱逐渐减小，对于变化缓慢的微弱信号或直流微弱信号（信号的特征是频率低），如果不经过变换处理而直接利用直流放大器进行放大，则前级放大器的 $1/f$ 噪声及缓慢漂移（包括温度漂移和时间漂移）经放大以后会以很大的幅度出现在后级放大器的输出端，当有用信号幅度很小时，有可能根本检测不出来。对于变化缓慢的微弱信号或直流微弱信号不便于信号传输和放大（易被 $1/f$ 噪声影响），容易被干扰或者衰减，需要先调制放大，等信号传输通过信号干扰区以后再解调。

调制放大与解调是一种常用的信号检测方法，先将微弱的缓变信号加载到高频交流信号中去，然后利用交流放大器进行放大，最后再从放大器的输出信号中取出放大了的缓变信号。该检测方法主要是为了解决微弱缓变信号的放大以及信号的传输问题。为了便于区别信号与噪声，往往给测量信号赋予一定的特征，即对信号进行调制。常以一个高频正弦信号或脉冲信号作为载体，这个载体被称为载波信号。用来改变载波信号的某一参数，如幅值、频率、相位的信号称为调制信号。经过调制的信号被称为已调信号。已调信号一般都便于放大和传输。

一个正弦信号有幅值、频率、相位三个参数，可以对这三个信号进行调制，分别称为调幅、调频和调相。也可以用脉冲信号作为载波信号，可以对它的不同特征参数进行调制，最常用的是对脉冲的宽度进行调制，称为脉冲调宽。在将测量信号调制，并将它和噪声信号分离，再经放大等处理后，还要从已经调制好的信号中提取反映被测量值的测量信号，这一过程被称为解调。解调的目的是恢复原来的信号。

3.4.1　幅值调制放大与解调

3.4.1.1　调幅原理

调幅是将一个高频简谐信号（载波信号）与测试信号（调制信号）相乘，使载波信号随测试信号的变化而变化。幅值调制放大的目的是便于缓变信号的放大和传送。常用的方法是线性调幅，即让调幅波的幅值随调制信号 x 按线性规律变化。调幅波的表达式可写为：

$$u_s = (U_m + mx)\cos(\omega_c t) \tag{3-42}$$

式中，ω_c 为载波信号的角频率；U_m 为原载波信号的幅度；m 为调制灵敏度或调制深度。信号的幅值调制可直接在传感器内进行，也可以在电路中进行，在电路中进行信号的幅值调制的方法有相乘调制和相加调制。

3.4.1.2　调幅波的解调

从已调信号中检出调制信号的过程称为解调或检波，因此解调的目的是恢复被调制的信号。为了解调可以使调幅波和载波相乘，再通过低通滤波器滤波。

最常用的解调方法是包络检波和相敏检波。

（1）包络检波

包络检波原理是利用二极管所具有的单向导电性能，截去调幅信号的下半部，再用滤波器滤除其高频成分，从而得到按调幅波包络线变化的调制信号。采用二极管 VD 作为整流元件的包络检波电路如图 3-13 所示。

图 3-14 是采用晶体管 VT 作为整流元件实现平均值检波电路。由于 VT 在 u_s 的半个周期内导通，i_c 对电容 C 充电，在 u_s 的另外半个周期 VT 截止，电容 C 向 R_L 放电，流过 R_L 的平均电流只有 $i_c/2$，因而所获得的是平均值检波。应当指出，虽然平均值检波使波形幅值减小一半，但由于晶体管的放大作用，检波输入信号比输入的调幅信号在量值上要大很多，因而具有更强的承载能力。

（2）相敏检波

相敏检波器（与滤波器配合）可以将调幅波还原成原应变信号波形，即起解调作用。采用相敏检波时，对原信号可不必再加偏置。交变信号在过零线时符号发生突变，调幅波的相位与载波信号相比也相应地发生 $180°$ 的相位跳变，利用载波信号与之相比，便既能反映出原信号的幅值又能反映出其极性。

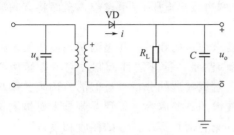

图 3-13　二极管包络检波

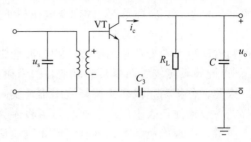

图 3-14　晶体管包络检波

图 3-15 中，$x(t)$ 为原信号，$y(t)$ 为载波，$x_m(t)$ 为调幅波。电路设计使变压器 A 二次输出电压大于二次输入电压，若原信号 $x(t)$ 为正，调幅波与载波同相。当载波电压为正时 VD_1 导通，电流的流向为 d→1→ VD_1→2→5→C→负载→地→d。当负载电压为负时，变压器 A 和变压器 B 的极性同时改变，电流的流向是 d→3→VD_3→4→5→C→负载→地→d。若原信号 $x(t)$ 为负时，进行同样的分析，因此在负载 R_L 上所检测的电压 u_L 就重现了 $x(t)$ 的波形。

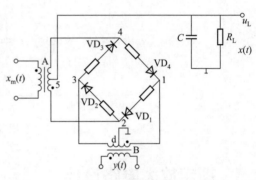

图 3-15　相敏检波

3.4.2　频率调制与解调

3.4.2.1　频率调制

由于调频信号在传输过程中不易被干扰，并且调频也很容易实现数字化，所以在测量、通信和电子技术等诸多领域得到了越来越广泛的应用。调频就是用调制信号去控制高频载波信号的频率，常用的是线性调频，即让调频信号的频率按调制信号的线性函数变化。频率偏移与调制信号的幅值成正比，与调制信号的频率无关，这是调频波的基本特征之一。常用的调频方法有直接调频法、电参数调频法、电压跳频等。

如图 3-16 所示的电路是一种电参数调频电路，其原理是首先将被测参数的变化转化为传感器的 L、R、C 的变化，将传感器线圈、电容和电阻接在一定的振荡回路中，这样被测参数的变化就会引起振荡器振荡频率的变化，输出调频信号。

3.4.2.2　频率解调

调频波是以正弦波频率的变化来反映被测信号的幅值变化。因此调频波的解调是先将调频波变换成调频调幅波，然后进行幅值检波。调频波的解调由鉴频器完成。通常鉴频器是由线性变换电路与幅值检波电路构成的。

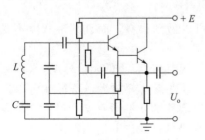

图 3-16　电参数调频电路

图 3-17 所示的是一种采用变压器耦合的谐振回路鉴频法，也是常用的鉴频法。图中，L_1、L_2 是变压器耦合的原、副线圈，它们和 C_1、C_2 组成并联谐振回路。e_f 为输入调频信号，在回路的谐振频率 f_n 处，线圈 L_1、L_2 的耦合电流最大，副边输出电压 e_a 也最大；e_f 频率离 f_n 越远，线圈 L_1、L_2 的耦合电流越小，副边输出电压 e_a 也越小，从而将调频波信号频率的变化转化为电压幅值的变化。

调频方法也存在着严重的缺点：调频波通常要求很宽的频带，甚至为调幅波所要求带宽的 20 倍；调频系统较之调幅系统复杂，因为频率调制是一种非线性调制，它不能运用叠加原理。因此，分析调频波要比调幅波困难，实际上对调频波的分析是近似的。调幅、调频技术不仅在一般检测仪表中应用，而且是工程遥测技术的重要内容。工程遥测技术对被测量的远距离测量，以现代通信方式（有线或无线通信、光通信）实现信号的接收和发送。

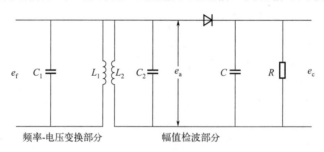

图 3-17　变压器耦合的谐振回路

3.5　锁定放大电路设计

锁相放大检测技术

3.5.1　锁定放大器的频谱迁移

对于微弱的直流信号或慢变信号，调制后的正弦信号必然也很微弱。要达到足够高的信噪比，用于提高信噪比的带通滤波器的带宽必须非常窄，Q 值必须非常高，这在实际应用中是很难实现的。而且 Q 值太高的带通滤波器往往不稳定，温度、电压的波动都会使滤波器的中心频率发生变化，导致通频带不能覆盖信号频率，使得测量系统无法稳定可靠地进行测量。在这种情况下，利用锁定放大器就可以很好地解决上述问题。

锁定放大器在微弱信号检测方面展现出了优秀的性能，在科学研究的各个领域得到了广泛的应用，推动了物理、化学、生物医学、地震、海洋、核技术等行业的发展。

锁定放大器抑制噪声有三个基本的出发点：

① 用调制器将信号的频谱迁移到调制频率 ω_0 处再进行放大，以避开 $1/f$ 噪声的影响。

② 利用相敏检测器实现信号的解调过程，可以同时利用频率 ω_0 和相角 θ 进行检测，噪声与信号同频又同相的概率很小。

③ 用低通滤波器抑制宽带噪声，低通滤波器的频带可以做到很窄，而且频带宽度不受调制信号的影响，且稳定性也远远优于带通滤波器。

锁定放大器对信号频谱进行迁移的过程如图 3-18 所示，调制过程将低频信号 V_s 乘以频率为 ω_0 的正弦载波，从而将频谱迁移到调制频率 ω_0 处，再进行选频放大，这样就可以避免放大 $1/f$ 噪声与低频漂移。图中虚线为 $1/f$ 噪声与低温漂移的功率谱密度。经过交流放大后，由相敏检测器（PSD）将其频谱迁移到直流处，用窄带低通滤波器消除噪声，就得到了高信噪比的放大信号。

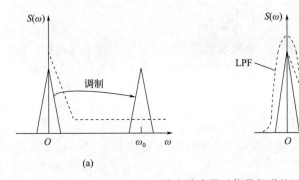

图 3-18　锁定放大器对信号频谱的迁移

可见锁定放大器适用交流放大而不适用直流放大的原理，避开了幅度较大的 $1/f$ 噪声；同时利用相敏检测器实现解调，用稳定性更高的低通滤波器取代了带通滤波器实现窄带化过程，从而使检测系统的性能大大提高。锁定放大器的等效噪声可以达到 $0.0004\,\text{Hz}$，整体增益可以高达 10^{11} 以上，所以 0.1nV 的微弱信号可以放大到 10V 以上。

锁定放大器的工作原理如图 3-19 所示，包括信号通道、参考通道、相敏检测器（PSD）和低通滤波器（LPF）等。

图 3-19　锁定放大器工作原理

信号通道对调制正弦信号输入进行交流放大，将微弱信号放大到足以推动相敏检测器工作的电平，并通过带通滤波器滤除部分干扰及噪声，以提高相敏检测的动态范围。因为对不同的测量对象要采用不同的传感器，传感器的输出阻抗各不相同。为了得到最佳的噪声特性，信号通道的前置级要进行低噪声设计，其输入阻抗要能与相应的传感器输出阻抗相匹配。

参考输入一般为等幅正弦信号或方波开关信号，可以是从外部输入的某种周期信号，也可以是系统内原先用于调制的载波信号或用于斩波的信号。参考通道对参考输入进行放大或衰减，以适应相敏检测器对幅度的要求。参考通道的另外一个重要功能是对参考信号进行移相处理，以使各种不同相移信号的检测结果达到最佳。

PSD 以参考信号为基准，对有用信号进行相敏检测，从而实现频谱迁移，再经过低通滤波器滤除噪声，得到的输出对幅度和相位都很敏感，达到鉴幅鉴相的目的。因为低通滤波器的频带可以做得很窄，所以可使锁定放大器达到较大的信噪改善比。

3.5.2　相敏检测器

相敏检测器是锁定放大器的核心部件，在自动控制与相关检测中得到了广泛的应用。相敏检测器鉴幅又鉴相，它的输出取决于输入信号的幅度和输入信号与参考信号的相位差。常用的相敏检测器有模拟乘法器型和电子开关型两种，实际上电子开关型相敏检测器相当于参考信号为方波的模拟乘法器。

3.5.2.1　模拟乘法器型相敏检测器

模拟乘法器型相敏检测器的输出 $u_\text{p}(t)$ 是它的两路输入信号［被测调制信号 $x(t)$ 与参

考信号 $r(t)$] 的乘积，即

$$u_p(t) = x(t)r(t) \tag{3-43}$$

以 $x(t)$、$r(t)$ 为正弦波为例，分析相敏检测器输出的幅频特性和相敏特性。

假设被测调制信号为：

$$x(t) = V_s\cos(\omega_0 t + \theta) \tag{3-44}$$

参考输入信号为：

$$r(t) = V_r\cos(\omega_0 t) \tag{3-45}$$

式中，ω_0 为被测调制信号和参考信号的频率；θ 为被测调制信号和参考信号之间的相位差。

将式（3-44）、式（3-45）代入式（3-43），得到：

$$u_p(t) = V_s\cos(\omega_0 t + \theta)V_r\cos(\omega_0 t) = 0.5V_sV_r\cos\theta + 0.5V_sV_r\cos(2\omega_0 t + \theta) \tag{3-46}$$

由上式可以看出，经过相敏检测器后，原信号的频谱由 ω_0 迁移到了 0 和 $2\omega_0$ 处。频谱迁移后保持原谱的形状，幅度取决于被测信号与参考信号的幅度。经过低通滤波器滤波后的信号为：

$$u_p(t) = 0.5V_sV_r\cos\theta \tag{3-47}$$

上式说明，LPF 的输出正比于被测信号的幅度，同时正比于被测调制信号与参考信号的相位差 θ 的余弦函数。当 $\theta=0$ 时，输出最大，从而实现了鉴幅又鉴相。

3.5.2.2　电子开关型相敏检测器

由于模拟乘法器型相敏检测器的输出信号正比于参考信号的幅度，为了保证输出信号具有一定的精度，必须保证参考信号的幅度具有更高的精度，但在实际实现时可能会有一定的难度。此外有的模拟乘法器器件还存在一定的非线性，可能会导致较大的输出误差。所以目前锁定放大器的商业产品均采用电子开关型相敏检测器。

实际上电子开关型相敏检测器的功能相当于参考信号是幅度为 ±1 的方波时的模拟乘法器型相敏检测器，当参考信号 $r(t)$ 为 +1 时，电子开关接通到 $x(t)$，当参考信号 $r(t)$ 为 −1 时，电子开关接通到 $-x(t)$。这种情况下，输出幅度不再受参考信号幅度的影响，而且没有了非线性问题，动态范围大，抗过载能力强。而且电子开关型相敏检测器电路简单、运行速度快，有利于降低成本和提高系统的工作速度。

（1）变压器式电子开关型相敏检测器

变压器式电子开关型相敏检测器示意图如图 3-20 所示，图中变压器次级采用双线并绕工艺，保证次级的两部分线圈圈数相同、分布参数对称。利用变压器将被测信号 $x(t)$ 变换成 $+u$ 和 $-u$ 两部分，且它们波形相同、相位相反。参考信号 $r(t)$ 经过移相后，控制开关 K 的接通位置，根据电平高低分别使 LPF 的输入端接通到 $+u$、$-u$，从而实现将被测信号

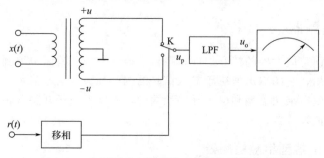

图 3-20　变压器式电子开关型相敏检测器示意图

与参考方波信号相乘的功能。

使用变压器式电子开关型相敏检测器时，要注意变压器特性对相敏检测器输出的影响，要采用高质量、低损耗的铁芯材料，而且要对变压器采取必要的屏蔽措施。此外方波 $r(t)$ 的占空比必须是严格的 50%，控制开关连接到 $+u$、$-u$ 的时间相同，避免输出产生误差。

（2）运放式电子开关型相敏检测器

在一定的应用范围内运放式电子开关型相敏检测器可以替代变压器式电子开关型相敏检测器，避免绕制变压器的麻烦。如图 3-21 所示，利用放大倍数为 A 的反相放大器和同相放大器对输入信号进行放大，得到 $+Ax(t)$ 和 $-Ax(t)$ 两路信号，同样地，根据移相后的参考信号 $r(t)$ 控制开关 K 的位置，实现被测信号与方波相乘的功能。运放式可以根据被测信号的幅度，比较方便地调整放大器的放大倍数。

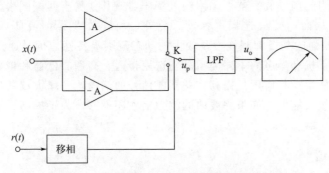

图 3-21　运放式电子开关型相敏检测器示意图

使用运放式电子开关型相敏检测器时，要注意电子开关速度对工作频率的限制、电子开关注入电荷的不利影响、运放放大器的工作速度、失调电压对输出的影响。而且同相放大器和反相放大器的放大倍数必须相同，动态特性相似，否则会在 LPF 输出中引起一个直流分量。设计放大器时应尽量降低噪声系数，必要时可以采取屏蔽措施和接地，以抑制干扰噪声的影响。

3.5.3　锁定放大器的组成及部件

锁定放大器是以相干检测技术为基础的，其核心部分是相关器，基本原理框图如图 3-22 所示，由三部分组成：信号通道（相关器前的那一部分）、参考通道、相关器（包括直流放大器）。

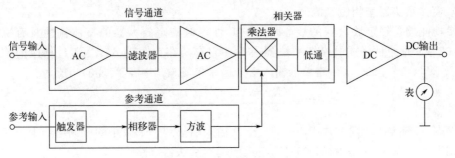

图 3-22　锁定放大器基本原理框图

3.5.3.1 信号通道

信号通道是相关器前的那一部分，包括低噪声前置放大器、各种功能的有源滤波器、主放大器等。作用是把微弱信号放大到足以推动相关器工作的电平，并兼有抑制和滤掉部分干扰和噪声的功能，从而扩大仪器的动态范围。信号通道应是低噪声、高增益的。前置放大器是锁定放大器的第一级，由于被测信号很弱，是微伏或纳伏量级，甚至更小，为此前置放大器必须具备低噪声、高增益的特点。由于半导体器件低噪声特性的不断改善和低噪声电路的研究，目前国内外已生产出输入端短路噪声电压为 nV/Hz 量级的前置放大器。工作频率在1kHz 左右时可达到小于 1nV/Hz。测量时，对不同的测量对象需要采用不同的传感器，如光电倍增管、光电池等，它们的阻抗各不相同。对前置放大器而言也有不同的最佳源电阻。为了得到最佳噪声特性，必须使前置放大器处在最佳信号源内阻上工作。为此须设计和制作不同最佳信号源内阻的前置放大器，采用输入变压器或其他噪声匹配网络，以便与不同传感器进行噪声匹配，从而达到最佳噪声性能。此外，前置放大器必须具有足够的放大倍数（100~1000 倍）、较强的共模抑制能力及较大的动态范围等特性。信号通道中，相关器前的有源滤波器可根据干扰和噪声的不同类型分别选用带通、高通、低通和带阻（陷波）滤波器或几种滤波器同时使用，其作用是提高相关器前信号的信噪比、增大仪器的动态范围。有源滤波器通常也具有放大能力。如果滤波前的放大倍数还不够，为了提高灵敏度，在相关器前还需插入主交流放大器。

3.5.3.2 参考通道

互相关接收除了被测信号外，需要有另一个信号（参考信号）送到乘法器中与被测信号相乘。因此，参考通道是锁定放大器区别于一般仪器的不可缺少的一个组成部分，其作用是产生与被测信号同步的参考信号输给相关器。相移器是参考通道的主要部件，它的功能是改变参考通道输出方波的相位，要求在 360° 内可调。大部分的锁定放大器的相移部分由一个0°~100° 连续可调的相移器，以及相移量能跳变 90°、180°、270° 的固定相移器组成，从而达到 360° 范围内都能调的任何相移量。对于相移器的相移精度以及相移-频率响应都有一定的要求。方波形成电路的作用是把从相移器过来的波形变成同步的占空比严格为 1:1 的方波（为了抑制偶次谐波，必须使占空比严格为 1:1）。驱动级把方波变成一对相位相反的方波，用以驱动相关器中的电子开关，根据开关对驱动电压的要求，驱动级输出一定幅度的方波电压给相关器。

3.5.3.3 相敏检测器（PSD）

（1）模拟乘法器型相敏检测器

相敏检测器是锁定放大器的核心部件，其性能对锁定放大器的整体特性具有决定性作用。AD633JN 是一种集成的模拟乘法器芯片，它有两路差分输入 X、Y，相应的输入端分别为 X_1、X_2、Y_1 和 Y_2，一路单端输入 Z，已录单端输出 W，实现的功能为：

$$W = \frac{(X_1 - X_2)(Y_1 - Y_2)}{10V} + Z \tag{3-48}$$

若 Z 输入端接地，则上式中 $Z=0$。若 Z 输入端接到一个微小的可调电压上，则可用来补偿失调电压。图 3-23 是由 AD633JN 组成的基本乘法器电路。

（2）电子开关型相敏检测器

AD630 是一种专门设计用作开关型相敏解调的芯片。AD630 内部包含两个输入放大器，

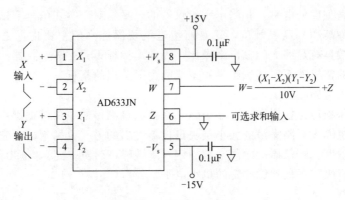

图 3-23　基本乘法器电路

分别用于放大同相信号和反相信号；一个电子开关用作相敏解调；一个比较器用于将参考信号转换为方波信号；输出放大器兼有放大和低通滤波的作用；3 个内部电阻用于设定放大器的直流增益；2 个内部电容用于设定输出放大器的低通滤波时间常数。

利用线性差动变压器（LVDT）测量位移时，电路如图 3-24 所示。用正弦电压源激励 LVDT 的初级线圈，其次级线圈输出的正弦波幅度正比于铁芯的位移。LVDT 激励源的正弦波移相后输入 AD630 内的比较器，得到的方波信号控制电子开关，用 AD630 组成的电子开关型相敏解调器和低通滤波器处理 LVDT 的输出信号，就能得到正比于位移的输出电压信号。

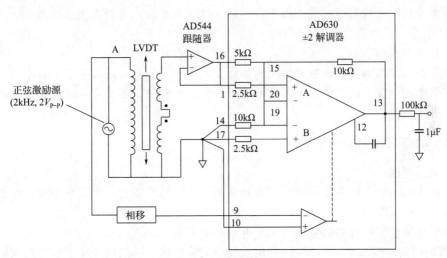

图 3-24　位移测量电路

3.5.4　锁定放大器的性能指标与动态范围、动态协调

3.5.4.1　锁定放大器的主要性能指标

除了一般检测仪表所要求的灵敏度、线性度等指标外，锁定放大器还需要确定出抵御噪声能量的指标，常用的性能指标有以下几种。

（1）满刻度灵敏度

满刻度灵敏度是衡量仪器测量电压范围的指标。和一般测量仪器一样，其表示被测信号使仪器输出达到满刻度的电平，相当于一般仪器的电平。对于微弱信号测试仪器的锁定放大器，最重要的是最高满刻度灵敏度，这是衡量这类仪器优劣的主要指标之一。对于测量仪器，总要求输出端具有足够大的输出信噪比。因此本指标不只是表示仪器的增益，而更主要的是综合了仪器的整机噪声、抑制噪声和干扰能力等给出的指标。

（2）本机输入短路噪声

本机输入短路噪声是指仪器输入端短路，在输出端测得的单位带宽噪声电压折合到输入端的等效值。本机输入短路噪声的大小是决定仪器优劣的另一重要指标。它直接决定了仪器可达到的最高灵敏度。若仪器的时间常数一定（等效噪声带宽一定），输出信噪比要求一定，则输入短路噪声就决定了仪器能测定的最小电平。

（3）整机增益

整机增益是指仪器输入到输出的总增益。

锁定放大器放大倍数的组成，在相关器前为交流放大器，相关器后为直流放大器。总放大倍数为交流放大倍数乘以直流放大倍数，有时同时给出直流放大倍数和交流放大倍数。锁定放大器的总增益最大在140～180dB。如果输入变压器，整机增益可达200dB以上。

（4）时间常数及等效噪声带宽

时间常数是指相关器中积分器（低通滤波器）的时间常数，低通滤波器的截止频率由时间常数决定，因此时间常数也决定了仪器的等效噪声带宽。

（5）白噪声最大过载电平

白噪声最大过载电平是衡量仪器适应能力的一项指标。它是指当白噪声电平（RMS）比信号大多少倍时，仪器不过载还能工作；超过这一电平后，仪器出现过载和非线性，测量带来误差。

（6）总动态范围

总动态范围定义为：在确定灵敏度的条件下，不相干信号的过载电平和最小可检测电平之比。它由不相干信号的过载电平和直流温漂决定，是衡量仪器适应性的极限指标，也是衡量仪器优劣的重要指标。

3.5.4.2 动态范围与动态协调

（1）动态范围

锁定放大器的动态范围是锁定放大器的重要性能指标。任意一个信号处理系统都包括三个临界电平［满刻度信号输入电平（FS）、最小可检测电平（MDS）、过载电平（OVL）］，用这三个电平来确定系统的适应性。三个电平定义如下：

① 满刻度信号输入电平（FS）：提供系统最大输出指示的满刻度相干信号输入电平，即仪器放大倍数最大时，使输出达到满刻度的输入电平。

② 最小可检测电平（MDS）：输入一个无噪声信号电平使输出端能分辨出来的最小输入信号，对于锁定放大器主要由输出漂移决定。

③ 过载电平（OVL）：一个输入信号大得足够使系统引起非线性失真的量。

对于锁定放大器也不例外，同样由这三个电平确定仪器的主要性能指标（图3-25）：输入总动态范围、动态储备、输出动态范围。

输入总动态范围是评价锁定放大器从噪声中检测信号能力的极限指标。定义为：在确定灵敏度的条件下，允许的不相干输入信号峰值过载电平与最小可检测的相干输入信号峰值电平之比。

动态储备表示不相干信号峰值电压比满刻度输出的相干信号峰值电压大多少倍锁定放大

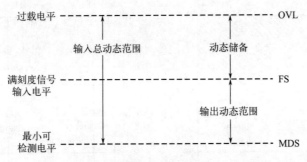

图 3-25 锁定放大器的动态范围与动态储备

器将出现过载。定义为：允许输入最大不相干信号峰值电平与输出满刻度所需要的相干输入信号峰值电平之比。

输出动态范围表示仪器能测量的最小相干信号峰值电平为满刻度读数相干信号峰值电平的多少分之一。定义为：在确定灵敏度的条件下，给出满刻度输出的相干输入信号峰值电平之比。

根据上述定义有：输入总动态范围（对数）＝动态储备（对数）＋输出动态范围（对数）。

通过对两种类型的锁定放大器进行讨论，说明三个临界电平怎样决定锁定放大器的动态范围特性。两类锁定放大器的框图如图 3-26 所示，两者的区别在于相关器前分别采用宽带放大器（即所谓相关器前为平坦的频率特性）和滤波器（即所谓相关器前有通频带限制）。

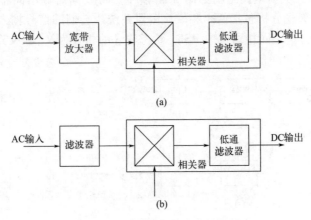

图 3-26 两类锁定放大器的框图

对于这两类锁定放大器，它们的满刻度信号输入电平（FS）、最小可检测电平（MDS）是一样的，因为锁定放大器的各个部分都有可能出现过载电平，所以它们的过载电平将不完全一样。两类锁定放大器的相对动态范围特性如图 3-27 所示。

（2）动态协调

在使用一个锁定放大器时要使测量结果得到理想的结果，必须要根据实际情况将动态协调范围调到最佳，这样可以得到最佳的测量结果。在实际中，只要设计出满足各种测量要求的锁定放大器就很好了，能满足下列条件的锁定放大器就够用了。

① 非常低的 MDS，大概在 10^{-4}FS 数量级以下。

② 十分高的过载电平，加带通放大器使动态储备达到 10^5。

③ 十分宽广的总动态范围，可达 10^8 以上。

④ 在任何给定的条件下，都可以控制动态协调，使测量最佳化。

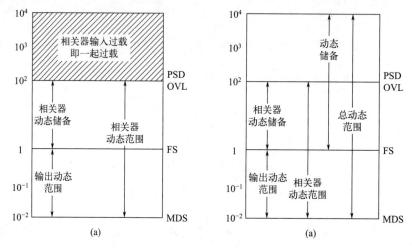

图 3-27　两类锁定放大器相对动态范围特性

3.5.5　锁定放大器的分类与应用

3.5.5.1　正交矢量型锁定放大器

正交矢量型锁定放大器电路结构如图 3-28 所示，可以同时输出同相分量 I 和正交分量 Q，对被测信号进行矢量分析包括两个相敏检测器系统，它们的信号输入是相同的，两个参考输入在相位上相差 90°，同相通道中 PSD_1 参考输入的相移为 θ，正交通道中 PSD_2 参考输入的相移为 $\theta+90°$。

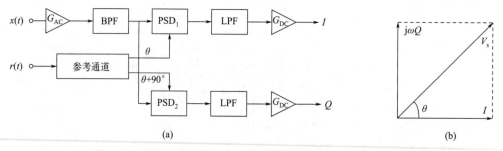

图 3-28　正交矢量型锁定放大器电路结构和输出信号矢量关系

设被测信号幅度为 V_s，根据输出信号矢量关系，正交矢量型锁定放大器的同相输出为：

$$I = V_s \cos\theta \tag{3-49}$$

正交输出为：

$$Q = V_s \sin\theta \tag{3-50}$$

由同相输出和正交输出可以计算出被测信号的幅度 V_s 和相位 θ：

$$V_s = \sqrt{I^2 + Q^2} \tag{3-51}$$

$$\theta = \arctan(Q/I) \tag{3-52}$$

利用模数转换器 ADC 将 I 和 Q 转换为数字量，并输入微型计算机或 DSP 芯片中就可以实现相关计算。正交矢量型锁定放大器利用两个正交的分量计算幅度和相位，可以避免对参考信号作可变移相，也可以避免移相对测量准确性的影响。单路相敏检测器的输出 $u_o(f)$

正比于 $\cos\theta$，因此 θ 的测量误差将直接影响被测信号幅度 V_s 的误差，在只使用单个相敏检测器时很难解决这个问题，但正交矢量型锁定放大器可以避免这个问题。

3.5.5.2　外差式锁定放大器

如果在信号通道中采用由高通、低通滤波器组成的带通滤波器，则当被测信号的频率特性改变时，必须调整高通、低通滤波器的参数，在实际使用中十分不便。其他带通滤波器在实际使用时也会有类似的问题，如果不调整带通滤波器的中心频率，那么信号的频率可能会位于带通滤波器的边缘，导致输出不稳定。通过采用收音机的同步外差技术就可以解决这个问题。

外差式锁定放大器是通过将被测信号变频到一个固定的中频，然后再进行带通滤波和相敏检测，这样就可以避免通过带通滤波器时，信号频率的漂移和变化。如图 3-29 所示，外差式锁定放大器是将频率为 f_0 的参考信号通过频率合成器，产生高稳定度的 f_i 和 f_0+f_i 两种频率的输出。f_i 作为 PSD 的参考信号，f_0+f_i 通过混频器与频率为 f_0 的信号混频，产生差频项 f_i 与和频项 $2f_0+f_i$ 两路输出，带通滤波后得到输出频率为 f_i 的中频信号。该中频信号幅度正比于被测信号的幅度，经过相敏检测与低通滤波后，实现对信号幅度的测量。

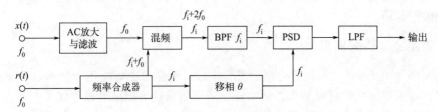

图 3-29　外差式锁定放大器电路结构

从上述过程可知，即使 f_0 发生变化，混频后输出的频率 f_i 仍然保持稳定不变，这样就可以针对固定的 f_i 设计固定中心频率的带通滤波器。这既提高了系统抑制噪声和谐波响应的能力，又避免了调整带通滤波器的麻烦，实际使用中只要使被测信号与参考信号的频率保持一致，外差式锁定放大器就都能适应。

3.5.5.3　微机化数字式锁定放大器

微机化数字式相敏检测器（DPSD）的核心部件是微处理器或微型计算机，锁定放大器所必需的各种滤波、相敏检测等功能都由计算机软件实现。微机化数字式锁定放大器的结构框图如图 3-30 所示，图中的采样保持器 S/H 对模拟信号 $x(t)$ 和 $r(t)$ 进行采样，再经 A/D 转换器将其数字化，然后通过软件程序对信号进行处理，实现 $x(t)$ 的滤波、$x(t)$ 和 $r(t)$ 的相乘、积分式低通滤波等过程。处理的结果可以显示、打印，也可以由 D/A 转换器转换为模拟量驱动电压表或记录仪给出指示。

DPSD 具有以下特点：

① 可以使用存储器、寄存器来保存信息，且有足够大的空间来存放数据，不会因为时间长而丢失信息。因此，滤波器的时间常数具有很大的变化范围，数字式滤波器的等效噪声带宽可以做到非常窄，为检测微弱信号提供了可能。

② DPSD 为测量低频信号提供了可能。在模拟式相敏检测器中，参考信号频率很低时，相敏检测器的 Q 值会严重下降，而 DPSD 则不会受影响。

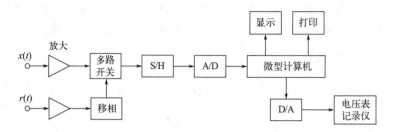

图 3-30 微机化数字式锁定放大器结构框图

③ DPSD 具有很高的线性度。在数字式信号处理过程中，除了舍入误差，计算机不会引入其他误差，通过加长字长可以把舍入误差限制在所要求的范围内。

④ DPSD 具有很好的灵活性。锁定放大器的灵敏度、积分时间常数、相位、工作频率、动态储备、显示方式等都可由微型计算机来灵活控制。对信号的各种滤波可以制成不同的软件模块，选择、连接和组态这些模块灵活方便。

实验表明，DPSD 的动态范围可大于 120dB，信噪改善比可达 70dB，最低工作频率为毫赫兹量级。随着集成电路技术和计算机科学技术的发展，微型计算机的工作速度越来越快，成本越来越低，为实现 DPSD 提供了更好的硬件条件，所以计算机必将在微弱信号检测领域发挥越来越大的作用。

3.5.5.4 锁定放大器的应用

锁定放大器（LIA）是微弱信号检测的重要手段，已经广泛地应用于物理、化学、生物医学、天文、通信等领域的研究工作。例如，分子束质谱仪、扫描电镜等仪器中都采用了锁定放大器，下面介绍锁定放大器在阻抗测量中的两种应用。

（1）交流电桥检测阻抗变化

很多传感器可以将被测物理量或化学量转换成电感、电容或电阻的变化，之后检测出这些阻抗的变化，并指示出被测量。交流电桥经常用来测量阻抗的变化，以检测出被测物理量或化学量。如图 3-31 所示，Z_x 为被测阻抗，交流激励电压源为 E 并使得被测量得到调制，同时也为 LIA 提供了参考信号。

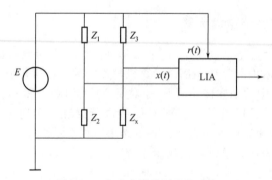

图 3-31 交流电桥检测阻抗变化

当电桥后续电路的输入阻抗比桥臂阻抗大得多时，电桥的电压输出为：

$$x(t) = \frac{Z_1 Z_x - Z_2 Z_3}{(Z_1 + Z_2)(Z_x + Z_3)} E \tag{3-53}$$

电桥平衡的条件为：$Z_1 Z_x = Z_2 Z_3$。

当被测阻抗变化为 $Z_x + \Delta Z_x$ 时，电桥的电压输出为：

$$x(t) = \frac{Z_1(Z_x + \Delta Z_x) - Z_2 Z_3}{(Z_1 + Z_2)(Z_x + \Delta Z_x + Z_3)}E \tag{3-54}$$

如果变化量 ΔZ_x 相对于 Z_x 很小，电桥平衡条件基本满足，当 $Z_1 \approx Z_2$、$Z_3 \approx Z_x$ 时上式可近似为：

$$x(t) \approx \frac{1}{4} \times \frac{\Delta Z_x}{Z_x} E \tag{3-55}$$

上式说明，交流电桥输出信号 $x(t)$ 的幅度正比于被测阻抗的相对变化量 $\dfrac{\Delta Z_x}{Z_x}$，而且正比于电桥激励电压 E。

对于复阻抗 $Z_x = R_x + jX_x$，R_x 表示 Z_x 的电阻分量，X_x 表示 Z_x 的电抗分量，则上式可改写为：

$$x(t) \approx \frac{1}{4} \times \frac{\Delta R_x + j\Delta X_x}{R_x + jX_x} E \tag{3-56}$$

用图 3-31 所示电路检测 $x(t)$ 的微小变化时，由于 $x(t)$ 为复数，所以它会呈现为互相正交的两个分量。如果采用正交矢量型锁定放大器分别检测 $x(t)$ 的实部与虚部，就可以分别计算出 $x(t)$ 的幅度与相位。在实际使用时，要保证各桥臂的分布参数不随时间和温度变化，才能得到比较精确的检测结果。

（2）变压器桥检测阻抗变化

图 3-32 为变压器桥检测阻抗微小变化的电路结构，Z_x 为被测阻抗，Z_r 是与 Z_x 同类的固定参考阻抗且 $Z_r \approx Z_x$。利用变压器将正弦交流电压 E 变换为幅度相等、极性相反的两路正弦电压信号 u 和 $-u$。流入 I/U 电路的电流为：

$$i = u/Z_x - u/Z_r \tag{3-57}$$

如果被测阻抗和参考阻抗均为电容，$Z_x = 1/(j\omega C_x)$，$Z_r = 1/(j\omega C_r)$，则有：

$$i = j\omega u(C_x - C_r) \tag{3-58}$$

设 $\Delta C_x = C_x - C_r$，I/U 电路的增益为 K，则其输出电压为：

$$x(t) = Ki = j\omega K u \Delta C_x \tag{3-59}$$

由上式可以看出，对于图 3-32 所示的电路，I/U 电路的输出 $|x(t)|$ 与被测电容变化量 ΔC_x 之间为线性关系。利用 LIA 对 $x(t)$ 的微小变化进行锁相放大，LIA 的参考信号为变压器输出的 u 和 $-u$，调整 LIA 参考通道中的相移 θ，可使输出达到最大，这样就可以检测出 Z_x 的微小变化量。与变压器式电子开关型相敏检测器类似，图 3-32 中变压器应采用双线并绕工艺，采用优质低损耗铁芯，采取合适的接地和屏蔽措施，达到减小误差、抑制干扰噪声的目的。

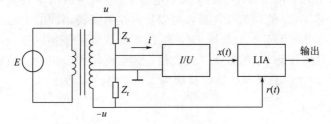

图 3-32　变压器桥检测阻抗变化

3.6 其他微弱信号检测技术

3.6.1 常规小信号检测技术

与微弱信号相比，小信号的信噪比要高得多，其检测技术也成熟得多。通过提高信噪比检测被噪声污染的有用信号，小信号检测与微弱信号检测有一定的共同之处。经过多年的研究和实践，人们已经掌握了一些有效的小信号检测方法，了解这些检测方法对于微弱信号的检测具有一定的参考价值。

3.6.1.1 零位法

零位法是调整对比量的大小使其尽量接近被测量，由对比量表示被测量的大小。图3-33中零位表指针只用来指示被测量与对比量之间的差异值，当零位表指示近似为零时，对比量的大小就表征了被测量的大小。对比量的调整可以手动实现，也可以闭环自动调整，如图3-33中虚线所示。用这种方法测量的分辨率取决于对比量调整和指示的分辨率。

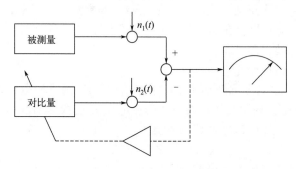

图 3-33　零位法测量原理

由图3-33可以看出，虽然被测量和对比量在传输过程中分别附加了干扰噪声 $n_1(t)$ 和 $n_2(t)$，但在对比过程中干扰噪声会相互抵消。两路信号传输过程越相似，$n_1(t)$ 和 $n_2(t)$ 也会越近似，抵消作用越好。因此零位法测量结果信噪比高且精度高。

零位法测量的典型应用例子是平衡电桥和电位差计。图3-34(a)所示为平衡电桥用于测量未知电阻，图中 R_x 为被测电阻，R_m 为对比电阻，指示表头用作电桥平衡状态指示。当调节 R_m 使表头指示为零时，电桥指示为平衡状态，$R_m = R_x$，由 R_m 的值可以指示出 R_x 的大小。图中的放大器、调整机构和虚线所示的反馈过程用于根据表头两端的差值自动调节 R_m，以使电桥达到平衡状态，从而构成自动平衡电桥。

图3-34(b)所示为电位差计用于测量未知电压 E_x，图中的指示表头和放大器的作用与平衡电桥相类似。调节 P_m 的调整端位置，可以从电位器获得不同的电压。当表头指示为零时，说明电位器输出电压等于被测电压 E_x，电位差计达到了平衡状态，由电位器 P_m 调整端的位置可以指示出被测量 E_x 的数值。放大器、调整机构和虚线表示的反馈过程用于自动调整 P_m，以使电位差计达到平衡状态，从而构成自动电位差计。

3.6.1.2 反馈补偿法

为了把某种幅度较小的被测量（例如物理量和化学量）检测出来，一般都要对其进行变换和放大，使其以人们能够感知的方式呈现出来。而变换和放大的过程不可避免地会引入一

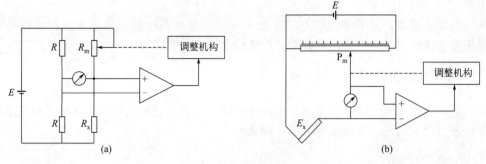

图 3-34　零位法测量实例

些干扰噪声，影响输出指示的信噪比和精确度。反馈补偿法能够有效地减小这些干扰噪声的不利影响。

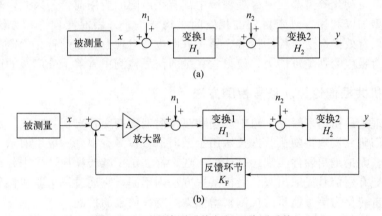

图 3-35　开环检测系统与闭环检测系统

图 3-35（a）所示为开环检测系统的方框图，H_1 和 H_2 分别表示两个变换环节的传递函数，n_1 和 n_2 分别表示两个变换环节引入的干扰噪声折合到其输入端的噪声值，x 为被测有用信号。系统输出 y 可以表示为：

$$y = H_1 H_2 x + H_1 H_2 n_1 + H_2 n_2 \tag{3-60}$$

在开环检测系统的基础上增加放大器 A 和反馈环节 K_F，从而构成闭环检测系统，其方框图如图 3-35（b）所示，这时系统输出 y 可以表示为：

$$y = \frac{AH_1 H_2}{1 + AH_1 H_2 K_F} x + \frac{H_1 H_2}{1 + AH_1 H_2 K_F} n_1 + \frac{H_2}{1 + AH_1 H_2 K_F} n_2 \tag{3-61}$$

当放大器放大倍数 A 足够大时，有 $AH_1 H_2 K_F \gg 1$，上式可以简化为：

$$y = \frac{1}{K_F} x + \frac{1}{AK_F} n_1 + \frac{1}{AH_1 K_F} n_2 \tag{3-62}$$

上式等号右边的第二项和第三项表示输出信号中的噪声，可见，只要闭环检测系统中的放大器放大倍数 A 足够大，从而使 $AK_F \gg 1$ 且 $AH_1 K_F \gg 1$，则上式等号右边第二项和第三项趋于零，干扰噪声 n_1 和 n_2 的不利影响就可以得到有效的抑制，上式可以简化为：

$$y = \frac{1}{K_F} x \tag{3-63}$$

由上式可知，闭环检测系统中的输出 y 和输入 x 之间的关系主要取决于反馈环节的传递函数 K_F，只要 K_F 稳定可靠，则变换环节的漂移和非线性对检测系统的性能就不会产生太大的影响。一般情况下，设计制作稳定可靠的反馈环节比设计制作稳定可靠的变换环节容易得多。

在检测仪表领域，力平衡式压力变送器和很多其他检测设备都是基于这种反馈补偿原理，以消除或减弱干扰噪声的不利影响并提高检测设备的性能。

3.6.2 新型微弱信号检测技术

近年来，国内外研究学者将更多先进的算法用于微弱信号检测领域，并根据测试结果积极对算法进行研究改进，从而取得了丰硕的成果。

3.6.2.1 混沌检测

当前基于混沌理论的微弱信号检测技术是混沌理论在信息科学领域的一个重要分支。混沌理论应用于信息处理领域是现阶段混沌学发展的主要趋势。目前基于混沌背景中的微弱信号检测在通信、自动化等需要实时处理领域中都有很广阔的应用前景。因此，若能对已证明的混沌检测模型加以利用，寻求更好的相空间重构方法，采用混沌理论和方法检测微弱信号，一方面可以有效提高信号检测性能，另一方面也是对现有方法的补充。混沌系统对小信号的敏感性及对噪声的强免疫能力，使得它在微弱信号检测中有着十分广阔的应用前景。

3.6.2.2 随机共振理论微弱信号检测方法

随机共振理论最初用来解释气象中冰期和暖气候期周期交替出现的现象，近年来随着科学的发展，人们研究发现将随机共振技术用于微弱信号检测有很好的应用前景。传统的微弱信号检测方法，无论是用硬件实现还是软件实现，都立足于减弱噪声，采用各种措施尽量抑制噪声，然后把有用信号提取出来。随机共振方法则不同，它通过一个非线性系统，利用将噪声的部分能量转化为信号能量的机制来增强微弱特征信号的检测。

长期以来，人们较多认为"噪声"是讨厌的东西，它破坏了系统的有序行为，降低了系统的性能，是微弱信号检测的一大障碍。但人们研究发现，在某些非线性系统中，噪声的增加不仅没有进一步恶化某些特定频带范围内输出的特征信号，反而使输出局部信噪比得到一定改善，增强了信号的显现，这一现象被称为"随机共振"。随机共振现象及在此基础上拓展的一些非线性现象为增强微弱特征信号的检测开辟了一条新途径，在理论上和应用上具有重要意义。

3.6.2.3 基于小波变换的微弱信号检测

小波变换思想来源于伸缩和平移方法，研究表明，小波分析可以成功地进行非平稳信号、带有强噪声的信号等的分析和检测。但是，常用的基于二进特性的小波具有明显的局限性，而且在频域中具有明显的移相特性；某些二进小波不具有明显的表达式，只能给出滤波器系数的数值，不便于信号的细节分析和频域分析。

3.6.2.4 基于稀疏分解的微弱信号检测

为了寻找有效信号检测方法，必须从信号处理的底层问题——信号表示与信号分解出发进行研究。信号稀疏分解是一种新的信号分解方法，为微弱信号的提取提供了一种新的解决方案。经典的 Fourier 分解在信号处理中有着重要的应用，并曾经有力地推动了信号处理的发展。经典的 Fourier 分解用以表示信号时，把信号分解成一个个具有不同强度和不同频率的分量的组合。但是 Fourier 分解仅能刻画信号的频域特性，而无法刻画信号的时域特性。小波分解很好地解决了这个问题，但小波分解的局限在于：在进行小波分解时，小波基是确定的，这限制了小波分解的灵活性。为了实现对信号更加灵活、简洁和自适应的表示，在小波分解的基础上，Mallat 和 Zhang 总结前人的研究成果，于 1993 年提出了信号在过完备库上分解的思想。通过信号在过完备库上的分解，用来表示信号的基可以自适应地根据信号本身的特点灵活选取，分解的结果将可以得到信号的一个非常简洁的稀疏表示，而得到信号稀疏表示的过程称为信号的稀疏分解。由于信号稀疏表示的优良性，信号稀疏分解很快被应用到信号处理的很多方面，如信号时频分解、信号去噪、信号分选等。目前针对信号稀疏分解已经发展了许多算法，其中最常用的是信号稀疏分解的匹配跟踪方法。

第4章

特殊环境下的检测系统
干扰抑制技术

特殊环境下的工业现场干扰频繁，严重影响了检测技术的可靠性和稳定性。环境的特殊使得检测系统必须有极高的干扰抑制能力。所谓干扰就是有用信号以外的噪声或造成检测系统不能正常工作的破坏因素。干扰的产生往往是多种因素决定的，干扰的抑制是一个复杂的理论和技术问题。本章主要讲述特殊环境下的供电系统的干扰抑制、接地系统的干扰抑制、模拟信号检测端的干扰抑制以及软件干扰抑制技术四个重点方面。

4.1 特殊环境下的检测系统中常见的干扰与分类

常见干扰与分类

在计算机技术、传感器技术、电磁兼容技术和信息化高度发展的今天，许多工业控制场合都需要信息检测，信息检测已经进入了人们日常生活的方方面面。但由于恶劣的工作环境、系统噪声和被测参数信号微弱等因素的存在，信息检测系统往往不能如实地反映被测对象的真实情况。因此，为了能够真实准确地反映被测对象的情况，在进行信息检测之前需要完成干扰抑制处理，而实施干扰抑制技术首先需要对干扰产生的原因、干扰的引入方式和途径进行分析，只有在对干扰源有一定了解的基础上才能够针对性地解决信息检测系统中的干扰抑制问题。此外，在实际设计中，还需要设计人员从软件和硬件两个方面来考虑改进方法。

特殊环境下的检测系统工作环境的干扰源有很多，可以依据一定的特征，对干扰源进行分类。

4.1.1 从干扰的来源划分

4.1.1.1 内部干扰

内部干扰是指系统内部电子电路的各种干扰，如电路中的电阻热噪声，晶体管、场效应管等器件内部分配噪声和闪烁噪声，放大电路正反馈引起的自激振荡等。

4.1.1.2 外部干扰

外部干扰是指由外界引入系统内的各种干扰，如电动机电刷引起的火花放电、其他设备电路的脉冲开关接触所产生的电磁信号、自然界的闪电、宇宙辐射的电磁波等，如图4-1所示。

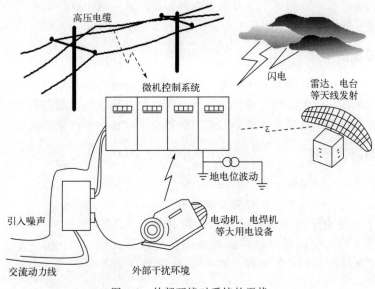

图 4-1　外部环境对系统的干扰

4.1.2　按干扰出现的规律划分

4.1.2.1　固定干扰

固定干扰是指系统附近固定的电气设备运行时发出的干扰。例如，邻近的"强电"设备的启停有可能引入一个固定时刻的干扰。

4.1.2.2　半固定干扰

半固定干扰是指某些偶然使用的电气设备（如行车、电钻等）引起的干扰。

4.1.2.3　随机干扰

随机干扰属于偶发性干扰，难以预测其发生时刻，如闪电、供电系统继电保护的动作等干扰。半固定干扰和随机干扰的区别在于，前者是可预测的，而后者是难以预测的。

4.1.3　按干扰产生和传播的方式划分

4.1.3.1　静电干扰

静电干扰实际上是电场通过电容耦合的干扰，如图 4-2 所示。从电路理论可知，电流流经一导体时，导体产生电场，这个电场可交连到附近的导体中使它们感生出电位，这个电位就是干扰电压。从交流电路的传输来看，干扰缘于导线与导线之间、元件之间的寄生电容。外部噪声源通过噪声源与导体之间的寄生电容耦合到电路，造成对电路的干扰。

此外，如果人穿的衣服是化纤织物，纤维之间摩擦会产生静电，通过感应使人体带电。带电者若触碰电子检测设

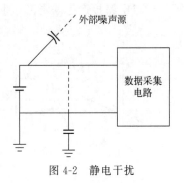

图 4-2　静电干扰

备，就会出现放电电流，传到电子检测设备内部信号线上形成干扰。尤其是对 CMOS 器件，这种放电将直接导致器件的损坏。

4.1.3.2 电磁辐射干扰

在工厂内，各种大功率高频、中频发生装置（如高频感应加热装置、晶闸管中频炉）以及各种电火花机床都将产生高频电磁波向周围空间辐射，形成电磁辐射干扰源。辐射能量是以与通信接收机接收无线电频率能量相同的方法耦合到电路中而产生干扰的。

4.1.3.3 磁场耦合干扰

磁场耦合干扰是一种感应干扰，如图 4-3 所示，在连接信号源的传输线经过的空间总存在着交变电磁场。

磁场耦合干扰是由于动力线、电动机、继电器、变压器、电风扇等产生的交变磁场穿过传输线或闭合导线形成的回路，而在传输线上或闭合导线上感应出的交流干扰电压。

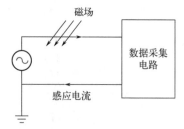

图 4-3　磁场耦合干扰

4.1.3.4 电导通路耦合干扰

电导通路是指构成电回路的通路。电导通路耦合干扰是由各单元回路之间的公共阻抗产生的干扰。

由于接地电位不同而造成的干扰是这类干扰的主要表现形式。在特殊环境下的检测系统中，"地"有两种含义：一是指大地，它是系统中各个设备的自然参考电位；二是指一个设备内部电源的参考电位。如果一个仪器的地线不与大地连接，则称为"浮地"，否则称为"接地"。理想情况下，电路中不同接地点间的电位差为零，即地阻抗为零。实际上，大地的电位并不是恒定值，不同地点之间存在着电位差，尤其是在高压电力设备附近，大地的电位梯度可以达到每米几伏甚至几十伏。由于非零的公共阻抗会给电路带来干扰，它主要发生在远距离信号传输中两端仪器接地的情况下。如图 4-4 所示，两个电路系统 1、2 的接地点分别为 A 和 B，A 和 B 的地电位不同，在这两个接地点的公共连线上有电流流过。这种多个接地点的公共连线部分称为"接地环路"，接地环路上的环行电流通过接地环路的阻抗把瞬态噪声干扰耦合到下一级电路。

4.1.3.5 漏电耦合干扰

漏电耦合干扰如图 4-5 所示，是由于仪器内部的电路绝缘不良而出现的漏电流引起的电阻耦合产生的干扰，或在高输入阻抗器件组成的系统中，其阻抗可以与电路板绝缘电阻相比拟，通过电路板产生漏电流，形成干扰。

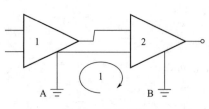

图 4-4　接地环路

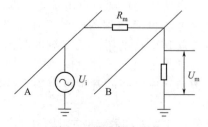

图 4-5　漏电耦合干扰

4.1.4　以干扰与输入信号的关系划分

4.1.4.1　串模（差模）干扰

串模干扰是指干扰信号与被测信号串联在一起，其形式如图 4-6 所示。图 4-6(a) 中被测信号为 U_N，在信号放大器输入端 AE 处合成为 $U_{SN} = U_S + U_N$。如图 4-6(b) 所示，U_N 叠加在被测信号 U_S 之上，成为被测信号的一部分，被送到放大器进行放大，形成很大的干扰。

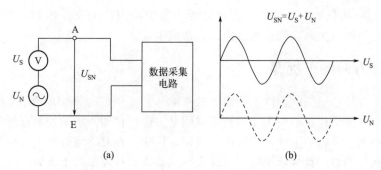

图 4-6　串模干扰

当两条信号线本身作为回路时，由于外界干扰源或设备内部本身耦合而产生干扰信号。例如在主板上的两条 PCB 线之间产生的干扰便为串模干扰。除了信号线引入的串模干扰外，串模干扰的原因还有：

① 信号源本身固有的漂移、纹波和噪声。

② 稳压滤波效果不良，外部高压供电线交变电磁场通过寄生电容耦合进传感器一端。

③ 电源变压器屏蔽失效，电源交变电磁场对传感器一端产生漏电耦合。

4.1.4.2　共模干扰

共模干扰是指在信号地和仪器地（大地）之间的干扰，如图 4-7 所示。图 4-7(a) 中 E 为信号地，F 为仪器地，被测信号为 U_S，U_N 是出现在 U_S 与仪器地之间的干扰信号。A、B 两端叠加的干扰电压相同。由于有干扰信号 U_N 存在，被测信号 U_S 受到干扰，如图 4-7(b) 所示。

仍以主板上的 PCB 线举例，两条 PCB 走线和地线之间的单位差所引起的干扰就为共模干扰。在对地阻抗呈理想对称的传感器和放大器输入电路中，共模干扰在理论上并不会引起信息检测误差，这是因为差分放大器的两个输入端 A 和 B 具有相同的幅值和电位。然而，

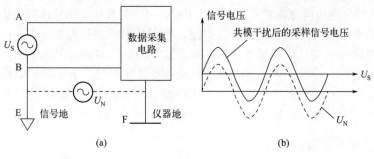

图 4-7　共模干扰

实际上由于数据传输回路、导线和放大器输入回路的电阻或电容对地呈非对称性，共模干扰电压将通过接地回路中的接地干扰电压转换成干扰程度不同的差模电压。

一般情况下，产生对地共模干扰的原因有以下几种：

① 在特殊环境下的检测系统附近有大功率的电气设备，电磁场以电感或电容形式耦合到传感器和传输导线中。

② 电源绝缘不良引起漏电或三相动力电网负载不平衡致使零线有较大的电流时，存在着较大的地电流和地电位差。如果系统有两个以上的接地点，则地电位差就会造成共模干扰。

③ 电气设备的绝缘性能不良时，动力电源会通过漏电阻耦合到特殊环境下的检测系统的信号回路中，形成干扰。

④ 在交流供电的仪器中，交流电会通过原、副边绕组间的寄生电容、整流滤波电路、信号电路与地之间的寄生电容到地构成回路，形成干扰。

4.1.5 软件方面的干扰源

一个完整的特殊环境下的检测系统需要软件部分和硬件部分密切配合。"软件即仪器"。事实上，软件在系统构建过程中的比重越来越明显。虚拟仪器技术的发展也越来越活跃。软件可以避免硬件的各种物理干扰，参数调整便捷，但软件在对检测数据进行处理的过程中也会引入其他干扰和误差，影响检测精度和效率。主要表现在以下几个方面：

① 不正确的算法产生错误的结果，最主要的原因是计算机处理器中的程序指数运算是近似计算，产生的结果有时有较大的误差，容易产生误动作；

② 由于计算机的精度不高，而加减法运算时要对阶，大数"吃掉"了小数，产生了误差积累，导致下溢的出现，也是噪声的来源之一；

③ 由于计算机处理器是高速数字器件，所以它的运算器、控制器及控制寄存器易受电磁干扰；

④ 前面所述硬件受到的干扰引起的计算机出现的诸如程序计数器 PC 值变化、信息检测误差增大、控制状态失灵、RAM 数据受干扰发生变化以及系统出现"死锁"等现象。

4.2 供电系统的干扰抑制

供电系统的干扰
抑制

我国电网的频率与电压波动较大，会直接对信息检测系统产生干扰。特殊环境下的检测系统一般是由交流电网供电，电网电压与频率的波动将直接影响到控制系统的可靠性与稳定性。实践表明，电源的干扰是计算机控制系统的一个主要干扰，为了消除和抑制电网传递给信息检测系统造成的干扰，可以采取相应措施进行干扰抑制处理。

人们已经研究了许多抑制电源干扰的措施，如：采用噪声隔离变压器，使电网地线的干扰无法进入信息检测系统，从而保证信息检测系统工作的可靠性；采用电源低通滤波器在干扰进入系统前对其进行衰减；采用性能较好的稳压电源给系统供电；采用电源模块单独供电以提高供电的可靠性；合理布置供电系统馈线以及采用 DC-DC 变换器等。下面将对以上提到的几种方法进行展开介绍。

4.2.1 采用噪声隔离变压器

一般来说，电网与信息检测系统分别有各自的地线。在应用中，如果直接把信息检测系

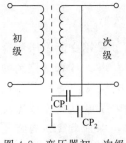

图 4-8　变压器初、次级
加屏蔽措施

统与电网相连，两者的地线之间存在地电位差 17V，从而形成环路电流，造成共模干扰。因此，信息检测系统须与电网隔离，通常使用隔离变压器。考虑到高频噪声通过变压器不是靠初、次级线圈的互感耦合，而是靠初、次级间寄生电容的耦合，所以隔离变压器的初级和次级之间均用屏蔽层隔离，以减少其寄生电容，提高抗共模干扰能力。隔离变压器如图 4-8 所示，绕组之间加屏蔽层然后接地，那么绕组之间的寄生电容就对地了。

信息检测系统的地接入标准地线后，由于采用了隔离变压器，使电网地线的干扰无法进入系统，从而保证了信息检测系统工作的可靠性。

4.2.2　采用电源低通滤波器

由于电网的干扰大部分是高次谐波，故可以采用低通滤波器来滤除大于 50Hz 的高次谐波，以改善电源的波形。电源低通滤波器的线路如图 4-9 所示。使用这种方法的过程中，为了防止滤波器进入磁饱和状态，应该在滤波器前面增加一个大约 50m 长的双绞线组成的分布参数噪声衰减器，从而保证低通滤波器在干扰进入前就实现干扰的衰减作用。

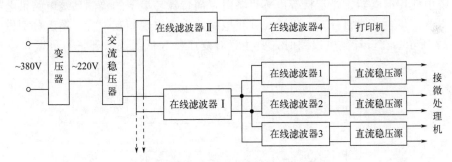

图 4-9　滤除电网干扰的供电电路

在使用低通滤波器时，应注意以下几点：
① 低通滤波器本身应屏蔽，而且屏蔽盒与系统的机壳要保持良好的接触。
② 为减少耦合，所有导线要靠近地面走线。
③ 低通滤波器的输入端与输出端要进行隔离。
④ 低通滤波器的位置应尽量靠近需要滤波的地方，其间的连线也要进行屏蔽。

4.2.3　采用性能好的稳压电源

4.2.3.1　选用供电比较稳定的进线电源

计算机控制系统的电源进线要尽量选用比较稳定的交流电源线，至少不要将控制系统接到负载变化大、晶闸管设备多或者有高频设备的电源上。

4.2.3.2　利用干扰抑制器消除尖峰干扰

干扰抑制器是一种无源四端网络，其使用简单，目前已有产品出售。利用干扰抑制器消除尖峰干扰的电路如图 4-10 所示。

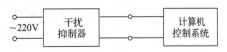

图 4-10　利用干扰抑制器的电源系统

4.2.3.3 采用交流稳压器稳定电网电压

为了保证交流供电的稳定性，防止交流电源的过压或欠压，通常需要采用交流稳压器稳定电网电压，同时需要注意的是，在使用过程中应该保证有一定的功率储备。计算机控制的交流供电系统一般如图 4-11 所示。图中，交流稳压器是为了抑制电网电压的波动，提高计算机控制系统的稳定性。交流稳压器能把输出波形畸变控制在 5% 以内，还可以对负载短路起限流保护作用。低通滤波器是为了滤除电网中混杂的高频干扰信号，保证 50Hz 基波通过。交流稳压电源串接隔离变压器、分布参数噪声衰减器和低通滤波器，以便获得较好的干扰抑制效果。

图 4-11　一般交流供电系统

4.2.3.4 系统分别供电

当系统中使用继电器、磁带机等电感设备时，向特殊环境下的检测系统电路供电的线路应与向继电器等供电的线路分开，以避免在供电线路之间出现相互干扰。系统分别供电的线路如图 4-12 所示。在设计供电线路时，要注意对变压器和低通滤波器进行屏蔽，以抑制静电干扰。

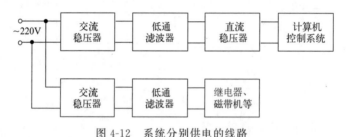

图 4-12　系统分别供电的线路

4.2.3.5 利用 UPS 保证不中断供电

采用不间断电源即 UPS 向系统供电，如图 4-13 所示。正常情况下，由交流电网通过交流稳压器、切换开关、直流稳压器供电至计算机系统；同时交流电网也给电池组充电。所有的 UPS 设备都装有一个或一组电池和传感器，并且也包括交流稳压设备。交流供电中断，系统中的断电传感器检测到断电后就会将供电通路在极短的时间内（3ms）切换到电池组，

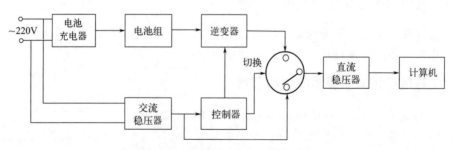

图 4-13　不间断电源 UPS 供电系统

从而保证流入计算机控制系统的电流不因停电而中断。逆变器能把电池直流电压逆变到正常电压频率和幅度的交流电压，具有稳压和稳频的双重功能，提高了供电质量。

4.2.4　采用电源模块单独供电

①　当一台计算机测控系统有几块功能电路板时，为了防止板与板之间的相互干扰，可以对每块板的直流电源采取分散独立供电方式。

②　每块板上装一块或几块三端稳压集成块 7805、7812 等组成稳压电源，每个功能板单独对电压过载进行保护，不会因为某个稳压块出现故障而使整个系统遭到破坏，而且也减少了公共阻抗的相互耦合，大大提高供电的可靠性，也有利于电源散热。

注意：为了降低集成电路的开关噪声，在印制线路板上的每一块 IC 上都接入高频特性好的旁路电容，将开关电流经过的线路局限在板内一个极小的范围内。旁路电容可用 $0.01 \sim 0.1\mu F$ 的陶瓷电容器，旁路电容器的引线要短，而且紧靠需要旁路的集成器件的 VCC 或 GND 端，否则会毫无意义。

4.2.5　供电系统馈线要合理布置

在特殊环境下的检测系统中，电源的引入线、输出线以及公共线在布线时均需采取以下干扰抑制措施。

（1）电源前面的一段布线

从电源引入口，经开关器件至低通滤波器之间的馈线要尽量用粗导线。

（2）电源后面的一段布线

①　均应采用扭绞线，扭绞的螺距要小。如果导线较粗而无法绞合，应把馈线之间的距离缩到最短。

②　交流线、直流稳压电源线、逻辑信号线和模拟信号线、继电器等感性负载驱动线、非稳压的直流线均应分开布线。

（3）电路的公共线

电路中应尽量避免出现公共线，因为在公共线上，某一负载的变化引起的压降都会影响其他负载。若公共线不能避免，则必须把公共线加粗以降低阻抗。

4.2.6　采用 DC-DC 变换器

系统供电电网波动较大，或者对直流电源的精度要求较高，就可以采用 DC-DC 变换器，它可以将一种电压的直流电源变换成另一种电压的直流电源，有升压型、降压型、升压/降压型。DC-DC 变换器具有体积小、性能价格比高、输入电压范围大、输出电压稳定（有的还可调）、环境温度范围广等一系列优点。

采用 DC-DC 变换器可以方便地实现电池供电，从而制造便携式或手持式计算机测控装置。

4.3　接地系统的干扰抑制

4.3.1　接地线的种类

特殊环境下的检测系统中的大部分干扰都与接地有关，正确合理的接地

接地系统的干扰抑制

技术对信息检测系统极为重要，若把接地问题处理好，就解决了信息检测系统中的大部分干扰问题。接地的目的有两个：一是为了保证控制系统稳定可靠地运行，防止地环路引起的干扰，常称为工作接地；二是为了避免操作人员因设备的绝缘损坏或下降遭受触电危险和保证设备的安全，这称为保护接地。

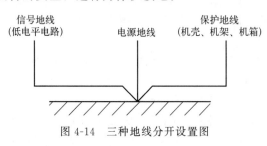

图 4-14　三种地线分开设置图

特殊环境下的检测系统的接地线系统，通常在检测装置中至少要有三种分开的地线，如图 4-14 所示。若设备使用交流电源，则交流电源地线应和保护地线相连。图中三条地线应连在一起并通过一点接地。使用这种接地方式可以避免公共地线各点电位不均匀所产生的干扰。

4.3.1.1　单点接地与多点接地

根据接地理论分析，低频电路应单点接地，这主要是避免形成产生干扰的地环路；高频电路应该就近多点接地，这主要是避免"长线传输"引入的干扰。一般来说，当频率低于 1MHz 时，采用单点接地方式为好；当频率高于 10MHz 时，采用多点接地方式为好。在信息检测与处理系统中，信号频率大多小于 1MHz，所以通常采用单点接地方式，如图 4-15 所示。

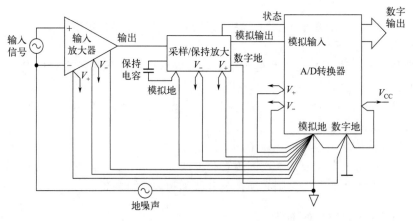

图 4-15　单点接地方式

4.3.1.2　模拟地和数字地的连接

在微机控制系统中，数字地和模拟地必须分别接地，然后仅在一点处把两种地连接起来，如图 4-16 所示。

4.3.1.3　屏蔽层的接地

在特殊环境下的检测系统中，传感器、变送器和放大器通常采用屏蔽罩，而信号的传送往往使用屏蔽线。对于屏蔽层的接地要慎重，也应遵守单点接地原则。输入信号源有接地和浮地两种情况，接地电路也有两种情况。在图 4-17(a) 中，信号源端

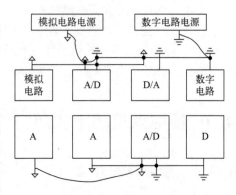

图 4-16　数字地和模拟地的连接

接地，而接收端放大器浮地，则屏蔽层应在信号源端接地。而图 4-17（b）却相反。单点接地是为了避免在屏蔽层与地之间的回路电流，从而通过屏蔽层与信号线间的电容产生对信号线的干扰。

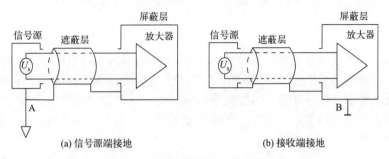

(a) 信号源端接地　　　　　　　　　(b) 接收端接地

图 4-17　信号源端接地与接收端接地

4.3.1.4　多机系统的接地

在计算机网络系统中，多台计算机之间相互通信、资源共享。如果接地不合理，将使整个网络系统无法正常工作。近距离的几台计算机安装在同一机房内，可采用类似图 4-18 所示的多机一点接地方法。对于远距离的计算机网络，多台计算机之间的数据通信，通过隔离的办法把地分开。例如，采用变压器隔离技术、光电隔离技术或无线通信技术。

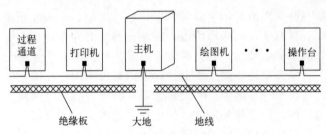

图 4-18　计算机网络系统示意图

4.3.1.5　浮地

浮地又称浮置，就是将电路或设备的信号接地系统与结构地或其他导电物体相隔离。采用浮地的方式可避免地中存在的干扰电流传到耦合信号电路，如图 4-19 所示。

特殊环境下的检测系统被浮置后，系统的信号放大器公共线与地（或机壳）之间的阻抗明显加大。因此，浮置能大大减少共模干扰电流。但是，浮置不是绝对的，不可能做到“完全浮置”。其原因是信号放大器公共线与地（或机壳）之间虽然电阻值很大（是绝缘电阻级），可以大大减少电阻性漏电流干扰，但是它们之间仍然存在寄生电容，即容性漏电流干扰仍然存在。

这里需要指出的是，只有在对电路要求高并采用多层屏蔽的条件下，才采用浮地技术。检测电路的浮置应该包括该电路的供电电源，即这种浮置检测电路的供电系统应该是单独的浮置供电系统，否则浮地将无效。除了在低频情况下，为了防止结构地、安全地中的干扰地电流干扰信号

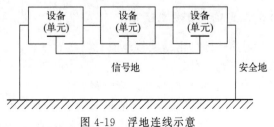

图 4-19　浮地连线示意

接地系统外，一般不采用悬浮接地方式。

4.3.2 干扰抑制接地技术

4.3.2.1 安全接地技术

安全接地技术是一种常用的技术，把机壳接入大地，让电量转移到大地，减少电荷积累情况，减少因为静电等原因造成人与机械设备等受到安全影响。设备装置在实际应用过程中，绝缘层可能出现破损等现象，可能造成机壳带电，这时候的电量是足够大的，不能及时转移，可能造成严重的后果，利用安全接地技术可以把多余电荷转移出去，还能及时切断电源等，对其安全性能起到保护作用。

4.3.2.2 防雷击接地技术

用电设备基本都需要采用防雷击接地技术，一般采用避雷针，当出现雷击时，可以进行电荷的转移。下雨天气打雷时，出现雷击的情况是产生电荷的，一旦遇到用电设备等，瞬间可以产生大量的电荷，对周围人和物产生损害现象，因此必须采用技术及时转移电荷，减少对人的伤害，对用电设备也起到保护作用。

4.3.2.3 屏蔽接地技术

屏蔽接地技术是一种常用的对用电设备的保护作用措施，在实际应用过程中，也是设计人员经常采用的方式，具有一定的应用价值。屏蔽技术需要和接地技术配合使用，其屏蔽效果才能够提升。例如静电屏蔽技术，若是在带正电导体周围围上完整的金属屏蔽体，则于屏蔽体的内侧所获取的负电荷将会等同于带电导体，同时外侧所存在的正电荷也和带电导体等量，这就造成外侧区域仍旧存在电场。若是对金属屏蔽体进行接地处理，那么外侧的正电荷可能会流入大地之中，则可以消除外侧区域的电场，也就是金属屏蔽之中将会对正电导体的电场进行屏蔽处理。屏蔽接地技术的应用，在技术上起到革新作用，在应用过程中起到重要保护作用，具有一定现实应用价值。

4.3.2.4 电源接地技术

供电电源单独建立基准接地点称为电源接地。电源接地一般有以下要求：
① 分别建立交流、直流和信号的接地通路；
② 在接地面上，电源接地与信号接地要互相隔离，减少地线间的耦合；
③ 电源接地通路，以尽可能直接的路径接到阻抗最低的接地导体上；
④ 将几条接地通路接到电源公共接点上，以保证电源电路有低的阻抗通路；
⑤ 不要采用多端接地母线或横向接地环；
⑥ 交流中线必须与机架地线绝缘，也不能作为设备接地线使用。

4.3.2.5 电路接地技术

电路接地即电路的接地面对电路所在系统的所有工作频率都呈现低阻抗特性。接地面应该具备下列条件：
① 接地面是电路公共地回路；
② 所有电路都会向接地平面输送自身地电流；
③ 一个地回流路径穿过另一个地回流路径时，将产生电路之间的耦合。

4.3.2.6　工作接地技术

工作接地是为电路正常工作而提供的一个基准电位。该基准电位可以设为电路系统中的某一点、某一段或某一块等。当该基准电位不与大地连接时，视为相对的零电位。这种相对的零电位会随着外界电磁场的变化而变化，从而导致电路系统工作不稳定。当该基准电位与大地连接时，基准电位视为大地的零电位，而不会随着外界电磁场的变化而变化。但是不正确的工作接地反而会增加干扰，比如共地线干扰、地环路干扰等。

为防止各种电路在工作中产生互相干扰，使之能相互兼容地工作，根据电路的性质，将工作接地分为不同的种类，比如直流地、交流地、数字地、模拟地、信号地、功率地、电源地等。上述不同的接地应当分别设置。

4.4　模拟信号检测端的干扰抑制

模拟信号检测端
的干扰抑制

模拟信号输入通道是信息检测卡和微型计算机、传感器之间进行信息交换的渠道。首先，对这一信息渠道侵入的干扰主要是由公共地线引起的；其次，当传输线路较长时，会受到静电和电磁波噪声的干扰。这些干扰将严重影响采样信号的准确性和可靠性，因此必须予以消除或抑制。常用的干扰抑制措施有如下几种。

4.4.1　隔离技术干扰抑制

隔离技术是电磁兼容中的重要技术之一，其主要目的是通过隔离元件把噪声干扰的路径切断，从而达到抑制噪声干扰的效果。在采用了隔离措施以后，绝大多数电路能够取得良好的噪声抑制效果，使设备符合电磁兼容性的要求。隔离干扰在电磁兼容性方面的实质是人为地造成电的隔离，以阻止电路耦合产生的电磁干扰。

从原理上，电子设备中常采用的隔离技术可分为电磁隔离、光电隔离、机电隔离、浮地隔离等几种。

4.4.1.1　电磁隔离

电磁隔离是在传感器与特殊环境下的检测电路之间加入一个隔离放大器，利用隔离放大器的电磁耦合将外界的模拟信号与系统进行隔离传送。

电磁隔离主要采用变压器来实现，通过变压器传递电信号，阻止了电路性耦合产生的电磁干扰，对于交流的场合使用较为方便，主要应用于电源电路中。须注意：若设备使用开关电源，由于开关变压器绕组间的分布电容较大，所以使用时应当与屏蔽和接地相配合。

4.4.1.2　光电隔离

光电隔离采用光电耦合器来实现，通过半导体发光二极管（LED）的光发射和光敏半导体（光敏电阻、光敏二极管、光敏三极管、光敏晶闸管等）的光接收来实现信号传递。由于发光二极管和光敏半导体是相互绝缘的，从而实现了电路的隔离。

如图 4-20 所示为一个二极管-三极管型的光电耦合器。其中，输入端为发光二极管，输出端为光敏三极管，输入端与输出端之间通过光传递信息，而且是在密封条件下进行的，故不会受到外界光的影响。

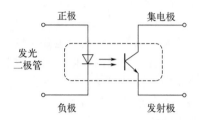

图 4-20　二极管-三极管型的光电耦合器

光电耦合器的输入阻抗很低，一般在 $100\sim 1000\Omega$，而干扰源的内阻一般很大，通常为 $10^5\sim 10^6\Omega$，根据分压原理可知，这时能传达到光电耦合器输入端的噪声自然很小。光电耦合器的外壳是密封的，它不受外部光的影响，其隔离电阻很大，通常为 $10^{11}\sim 10^{13}\Omega$，隔离电容很小，一般为 $0.5\sim 2\mathrm{pF}$，因此输出端的各种干扰噪声很难反馈到输入端，从而有效阻止了电路性耦合产生的电磁干扰。只是光电耦合器的隔离阻抗随着频率的提高而降低，干扰抑制效果也将降低。

光电耦合器在特殊环境下的检测系统中的应用主要包括以下两个方面。

（1）用于系统与外界的隔离

在实际应用中，因为信息检测系统检测的信号来源于工业现场，所以需要把待检测的信号与系统隔离。其做法是在传感器与信息检测电路之间加一个光电耦合器。

（2）用于系统电路之间的隔离

系统电路之间的隔离是在两个电路之间加入一个光电耦合器。电路 Ⅰ 的信号向电路 Ⅱ 传递依靠光，切断了两个电路之间电的联系，使两电路之间的电位差不能形成干扰。

电路 Ⅰ 的信号加到发光二极管上，使二极管发光，它的光强正比于电路 Ⅰ 输出的信号电流。这个光被光电三极管接收，再产生正比于光强的电流输送到电路 Ⅱ。由于光电耦合器的线性范围比较小，所以它主要用于传输数字信号。

4.4.1.3　机电隔离

机电隔离主要采用继电器来实现，其线圈接收信号，机械触点发送信号。机械触点分断时，由于阻抗很大、电容很小，从而阻止了电路性耦合产生的电磁干扰。继电器一般用在弱电控制强电的电路中，如电视机中的遥控开关机电路。通过继电器也可以把低压直流与高压交流隔离开来，使高压交流侧的干扰无法进入低压直流侧。采用继电器的缺点是线圈工作频率低，不适合在工作频率较高的场合使用。在机械触点分断信号电流的过程中，由于电路电感的存在，将会在触点间感生过电压，这个过电压可能会导致触点间隙击穿而产生电弧；当触点间隙加大时，电弧熄灭，触点间电压又升高，电弧又重燃；如此重复，直到触点间距足够大，电流中断时为止。上述过程中，产生的电弧和峰值大、频率高的电压脉冲串将通过辐射和传导对其他电路和器件形成强烈的干扰。

4.4.1.4　浮地隔离

浮地是指该电路的地与大地无电气连接（绝缘电阻在 $50\mathrm{M}\Omega$ 以上）。采用浮地的目的是将电路或设备与公共接地系统，或与可能引起环流的公共导线隔离开来。浮地还可使不同电位间的电路配合变得容易。实现电路或设备浮地的方法有变压器隔离和光电隔离，如在开关电源部分可将这两种方法相结合实现浮地隔离，从而使设备的主电路的地与市电实现隔离。

采用浮地隔离的优点是该电路不受大地电性能的影响；其缺点是该电路易受寄生电容的影响，从而使电路的地电位变动，且增加了对模拟电路的干扰。

（1）浮地技术的应用

交流电源地与直流电源地分开。一般交流电源的零线是接地的，但由于存在接地电阻和其上流过的电流，导致电源的零线电位并非为大地的零电位。另外，交流电源的零线上往往存在很多干扰，如果交流电源地与直流电源地不分开，将对直流电源和后续的直流电路的正常工作产生影响。因此，采用把交流电源地与直流电源地分开的浮地技术，可以隔离来自交流电源地线的干扰。

（2）放大器的浮地技术

对于放大器而言，特别是微小输入信号和高增益的放大器，在输入端的任何微小的干扰信号都可能导致工作异常。因此，采用放大器的浮地技术，可以阻断干扰信号的进入，提高放大器的电磁兼容能力。

（3）浮地技术的注意事项

① 尽量提高浮地系统的对地绝缘电阻，从而有利于降低进入浮地系统之中的共模干扰电流。

② 注意浮地系统对地存在的寄生电容，高频干扰信号通过寄生电容仍然可能耦合到浮地系统之中，这时可在浮地系统与公共地之间加若干高耐压的小电容和数兆欧姆的泄放电阻，这样高频干扰可通过公共地泄放，从而改善整机特性。

③ 浮地技术必须与屏蔽、隔离等电磁兼容技术相互结合应用，这样才能收到更好的预期效果。

④ 采用浮地技术时，应当注意静电和电压反击对设备和人身的危害。

4.4.2　串、共模干扰抑制

以主板上的两条 PCB 走线（连接主板各元件的导线）为例，所谓串模干扰（差模干扰），指的是两条走线之间的干扰，而共模干扰（接地干扰）则是两条走线和 PCB 地线之间的电位差引起的干扰。

4.4.2.1　串模干扰及抑制

测量串模干扰电压，以往推荐用电子管电压表，在现场可使用有交流毫伏挡的数字万用表进行测量。如图 4-21 所示，把电压表跨接在仪表输入的正、负端之间测量，通常串模干扰电压大多在几毫伏到几十毫伏范围内。

串模干扰的来源：大功率变压器、交流电动机、变频器等都有较强的交变磁场，如果仪表测量及控制的连接导线通过交变磁场，就会受到这些交变磁场

图 4-21　测量串模干扰电压

的作用，在仪表的输入回路中感应出交流电压，而成为干扰信号。

在现场为了克服串模干扰对仪表、控制系统的影响，可采取以下措施：

① 如热电偶、分析仪表的信号线要远离强电磁场，不要离动力线太近；

② 不要把仪表信号线、控制信号线与动力线平行放在同一个桥架托盘内，或穿在同一根穿线管内，必要时信号线应使用屏蔽电线或屏蔽电缆，线的屏蔽层要采取一端接地的方式；

③ 在仪表输入端加滤波电路；

④ 对于智能仪表要根据现场情况设置数字滤波常数，必要时再增加滤波电路的级数。

4.4.2.2　共模干扰及抑制

共模干扰是指干扰电压出现在仪表任一输入端（正端或负端）对地之间的交流信号，这种干扰又称为"对地干扰"和"纵向干扰"。

测量共模干扰电压，可以用高阻电压表测量，也可使用数字万用表的交流电压挡进行测量。如图 4-22 所示，先把电压表接在仪表输入的正端与地之间测量，然后再把电压表接在仪表输入的负端与地之间测量，通常共模干扰电压大多在几伏到几十伏范围之内。

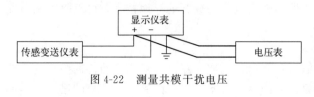

图 4-22　测量共模干扰电压

共模干扰的来源：高压电场的干扰；测量电炉温度时引入的干扰，如在高温下，电炉的电源通过耐火砖、热电偶的瓷保护套管泄漏到热电偶上，使热电偶与地之间产生干扰电压；由于地电位不同而引入的干扰；还有氨合成塔用电加热器升温时也会对热电偶造成干扰。其干扰源大多是交流电压，也有可能是直流电压。

在现场为了克服共模干扰对仪表、控制系统的影响，可采取以下措施：

① 把测量热电偶浮空；

② 仪表放大器也采取浮空；

③ 如果测量对象允许，则不要用露端式热电偶，以避免热电极接地；

④ 热电偶保护套管要可靠接地；

⑤ 使用屏蔽线时采用等电位屏蔽方式；

⑥ 在信号线上加装旁路电容器。

4.4.3　长线传输信号的干扰抑制

在信息检测系统中，经常会涉及长距离传送信号。在长距离传送信号时，除了因空间感应引入的干扰外，还会因传输线两端阻抗不匹配而出现信号在传输线上反射的现象，形成非耦合性的干扰，使信号波形发生畸变。针对上述两种干扰情况，需要采取相应的干扰抑制措施。然而长线传输中的干扰抑制技术存在着两个主要的问题：阻抗匹配和长线驱动。其中，阻抗匹配的好坏直接影响着长线上信号的反射强弱。因此，下面将着重讨论这两个问题的解决方法。

4.4.3.1　阻抗匹配

在传输线始端通过与非门加入标准信号，用示波器观察门 A 的输出波形，调节传输线终端的可变电阻 R，当门 A 输出的波形不畸变时，即传输线的波阻抗与终端阻抗完全匹配，反射波完全消失，这时的 R 值就是该传输线的波阻抗，即 $R_P = R$。

为了避免外界干扰的影响，在计算机中常常采用双绞线和同轴电缆作信号线。双绞线的波阻抗一般在 $100 \sim 200\Omega$ 之间，绞花愈密，波阻抗愈低。同轴电缆的波阻抗为 $50 \sim 100\Omega$。

（1）始端匹配

在传输线始端串入电阻 R，如图 4-23 所示，也能基本上消除反射，达到改善波形的目的。一般选择始端匹配电阻 R 为：

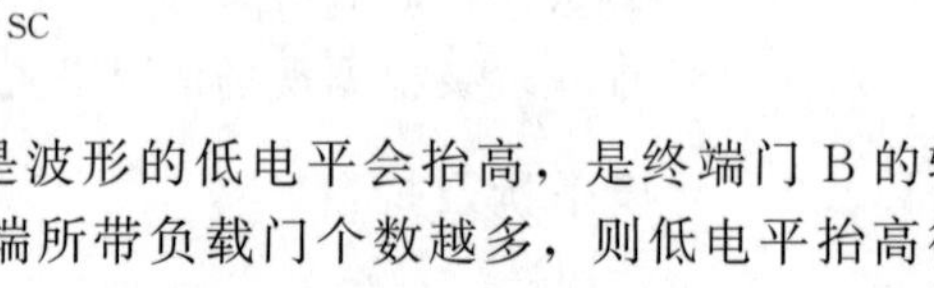

图 4-23　始端匹配

$$R = R_P - R_{SC}$$

式中，R_{SC} 为门 A 输出低电平时的输出阻抗。

始端匹配的优点是波形的高电平不变；缺点是波形的低电平会抬高，是终端门 B 的输入电流在始端匹配电阻 R 上的压降所造成的。终端所带负载门个数越多，则低电平抬高得越显著。

（2）终端匹配

最简单的终端阻抗匹配方法如图 4-24（a）所示。如果传输线的波阻抗是 R_P，那么当 $R = R_P$ 时，便实现了终端匹配，消除了波反射。此时终端波形和始端波形的形状一致，只是时间上滞后。由于终端电阻变低，则加大负载，使波形的高电平下降，从而降低了高电平的干扰抑制能力，但对波形的低电平没有影响。

　　为了克服上述匹配方法的缺点，可采用图 4-24(b) 所示的终端匹配方法。

　　适当调整 R_1 和 R_2 的阻值，可使等效电阻 $R=R_\mathrm{P}$。这种匹配方法也能消除波反射，优点是波形的高电平下降较少，缺点是低电平抬高，从而降低了低电平的干扰抑制能力。

　　为了同时兼顾高电平和低电平两种情况，可选取 $R_1=R_2=2R_\mathrm{P}$，此时等效电阻 $R=R_\mathrm{P}$。实践中，宁可使高电平降低得稍多一些，而让低电平抬高得少一些，可通过适当选取电阻 R_1 和 R_2，并使 $R_1>R_2$ 来达到此目的，还要保证等效电阻 $R=R_\mathrm{P}$。

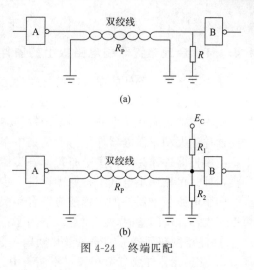

(a)

(b)

图 4-24　终端匹配

4.4.3.2　长线驱动

　　长线如果用晶体管-晶体管逻辑（transistor-transistor-logic，TTL）电路直接驱动，有可能使电信号幅值不断减小、干扰抑制能力下降，以及存在串扰和噪声，结果使电路传错信号。因此，在长线传输中，需采用驱动电路和接收电路。

　　图 4-25 为驱动电路和接收电路组成的信号传输线路的原理图。

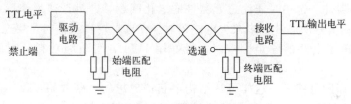

图 4-25　长线驱动示意图

　　(1) 驱动电路

　　驱动电路将 TTL 信号转为差分信号，再经长线传输至接收电路。为了使多个驱动电路能共用一条传输线，一般驱动电路都附有禁止电路，以便在该驱动电路不工作时，禁止其输出。

　　(2) 接收电路

　　接收电路具有差分输入端，把接收到的信号放大后，再转换成 TTL 信号输出。差动放大器有很强的共模抑制能力，而且工作在线性区，所以容易做到阻抗匹配。

4.4.4　印刷电路板的干扰抑制

　　印刷电路板（也称为印制板）是特殊环境下的检测系统中器件、信号线、电源线的高度集合体，印刷电路板设计的好坏对干扰抑制能力影响很大。故印刷电路板的设计绝不单纯是器件、线路的简单布局安排，还必须采取一些干扰抑制措施。在设计并绘制印刷电路板图时，除了要为电路中的元器件提供正确无误的电气连接外，还应充分考虑印刷电路板的干扰抑制性。基于电磁兼容性原则，干扰抑制设计应包括三个方面：一是抑制噪声源，二是切断噪声传递途径，三是降低受扰设备的噪声敏感度。印制板的噪声抑制应从设计阶段开始，贯穿于电路原理图设计、印制板图设绘、元器件选用、印制板安装引线等一系列环节中。虽然各环节侧重不一，但又彼此呼应，都应认真对待。本节主要介绍在设计印制板时应该如何有效地抑制噪声。

4.4.4.1 合理布置印刷电路板上的器件

印刷电路板上器件的布置应符合器件之间电气干扰小的原则。一般印刷电路板上同时具有电源变压器、模拟器件、数字逻辑器件、输出驱动器件等，为了减小器件之间的电气干扰，应将器件按照其功率的大小及干扰抑制能力的强弱分类集中布置，将电源变压器和输出驱动器件等大功率强电器件作为一类集中布置，将数字逻辑器件作为一类集中布置，将易受干扰的模拟器件作为一类集中布置。各类器件之间应尽量远离，以防止相互干扰。此外，每一类器件又可按照小电气干扰原则再进一步分类布置。

印刷电路板上器件的布置还应符合易散热的原则。为了使电路稳定可靠地工作，从散热角度考虑器件的布置时，应注意以下问题。

① 注意发热元器件的通风散热问题，必要时要安装散热器。

② 发热元器件要分散布置，不能集中。

③ 热敏感元器件要远离发热元器件或对其进行热屏蔽。

4.4.4.2 减少辐射噪声

印刷电路板在工作时会向外辐射噪声而成为噪声源：电路板中信号线经接地回路传送到机壳，引起谐振，由机壳向外辐射强烈噪声；电路板信号经过信号电缆向外辐射噪声；电路板本身也直接向外辐射噪声。为削弱噪声辐射，可做如下处理：

① 慎重选用器件。选用时需注意元器件的老化问题，并挑选热反馈影响小的器件。对高频电路，应选用适宜的芯片，以减少电路辐射。在选择逻辑器件时，要充分考虑其噪声容限指标：当单纯考虑电路的噪声容限时，最好用 HTL，若兼顾功耗，则用 $V_{DD} \geqslant 15V$ 的 CMOS 为宜。

② 使用多层印刷电路板。这样可从结构上获得理想的屏蔽效果：以中间层作电源线或地线，将电源线密封在板内，两面做绝缘处理，可使流经上下面的开关电流彼此不影响；印制板内层做成大面积的导电区，各导线面之间有很大的静电电容，形成阻抗极低的供电线路，可有效预防电路板辐射和接收噪声。

③ 印刷电路板"满接地"。绘制高频电路板时，除尽量加粗接地印制导线外，应把电路板上没被占用的所有面积都作为接地线，使器件更好地就近接地。这样可以有效降低寄生电感，同时，大面积的地线能有力减少噪声辐射。

④ 在印刷电路板上附加一面或两面接地板。即用一块铝片或铁片附加在印制板背面（焊接面），或将印制板夹在两块铝板或铁板之间。接地板安装时尽量靠近印制板，且务必将其接在系统信号的（SG）最佳接地点上，此结构实质为简单易做的"多层"印制板。若想追求更好的抑制效果，可将印制板装在完全屏蔽的金属盒中，使其不产生、不响应噪声。

4.4.4.3 去耦电容器的配置

要有效地抑制脉动干扰及其耦合，措施是加去耦电容，好的高频去耦电容可以去除高达 1GHz 的高频成分。瓷片电容或多层陶瓷电容的高频特性较好。设计印刷电路板时，每个集成电路的电源与地之间都要加一个去耦电容。去耦电容有两个作用：一方面是本集成电路的蓄能电容，提供和吸收该集成电路开门、关门瞬间的充放电能；另一方面是旁路掉该器件的高频噪声。数字电路中典型的去耦电容为 $0.1\mu F$，有 $5\mu H$ 分布电感，它的并行共振频率在 7MHz 左右，对于 10MHz 以下的噪声有较好的去耦作用，对 40MHz 以上的噪声几乎不起作用。$1\mu F$、$10\mu F$ 电容，并行共振频率在 20MHz 以上，去除高频率噪声的效果要好一些。在电源进入印刷电路板的地方并联一个 $1\mu F$ 或 $10\mu F$ 的去高频电容往往是有利的，即使是用电池供电的系统也需要这种电容。每 10 片左右的集成电路要加一片充放电电容，或称为蓄放电容，电容大小可选 $10\mu F$。最好不用电解电容，电解电容是两层薄膜卷起来的，这种卷起来的结构在高频时表现为电感，最好使用钽电容或聚碳酸酯电容。去耦电容值的选取并不严格，可按 $C=1/f$ 计算，即 10MHz 取 $0.1\mu F$。对微控制器构成的系统，取 $0.01\sim0.1\mu F$ 都可以。去耦电容的一般配置原则是：

① 对于抗噪能力弱和关断时电源变化大的器件，如 RAM、ROM 存储器件，应在芯片的电源线和地线之间直接接入去耦电容；

② 电容引线不能太长，尤其是高频旁路电容不能有引线；

③ 电源输入端跨接 $10\sim100\mu F$ 的电解电容器。如有可能，接 $100\mu F$ 以上的更好；

④ 原则上，每个集成电路芯片都应该布置一个 $0.01pF$ 的瓷片电容，如遇印制板空隙不够，可每 $4\sim8$ 个芯片布置一个 $1\sim10pF$ 的钽电容。

4.4.4.4　印刷电路板合理布线

布线是印刷电路板设计图形化的关键阶段，设计中考虑的许多因素都应在布线中体现出来，印制板上铜箔导线的布局及相邻导线间的串扰等因素会决定印制板的抗扰度，合理布线可使印制板获得最佳性能。从干扰抑制性考虑，布线应遵循的设计、工艺原则有：

① 只要满足布线要求，布线时应优先考虑选择单面板，其次是双面板、多层板。布线密度应综合结构及电性能要求等合理选取，力求布线简单、均匀；导线最小宽度和间距一般不应小于 $0.2mm$，布线密度允许时，适当加宽印制导线及其间距。

② 电路中的主要信号线最好汇集于板中央，力求靠近地线，或用地线包围它，信号线、信号回路线所形成的环路面积要最小；要尽量避免长距离平行布线，电路中电气互连点间布线力求最短；信号（特别是高频信号）线的拐角应设计成 $135°$ 走向，或呈圆形、圆弧形，切忌画成 $90°$ 或更小角度形状。

③ 相邻布线面导线采取相互垂直、斜交或弯曲走线的形式，以减小寄生耦合；高频信号导线切忌相互平行，以免发生信号反馈或串扰，可在两条平行线间增设一条地线。

④ 妥善布设外连信号线，尽量缩短输入引线，提高输入端阻抗。对模拟信号输入线最好加以屏蔽，当板上同时有模拟、数字信号时，宜将两者的地线隔离，以免相互干扰。

⑤ 妥善处理逻辑器件的多余输入端。将与/与非门多余输入端接"1"（切忌悬空），或/或非门多余输入端接 V_{SS}，计数器、寄存器和 D 触发器等空闲置位/复位端经适当电阻接 V_{CC}，触发器多余输入端必须接地。

⑥ 选用标准元器件封装。如需创建元件封装时，焊盘孔距应与器件引脚间距一致，以减小引线阻抗及寄生电感。布设导线时应尽量减少金属化孔，以提高整块印制板的可靠性。

4.4.4.5　电源线的布置

电源线的布置应与地线布置结合起来考虑，以便构成特性阻抗尽可能小的供电线路。为了减小供电线路的特性阻抗，电源线和地线应该尽可能粗，并且相互靠近，供电环路面积应该减小到最低程度，不同电源的供电环路不要互相重叠。如图 4-26 所示，双面板的电源供电线采用上下重叠的布置方法，集成芯片旁边加了高频去耦电容，从而使供电环路减小，并且各集成芯片的高频电流环路不会因相互重叠而产生磁场耦合。

对于上述电源布线，如果使用不同电源供电轨线对的集成芯片之间有信号传输，则数字信号的回流将绕较大的圈子，从而增大信号环路的面积。解决的方法是采用井字形网状结构的供电布置，图 4-27 增加了 4 条垂直放置的小型电源母线条，构成了井字形网状结构。此外图 4-27 中各电源轨（母）线对分别引到连接器端子上，而不是在板上先汇合成一对然后再连到连接器上，这样处理使公共阻抗耦合进一步减少。

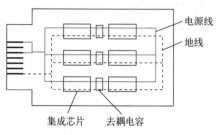

图 4-26　双面板的电源供电线布线方案一

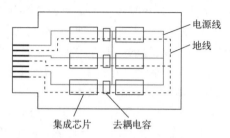

图 4-27　双面板的电源供电线布线方案二

根据印刷电路板电流的大小，尽量加粗电源线宽度，减少环路电阻。同时使电源线/地线的走向和数据传递的方向一致，这样有助于增强抗噪声能力。

4.4.4.6　印刷电路板的接地线设计

印刷电路板上，电源线和地线最重要。克服电磁干扰，最主要的手段就是接地。对于双面板，地线布置特别讲究，通过采用单点接地法，电源和地是从电源的两端接到印刷电路板上来的，电源一个接点，地一个接点。印刷电路板上，要有多个返回地线，并都汇聚到回电源的那个接点上，这就是所谓的单点接地。

所谓模拟地、数字地和大功率器件地分开，是指布线分开，而最后都汇集到这个接地点上来。与印刷电路板以外的信号相连时，通常采用屏蔽电缆。对于高频和数字信号，屏蔽电缆两端都接地。低频模拟信号用的屏蔽电缆，一端接地为好。如能将接地和屏蔽正确结合起来使用，可解决大部分干扰问题。电子设备中地线结构大致有系统地、机壳地（屏蔽地）、数字地（逻辑地）和模拟地等。

地线设计的原则是：

① 正确选择单点接地与多点接地。

② 接地线应尽量加粗。若接地线很细，则接地电位随电流的变化而变化，致使电子设备的定时信号电平不稳，抗噪声性能变坏。因此应将接地线加粗，使它能通过 3 倍于印制板上的允许电流。

③ 数字地与模拟地分开。若电路板上既有逻辑电路又有线性电路，应使它们尽量分开，分别与电源端地线相连，并尽可能加大线性电路的接地面积。低频电路的地应尽量采用单点并联接地，实际布线有困难时可部分串联后再并联接地。高频电路宜采用多点串联接地，地线应短而粗，高频元件周围尽量用栅格状大面积地箔。

④ 将接地线构成闭环路。设计只由数字电路组成的印刷电路板的地线系统时，将接地线做成闭环路可以明显地提高抗噪声能力。其原因在于：印刷电路板上有很多集成电路元件，尤其遇到耗电多的元件时，因受接地线粗细的限制，会在地线上产生较大的电位差，引起抗噪声能力下降，若将接地构成环路，则会缩小电位差值，提高电子设备的抗噪声能力。

4.4.4.7　印刷电路板的屏蔽

屏蔽干扰的方法主要有屏蔽线和屏蔽环两种。

屏蔽线是在两个电流回路的导线之间另设一根导线，并将它与有关的基准电位（或屏蔽电位）相连，从而减少外界作用于电路板或者电路板内部导线、元件之间出现的电容性干扰，发挥屏蔽作用。由于屏蔽线不可能完全包围干扰对象，因此屏蔽作用是不完全的。这种导线屏蔽主要作用于极限频率高、上升时间短（＜500ns）的系统，因为此时耦合电容虽小但作用极大。

屏蔽环是一条导电通路，它位于印刷电路板的边缘并围绕着该电路板，且只在某一点上与基准电位相连。它可对外界作用于电路板的电容性干扰起屏蔽作用。如果屏蔽环的起点与终点在电路板上相连，或通过插头相连，将形成一个短路环，这将削弱穿过其中的磁场，对电感干扰起抑制作用。这种屏蔽环不允许作为基准电位线使用。

一般而言，使用以上基本干扰抑制措施，可消除印刷电路板 90％左右的常见干扰。由于硬件的可靠性是设备的复杂性函数，要消除一些特殊的、小概率的干扰，就要采用特殊的、更复杂的硬件干扰抑制电路。但过多地采用硬件干扰抑制措施，会明显提高产品的常规成本，且硬件数量的增加，还会产生新的干扰，导致系统的可靠性下降。所以应根据设计条件和目标要求，合理采用一些硬件干扰抑制措施，提高系统的干扰抑制能力。

4.5　检测系统软件干扰抑制技术

软件抗干扰技术

一个完整的信息检测系统需要软件部分和硬件部分密切配合，以上我们介绍了硬件方面采取的干扰抑制措施，但由于干扰信号产生的原因错综复杂，且具有很大的随机性，很难保证系统完全不受干扰。因此，在硬件干扰抑制措施的基础上，往往需要采取软件干扰抑制技术加以补充，软件可以避免硬件的各种物理干扰，作为硬件措施的辅助手段。软件在系统构建过程中占据着越来越重要的比例，软件干扰抑制方法具有简单、灵活方便、耗费低等特点，在数字电路系统中被广泛应用。

4.5.1　数字滤波

数字滤波就是通过特定的计算机程序处理，降低干扰信号在有用信号中的比例。该技术既可称为硬件仿真（代替滤波器的功能）技术，又可称为时间冗余技术。它不需要硬件，靠计算机的高速、多次运算达到模拟并提高精度的目的。这里所说的数字滤波技术是指在软件中对检测到的数据进行消除干扰的处理。数字滤波器由于稳定性高、滤波器参数修改方便等优点，得到了广泛的应用。

与模拟滤波器相比，数字滤波器有以下优点：

① 不需要增加任何硬件设备，只要程序在进入数据处理和控制算法之前，附加一段数字滤波程序即可；

② 不存在阻抗匹配问题；

③ 频率可以很低，如 0.01Hz 的信号滤波，而模拟 RC 滤波器由于受电容容量的影响，频率不能太低；

④ 对于多路信号输入通道，可以共用一个滤波器，从而降低仪表的硬件成本；

⑤ 只要适当改变滤波器程序或参数，就可以方便地改变滤波器特性，这对于低频脉冲干扰和随机噪声的克服特别有效。

下面就一些常用的数字滤波技术做简要的介绍。

4.5.1.1 死区处理

从工业现场检测到的信号往往会在一定的范围内不断地波动，或者说有频率较高、能量不大的干扰叠加在信号上，这种情况往往出现在应用工控板卡的场合，此时检测到的数据有效值的最后一位不停地波动，难以稳定。这种情况可以采取死区处理，把不停波动的值进行死区处理，只有当变化超出某值时才认为该值发生了变化。比如编程时可以先对数据除以10，然后取整，去掉波动项。

4.5.1.2 中值滤波法

这种方法的原理是将检测到的若干个周期的变量值进行排序，然后取排好顺序的值中的中间值，这种方法可以有效地防止受到突发性脉冲干扰的数据进入。在实际使用时，排序的周期的数量要选择适当，如果选择过小，可能起不到去除干扰的作用，选择的数量过大，会造成采样数据的时延过大，造成系统性能变差。

4.5.1.3 限幅滤波

当采样信号由于随机干扰而引起严重失真时，可以采用限幅滤波。所谓限幅滤波，就是把两次相邻的采样值相减，求出其增量（以绝对值表示），然后与两次采样允许的最大差值 Δy 进行比较，如果小于或等于 Δy，则取本次采样值；如果大于 Δy，则仍取上次采样值作为采样值。

4.5.1.4 平滑滤波

叠加在有用数据上的随机噪声在很多情况下可以近似地认为是白噪声。白噪声具有一个很重要的统计特性，即其统计平均值为零。因此，可以用求平均值的办法来消除随机误差，这就是所谓的平滑滤波。平滑滤波有以下几种方法：算术平均滤波、递推平均滤波、加权移动平均滤波、一阶惯性滤波、防脉冲干扰平均值滤波和一阶滞后滤波等。下面就这几种方法的工作原理和特点做简要介绍。

（1）算术平均滤波

算术平均滤波适用于对一般的具有随机干扰的信号进行滤波。这种信号的特点是信号本身在某一数值范围附近上下波动，如测量流量、液位时经常遇到这种情况。

算术平均滤波是要按输入的 N 个采样数据 $x_i(i=1,2,\cdots,N)$，寻找这样一个 y，使 y 与各采样值之间的偏差的平方和最小，即使

$$E = \min\left[\sum_{i=1}^{N}(y-x_i)^2\right] \tag{4-1}$$

由一元函数求极值的原理可得：

$$y = \frac{1}{N}\sum_{i=1}^{N}x_i \tag{4-2}$$

上式即为算术平均滤波的算式。

设第 i 次测量的测量值包含信号成分 S_i 和噪声成分 n_i，则进行 N 次测量的信号成分之和为：

$$\sum_{i=1}^{N}S_i = NS \tag{4-3}$$

噪声的强度是用均方根来衡量的，当噪声为随机信号时，进行 N 次测量的噪声强度之和为：

$$\sqrt{\sum_{i=1}^{N} n_i^2} = \sqrt{N}\, n \tag{4-4}$$

式中，S、n 分别为进行 N 次测量后信号和噪声的平均幅度。

这样，对 N 次测量进行算术平均后的信噪比为：

$$\frac{NS}{\sqrt{N}\, n} = \sqrt{N}\, \frac{S}{n} \tag{4-5}$$

式中，S/n 为求算术平均值前的信噪比。

因此采用算术平均值后，信噪比提高了 $\sqrt{N}$ 倍。

由上式可知，算术平均值法对信号的平滑滤波程度完全取决于 N。当 N 较大时，平滑度高，但灵敏度低，即外界信号的变化对测量计算结果的影响小；当 N 较小时，平滑度低，但灵敏度高。应按具体情况选取 N，如对一般流量测量，可取 $N=8\sim12$；对压力等测量，可取 $N=4$。这种方法可以有效地消除周期性的干扰。同样，这种方法还可以推广成为连续几个周期进行平均。

（2）递推平均滤波

算术平均滤波方法每计算一次数据，需测量 N 次，对于测量速度较慢或要求数据计算速率较高的实时系统，则无法使用。如果在存储器中，开辟一个区域作为暂存队列使用，队列的长度固定为 N，每进行一次新的测量，把测量结果放入队尾，而扔掉原来队首的那个数据，这样在队列中始终有个"最新"的数据，这就是递推平均滤波法，即

$$y(k) = \frac{x(k) + x(k-1) + x(k-2) + \cdots + x(k-N+1)}{N} = \frac{1}{N}\sum_{i=0}^{N-1} x(k-i) \tag{4-6}$$

式中，$y(k)$ 为第 k 次滤波后的输出值；$x(k-i)$ 依次向前递推 i 次的采样值；N 为递推平均项数。

递推平均项数的选取是比较重要的环节。N 选得大，平均效果好，但是对参数变化的反应不灵敏；N 选得小，滤波效果不显著。关于 N 的选择与算术平均滤波法相同。

（3）加权移动平均滤波

递推平均滤波法最大的问题是随着随机误差的消除，有用信号的灵敏度也降低了。因为我们假设 N 次内的所有采样值，在结果中所占的比重是均等的。用这样的滤波算法，对于时变信号会引入滞后，N 越大滞后越严重。为了增加新的采样数据在滑动平均中的比重，以提高系统对当前采样值中所受干扰的灵敏度，可以对不同时刻的采样值加以不同的权，通常越接近现时刻的数据，权取得越大，然后再相加求平均，这种方法就是加权移动平均法。N 项加权移动平均滤波算法为：

$$y = \frac{1}{N}\sum_{i=0}^{N-1} C_i x_{N-i} \tag{4-7}$$

式中，y 为第 N 次采样值经滤波后的输出；x_{N-i} 为未经滤波的第 $N-i$ 次采样值。$C_0, C_1, \cdots, C_{N-1}$ 为常数，且满足以下条件：

$$C_0 + C_1 + \cdots + C_{N-1} = 1 \tag{4-8}$$

$$C_0 > C_1 > \cdots > C_{N-1} > 0 \tag{4-9}$$

常系数 $C_0, C_1, \cdots, C_{N-1}$ 的选取有多种方法，其中最常用的是加权系数法。设 τ 为被测对象的纯滞后时间，且

$$\delta = 1 + e^{-\tau} + e^{-2\tau} + \cdots + e^{-(N-1)\tau} \tag{4-10}$$

则
$$C_0 = \frac{1}{\delta}, C_1 = \frac{e^{-\tau}}{\delta}, C_2 = \frac{e^{-2\tau}}{\delta}, \cdots, C_{N-1} = \frac{e^{-(N-1)\tau}}{\delta} \tag{4-11}$$

因为 τ 越大，$e^{-\tau}$ 越小，则给予新采样值的权系数就越大，而给予先前采样值的权系数就越小，从而提高了新的采样值在平均过程中的比重。所以，加权移动平均滤波适用于有较大纯滞后时间常数 τ 的被测对象和采样周期较短的测量系统；而对于纯滞后时间常数较小、采样周期较长、变化缓慢的信号，则不能迅速反映系统当前所受干扰的严重程度，滤波效果较差。

（4）一阶惯性滤波

一阶惯性滤波又叫一阶滤波或一阶低通滤波。

在检测系统的电路中常伴随有电源干扰及工业干扰，这些干扰的特点是频率很低（如 0.01Hz）。对这样低频的干扰信号，采用 RC 滤波显然是不适宜的，因为 C 太大，很难做到。但是，用数字滤波就很容易解决。假设一阶 RC 滤波器的输入电压为 $x(t)$，输出为 $y(t)$，则

$$RC \frac{dy(t)}{dt} + y(t) = x(t) \tag{4-12}$$

设采样时间间隔 Δt 足够小，将上式离散为：

$$\tau \frac{y(n\Delta t) - y[(n-1)\Delta t]}{\Delta t} + y(n\Delta t) = x(n\Delta t) \tag{4-13}$$

式中，$\tau = RC$ 为时间常数。即

$$\left(1 + \frac{\tau}{\Delta t}\right) y_n = x_n + \frac{\tau}{\Delta t} y_{n-1} \tag{4-14}$$

整理后得：

$$y_n = (1 - Q) y_{n-1} + Q x_n \tag{4-15}$$

式中，$Q = \frac{\Delta t}{\Delta t + \tau}$。

通过实际运行来确定时间常数，不断地计算出 y 值，当低频周期性噪声减至最弱时，即为该滤波器的 τ 值。一阶惯性滤波的缺点是造成信号的相位滞后，滞后相位的大小与 Q 值有关。如果相位滞后太大，还必须采取其他补救措施。

（5）防脉冲干扰平均值滤波

在许多特殊环境下的检测系统中，现场的强电设备较多，不可避免地会产生尖脉冲干扰，这种干扰一般持续时间短、峰值大，对这样的数据进行数字滤波处理时，仅仅采用算术平均或加权移动平均滤波时，尽管对脉冲干扰进行了 $1/N$ 的处理，但其剩余值仍然较大。这种场合最好的策略是：将被认为是受干扰的信号数据去掉，这就是防脉冲干扰平均值滤波法的原理。

防脉冲干扰平均值滤波法的算法是：对连续的 N 个数据进行排序，去掉其中最大和最小的 2 个数据，将剩余数据求平均值。

防脉冲干扰平均值滤波对于偶然出现的脉冲性干扰，可消除由于脉冲干扰所引起的采样值偏差；缺点是测量速度较慢，和算术平均滤波法一样，比较浪费 RAM。

（6）一阶滞后滤波

一阶滤波算法是比较常用的滤波算法，它的滤波结果＝a×本次采样值＋$(1-a)$×上次滤波结果，其中，a 为 0～1 之间的数。一阶滤波相当于是将新的采样值与上次的滤波结果计算一个加权平均值。a 的取值决定了算法的灵敏度，a 越大，新检测的值占的权重越大，

算法越灵敏，但平顺性差；相反，a 越小，新检测的值占的权重越小，灵敏度差，但平顺性好。

变化过程比较慢的参数，可采用一阶滞后滤波。该方法的优点是对周期干扰有良好的抑制作用，适用于波动频率比较高的场合，且不用记录历史数据。缺点是相位滞后、灵敏度低，滞后程度取决于 a 值大小，且不能消除滤波频率高于采样频率 $1/2$ 的干扰信号。

在实际使用时，可能不仅仅使用一种方法，而是综合运用上述方法，比如在中值滤波法中，加入平均值滤波，借以提高滤波的性能。总而言之，要根据现场的情况，灵活选用。

4.5.2　用软件消除多路开关的抖动

一个特殊环境下的检测系统在检测 2 个以上的模拟信号时，是通过多路开关依次切换每个模拟信号通道与 A/D 转换器接通来顺序检测模拟信号的。任何一种开关（机械或电子），在切换初始，由于力学性能或电气性能的限制，都会出现抖动现象，经过一段时间后才能稳定下来。因此，多路开关在切换模拟信号通道时，同样存在这样的问题。目前，消除开关抖动的方法有两种：一种是用硬件电路来实现，即用 RC 滤波电路滤除抖动；另一种则是用软件延时的方法来解决。由于 A/D 接口卡的电路是固定的，很难再加入其他器件，因此，从硬件上消除抖动是很困难的。但是，用软件延时的方法来消除抖动却很容易实现。

4.5.3　用软件消除采样数据中的零电平漂移

特殊环境下的检测系统应用了大量的电子器件，这些器件大多数对温度比较敏感，其工作特性会随温度变化而变化，反映在输出上，是使零电平随温度变化而有缓慢的漂移。这种零电平漂移必定会叠加到检测到的数据上，导致采样误差的增加。为了提高信息检测的精度，在用计算机对模拟输入通道进行巡回采样时，首先对未加载的传感器进行检测，并将所有零电平信号 $U_{ZOi}(i=1,2,\cdots,N)$ 读入计算机内存中相应的单元，然后才开始采样程序的执行。在采样程序中，每读入一批数据，都要先经过"清零点过程程序"处理。"清零点过程程序"将检测到的数据与零电平相减，得出的是受零电平漂移影响很小的数据，从而使检测到的数据基本上消除了包含的零电平漂移分量。

零电平漂移量 U_{ZOi} 的检测方法是：每过一段时间将传感器置于零输入，扫描各通道 U_{ZOi} 值，并将它们存入相应的内存单元。

干扰的来源是多方面的，有时是错综复杂的，必须从减少噪声源、抑制噪声在传播路径上的传播、抑制电路对噪声的感受能力等多方面入手，才能保证信息检测系统的正常工作。

第 5 章

特殊环境信息检测系统的设计与防护

在特殊环境下，由于各种环境因素的影响，需要选择特定的装置满足环境的要求。若所设计的信息检测系统处于特殊环境下，如高低温、高压、强振动、强腐蚀等，则信息检测结果的准确性和精确度不能得到保证。因此，如何设计特殊环境下的信息检测系统和对其进行防护是需要解决的一大难题。本章主要讲述了特殊环境信息检测系统的设计原则和设计步骤，以及各种不同特殊环境下的防护设计。

5.1 特殊环境信息检测系统设计原则

设计原则

特殊环境信息检测系统主要用于对特殊环境下的仪器设备和工艺过程进行自动监测。对于特殊环境信息检测系统而言，首先要求它在满足特殊环境的要求下具有高精度，要求测量装置能准确地测量被测对象的状态与参数，这是获得高质量产品、推动科技发展的基础，也是精确控制的基础，使被控对象能精确地按要求运行。为了实现高精度，特殊环境信息检测电路应具备以下要求：

① 性能稳定：即系统的各个环节具有时间稳定性。

② 精度符合要求：精度主要取决于传感器、信号调节采集器等模拟变换部件。

③ 有足够的动态响应：现代特殊环境信息检测中，高频信号成分迅速增加，要求系统必须具有足够的动态响应能力。

④ 具有实时和事后数据处理能力：能在实验过程中处理数据，便于现场实时观察分析，及时判断实验对象的状态和性能。实时数据处理的目的是确保实验安全、加速实验进程和缩短实验周期。系统还必须有事后处理能力，待实验结束后能对全部数据做完整、详尽的分析。

⑤ 具有开放性和兼容性：主要表现为特殊环境信息检测系统的标准化。计算机和操作系统具有良好的开放性和兼容性。可以根据需要扩展系统硬件和软件，便于使用和维护。

基于以上要求，在设计信息检测系统时，应当遵循下述系列原则，以保证测量精度和满足所规定的使用性能要求。

5.1.1 环节最少原则

组成特殊环境信息检测系统的各个元件或单元模块通常称为环节。开环特殊环境信息检测系统的相对误差为各个环节的相对误差之和，故环节愈多，误差愈大。因此在设计特殊环境信息检测系统时，在满足数据采集要求的前提下，应尽量选用较少的环节。对于闭环测量系统，由于特殊环境信息检测系统的误差主要取决于反馈回路，所以在设计此类特殊环境信息检测系统时，应尽量减少反馈环节的数量。

5.1.2　精度匹配原则

在对特殊环境信息检测系统进行精度分析的基础上，根据各环节对系统精度影响程度的不同和实际可能，分别对各环节提出不同的精度要求和恰当的精度分配，做到恰到好处，这就是精度匹配原则。

5.1.3　阻抗匹配原则

数据信息的传输是靠能量流进行的，因此，设计特殊环境信息检测系统时的一条重要原则是要保证信息能量流最有效地传递。这个原则是由四端网络理论导出的，即特殊环境信息检测系统中两个环节之间的输入阻抗与输出阻抗相匹配的原则。如果把信息传输通道中的前一个环节视为信号源，下一个环节视为负载，则可以用负载的输入阻抗 Z_L 对信号源的输出阻抗 Z_o 之比 $\alpha = |Z_L|/|Z_o|$ 来说明这两个环节之间的匹配程度。当 $\alpha = 1$ 或 $|Z_L| = |Z_o|$ 时，特殊环境信息检测系统可以获得传送信息的最大传输效率。应当指出，在实际设计时为了照顾采集装置的其他性能，匹配程度 α 常常不得不偏离最佳值 1，一般在 3～5 范围内。匹配程度 α 的大小决定了特殊环境信息检测系统中两个环节之间的匹配方式。当 α 的数值较大，即负载的输入电阻较大时，负载与信号源之间应实现电压匹配；当 α 的数值较小，即负载的输入电阻较小时，两环节之间应实现电流匹配。当两个环节之间的输出电阻与输入电阻相同时，则取功率匹配，此时由信号源馈送给负载的信息功率最大。

5.1.4　经济原则

在设计过程中，要处理好所要求的精度与仪表制造成本之间的矛盾。系统硬件设计中，一定要注意在满足性能指标的前提下，尽可能地降低价格。因为系统在设计完成后，主要的成本便集中在硬件方面，当然也成为产品争取市场的关键因素之一。

5.1.5　可扩展原则

为方便系统功能的扩展，该系统采用 SOA 开放标准，将主要功能都写成专门的模块或是类。在后期系统扩展和更新维护中，只需修改参数、调用或开发新的模块即可实现功能扩展。

5.2　特殊环境信息检测系统设计步骤

设计步骤

5.2.1　分析问题和确定任务

在进行特殊环境信息检测系统设计之前，必须对要解决的问题进行调查研究、分析论证，在此基础上，根据实际应用中的问题提出具体的要求，确定系统所要完成的数据采集任务和技术指标，确定调试系统和开发软件的手段等。另外，还要对系统设计过程中可能遇到的技术难点做到心中有数，初步定出系统设计的技术路线。这一步对于能否既快又好地设计出一个特殊环境信息检测系统是非常关键的，设计者应花较多的时间进行充分的调研，其中包括翻阅一些必要的技术资料和参考文献，学习和借鉴他人的经验，可使设计工作少走弯路。

5.2.2　确定采样周期

采样周期 T_S 决定了采样数据的质量和数量。T_S 太小，会使采样数据的数量增加，从而占用大量的存储空间，严重时将影响计算机的正常运行；T_S 太大，采样数据减少，会使模拟信号的某些信息丢失，使得在由采样数据恢复模拟信号时出现失真。因此，必须按照采样定理来确定采样周期。

5.2.3　系统总体设计

在系统总体设计阶段，一般应做以下几项工作：

（1）进行硬件和软件的功能分配

特殊环境信息检测系统是由硬件和软件共同组成的，对于某些既可以用硬件实现又可以用软件实现的功能，在进行系统总体设计时，应充分考虑硬件和软件的特点，合理地进行功能分配。一般来说，多采用硬件可以简化软件设计工作，并使系统的快速性得到改善，但成本会增加，同时也因接点数增加而增加不可靠因素，若用软件代替硬件功能，可以增加系统的灵活性，降低成本，但系统的工作速度也降低。因此，要根据系统的技术要求，在确定系统总体方案时，进行合理的功能分配。

（2）系统信号调理方案的确定

确定特殊环境信息检测系统信号调理方案是总体设计中的重要内容之一，其实质是根据传感器选择满足系统要求的信号放大、信号滤波、信号转换电路。

（3）系统 A/D 通道方案的确定

确定特殊环境信息检测系统 A/D 通道方案是总体设计中的重要内容，其实质是选择满足系统要求的多路模拟开关和 A/D 转换芯片及相应的电路结构形式。

（4）确定微型计算机的配置方案

可以根据具体情况，采用微处理器芯片、标准功能模板或个人微型计算机等作为特殊环境信息检测系统的控制处理机。选择何种机型，对整个系统的性能、成本和设计进度等均有重要的影响。

（5）操作面板的设计

在单片机等芯片级特殊环境信息检测系统中，通常都要设计一个供操作人员使用的操作面板，用来进行人机对话或某些操作。因此，操作面板一般应具有下列功能：

① 输入和修改源程序。

② 显示和打印各种参数。

③ 工作方式的选择。

④ 启动和停止系统的运行。

为了完成上述功能，操作面板一般由数字键、功能键、开关、显示器件以及打印机等组成。

（6）系统抗干扰设计

对于特殊环境信息检测系统，其抗干扰能力要求一般都比较高。因此，抗干扰设计应贯穿于系统设计的全过程，所以要在系统总体设计时统一考虑。

5.2.4　硬件和软件的设计

在系统总体设计完成之后，便可同时进行硬件和软件的设计。具体项目如下：

5. 2. 4. 1　硬件设计

硬件设计的任务是以所选择的微型机为中心，设计出与其相配套的电路部分，经调试后组成硬件系统。不同的微型机，其硬件设计任务是不一样的，以下是采用单片机的硬件设计过程。

① 明确硬件设计任务。为了使以后的工作能顺利进行，不造成大的返工，在硬件正式设计之前，应细致地制定设计的指标和要求，并对硬件系统各组成部分之间的控制关系、时间关系等作出详细的规定。

② 尽可能详细地绘制出逻辑图、电路图。当然，在以后的实验和调试中还要不断地对电路图进行修改，逐步达到完善。

③ 制作电路和调试电路。按所绘制的电路图在实验板上连接出电路并进行调试，通过调试，找出硬件设计中的毛病并予以排除，使硬件设计尽可能达到完善。调试好之后，再设计成正式的印刷电路板。

若在硬件设计中，选用的微型机是微处理器或个人微型机，由于与这些微型机配套的功能板可从市场上购买到，故设计者只需配置其他接口电路，因此使硬件设计大大简化。

5. 2. 4. 2　软件设计

软件设计是系统设计的重要任务之一。在特殊环境信息检测系统中，由于其任务不同，计算机种类繁多，程序语言各异，因此没有标准的设计格式或统一的流程图，这里只能对软件设计的过程及相同的问题作一介绍。以下是软件设计的一般过程：

① 明确软件设计任务。在软件正式设计之前，首先必须明确设计任务。然后再把设计任务加以细致化和具体化，即把一个大的设计任务细分成若干个相对独立的小任务，这就是软件工程学中的"自顶向下细分"的原则。

② 按功能划分程序模块并绘出流程图。将程序按小任务组织成若干个模块程序，如初始化程序、自检程序、采集程序、数据处理程序、打印和显示程序、打印报警程序等，这些模块既相互独立又相互联系，低一级模块可以被高一级模块重复调用。这种模块化、结构化相结合的程序设计技术既提高了程序的可扩充性，又便于程序的调试及维护。

③ 程序设计语言的选择。在进行程序设计时，可供使用的语言有两种：汇编语言和高级语言（如 C、VB），或者是混合语言编程。采用汇编语言编程能充分发挥计算机的速度，可以对数据按位进行处理，可以开发出高效率的采集软件，但是通用性差且数据处理麻烦和编程困难。采用高级语言和汇编语言进行混合编程，既能充分发挥高级语言易编程和便于数据处理的优点，又能通过汇编程序实现一些特定的处理（如中断、对数据移位等）。这种编程方法在数据采集和处理中，已经成为重要的编程手段之一。

④ 调试程序。程序调试是程序设计的最后一步，同时也是最关键的一步。在实际编程当中，即使有经验的程序设计者，也需要花费总研制时间的 50% 用于程序调试和软件修改。

在程序调试中一般采用如下方法：

a. 首先对子程序进行调试，不断地修改出现的错误，直到把子程序调好为止，然后再将主程序与子程序连接成一个完整的程序进行调试。

b. 调试程序时，在程序中插入断点，分段运行，逐段排除错误。

c. 将调试好的程序固化到 EPROM（系统采用微处理器、单片机时）或存入硬盘（系统采用 PC 机时），供今后使用。

5.2.5　系统联调

在硬件和软件分别调试通过以后，就要进行系统联调。系统联调通常分两步进行。首先在实验室里，对已知的标准量进行采集和比较，以验证系统设计是否正确和合理。如果实验室试验通过，则到现场进行实际数据采集试验。在现场试验中测试各项性能指标，必要时，还要修改和完善程序，直至系统能正常投入运行时为止。

总之，特殊环境信息检测系统的设计过程是一个不断完善的过程，一个实际系统很难一次就设计完善，常常需要经过多次修改补充，才能得到一个性能良好的特殊环境信息检测系统。

5.2.6　特殊环境防护设计

环境的改变往往会给信息检测系统带来较大的影响，尤其是在高低温、高压、强振动、强干扰等特殊环境下，信息检测过程容易受到影响而导致测量精度不高。因此，要想在保证测量精度的同时满足所规定的使用性能要求，在进行信息检测时就需要综合考虑环境的温度、压力、振动等多方面因素的影响，以及在应对复杂环境时仪器内部电路能够正常工作，需要针对不同的特殊环境进行相应的防护设计。

5.3　特殊环境防护设计

特殊环境防护　　　特殊环境防护
设计（一）　　　　设计（二）

信息检测系统有时会处于高低温、高压、强振动、强腐蚀等复杂的特殊环境中，这使得信息检测结果的准确性和精确度不能得到保证。因此，为了更好地适应环境变化，满足使用性能要求并保证信息检测结果的准确性，以及在应对复杂环境时仪器内部电路能够正常工作，需要针对不同的特殊环境进行相应的防护设计。

5.3.1　防振设计

在信息检测系统中，机械振动的产生不仅容易使电子元器件的结构部件因机械疲劳而损坏，还会使电器的开关或触点产生抖动，进而产生误动作，引起测量误差大或测量失败，同时引起可调、可动部分产生机械位移或使紧固部分松动，从而破坏其正常工作。因此，为了避免振动对信息检测过程和检测精度产生影响，需要进行防振设计以防止误差的产生和机械的损坏。一般采取使系统的黏性阻尼比大于1，就能得到良好效果。振动的产生与仪器设备的基本结构、制造质量及配合精度密切相关，电气驱动元件自身的振动往往是造成整机振动的重要根源。防止机械振动的根本对策是消除振动源，最大限度地降低电子元器件的自身振动，因此在设备的设计制造中应尽量选取低振动、低噪声的电气驱动元件。同时，可以从以下两个方面进行材料选择和防振设计。

5.3.1.1　抗振防振设备材料的选择

① 橡胶弹性材料。橡胶是一种高分子物质，具有很好的弹性，它的弹性是由于受力后体积发生形变的结果。由于容易成型、加工方便、具有较大阻尼而被较多使用。

② 金属弹性材料。金属弹性材料主要以构成金属弹簧为主的抗振设备力学性能稳定，

可以有较大变形量而减振抗振效果好，主要用于仪器设备重量相对较重、外界机械振动较强的环境中使用的电气设备。

③ 乳胶海绵。乳胶海绵刚度较低、阻尼大、富有弹性，应用乳胶海绵装置的抗振系统的自振频率一般在 5Hz 以下。由于它承载能力较小，容易老化，适于小型仪器的抗振防振。

④ 软木。采用软木的抗振系统的共振频率一般在 20Hz 以上。

5.3.1.2　采取适当的防振设计

① 在设计仪器的机箱部分时要针对不同仪器所工作的环境而选用合适的材料以便能抗振，保护机箱内元器件的安全。在机械振动较大的工作环境中机箱材料要选用钢质等刚性材料。从材料力学可知，构件的材料一定时，则抗扭刚度取决于构件的截面形状和尺寸，所以对机箱材料板材要选择合理的截面形状和尺寸。增加机箱壁缘也可有效提高刚度，因此在满足结构要求、工艺性、重量指标的情况下，选择截面惯性矩较大的截面形状，是提高弯曲刚度的有效措施。另外，也需要提高机箱各部分的连接刚度。

② 加大电路安装结构材料的强度（如电路 PCB 板），在满足强度的条件下，尽量选用刚性好、质量轻的材料。

③ 注意元器件的安装位置。对于振动强烈的电子设备，电气控制部分最好独立安装。在无法独立安装时，应尽可能地远离振动源，以使振动的影响减小到最低限度。强度较大的元器件可放在电路板中心，起加强筋的作用。元器件尽量分布在靠围框近的地方，尤其是对大质量的器件。要尽量减少倒悬结构的安装，对倒悬的结构在其根部要强化支撑，以减少悬臂梁的影响。

④ 采取必要的减振措施。对于印制板电路进行加固设计，在印制板四周用压接装置固定，使印制板的固有频率提高，从而提高抗冲击、抗振动能力。对于印制板上的易损元器件采用柔性胶体材料固定处理。将电气元件或部件与振动机体的刚性连接改为柔性连接，即利用机械阻尼，把机械波最大限度地衰减，给电气元件加装防振弹簧、垫上防振垫圈等。

5.3.2　防压设计

在高压环境下，信息检测系统仪器设备的使用容易受到限制，仪器外壳需要应对复杂的应力环境以确保内部电路能够正常工作，需要采取一定的防压措施。如何在满足外壳强度要求的前提下，增大仪器内腔容积便于电路元件安装、尽力减小仪器尺寸就成为高压检测仪器设计的重点。在满足仪器外壳强度要求的前提下，如何经济、安全地验证检测仪器的压力承受能力，也是设计时需要考虑的问题。

由于特殊性，目前国内尚无专门针对高压检测仪器外壳耐压强度校核的相关资料，可以查阅到的相关资料基本上都是关于石化工业压力容器设计的。这些资料上的理论公式和设计准则基本上都源于国家标准《压力容器》（GB/T 150）和《压力容器分析设计标准》（GB/T 4732）。

5.3.2.1　外壳强度计算

目前防压设计常利用金属材料制成的圆筒形承压外壳，承压外壳的上部和上接头相连，下部与下接头相连，中间放置电路骨架。仪器在高压环境下工作时，主要由仪器外壳来承受外部压力，保护内部的电子线路不受影响。

承压外壳的截面如图 5-1 所示，R_i 是外壳的内径，R_o 是外壳的外径，P_i 是内部压力，

P_o 是外部压力，P_o 在计算外壳承压时通常取值为 140MPa，P_i 通常为 1 个大气压，即 0.1MPa。由于承压外壳的壁厚和外壳内径属于同一量级，因此对仪器外壳的应力计算应采用基于弹性力学的厚壁圆筒强度理论。仪器在高压下工作时，外壳主要受重力、轴向力和井中液体压力的作用。重力和轴向力主要产生轴向应力，与压力产生的轴向应力叠加就是外壳截面受到的轴向应力。在大多数情况下，仪器的重力和轴向力所产生的轴向应力相对于最大 140MPa 压力产生的轴向应力可以忽略，因此在此处对仪器外壳进行受力分析时，不考虑重力和轴向力的影响。

图 5-2 是承压外壳截面单元体的受力示意图。根据弹性力学的拉美公式可以得到承压外壳截面处任一点的三向应力：周向应力 σ_θ、径向应力 σ_r 和轴向应力 σ_z。

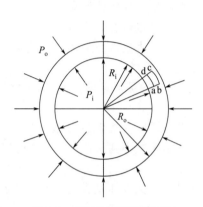
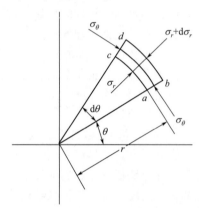

图 5-1   承压外壳截面受压图   图 5-2   承压外壳截面单元体受力示意图

$$\sigma_\theta = \frac{P_o R_o^2 - P_i R_i^2}{R_o^2 - R_i^2} + \frac{(P_o - P_i)R_o^2 R_i^2}{R_o^2 - R_i^2} \times \frac{1}{r^2} \tag{5-1}$$

$$\sigma_r = \frac{P_o R_o^2 - P_i R_i^2}{R_o^2 - R_i^2} - \frac{(P_o - P_i)R_o^2 R_i^2}{R_o^2 - R_i^2} \times \frac{1}{r^2} \tag{5-2}$$

$$\sigma_z = \frac{P_o R_o^2 - P_i R_i^2}{R_o^2 - R_i^2} \tag{5-3}$$

由于外壳内径 R_i、外径 R_o、内部压力 P_i 和外部压力 P_o 都为常数，因此令：

$$A = \frac{P_o R_o^2 - P_i R_i^2}{R_o^2 - R_i^2} \tag{5-4}$$

$$B = \frac{(P_o - P_i)R_o^2 R_i^2}{R_o^2 - R_i^2} \tag{5-5}$$

将式(5-4)、式(5-5) 代入式(5-1)、式(5-2) 和式(5-3)，可得到截面上任一点三向应力的简化计算公式：

$$\sigma_\theta = A + B \frac{1}{r^2} \tag{5-6}$$

$$\sigma_r = A - B \frac{1}{r^2} \tag{5-7}$$

$$\sigma_z = A \tag{5-8}$$

在高压环境中 $P_o > P_i > 0$，承压外壳的 $R_o > R_i > 0$，可知 $A > 0$ 和 $B > 0$。又因为截面

任何一点到截面中心的半径 $r > 0$，所以可以得出截面上任一点三向应力的大小关系：$\sigma_\theta > \sigma_z > \sigma_r$。根据第四强度理论可得截面上任意一点的相当应力 σ：

$$\sigma = \sqrt{\frac{1}{2}[(\sigma_\theta - \sigma_z)^2 + (\sigma_z - \sigma_r)^2 + (\sigma_r - \sigma_\theta)^2]}$$

$$= \frac{\sqrt{3}(P_o - P_i)R_o^2 R_i^2}{R_o^2 - R_i^2} \times \frac{1}{r^2} \tag{5-9}$$

由式(5-9)可知承压外壳在 $r = R_i$ 时应力最大，即：

$$\sigma_{max} = \frac{\sqrt{3}(P_o - P_i)R_o^2}{R_o^2 - R_i^2} \tag{5-10}$$

如果外壳材料的屈服应力是 σ_s，除以安全系数 n 即得到材料的许用应力 $[\sigma]$，根据强度条件 $\sigma_{max} \leqslant [\sigma]$，即可得到外壳承压设计时要满足的计算公式：

$$\frac{\sqrt{3}(P_o - P_i)R_o^2 R_i^2}{R_o^2 - R_i^2} \leqslant [\sigma] = \frac{\sigma_s}{n} \tag{5-11}$$

5.3.2.2　材料选用原则

在外壳材料选择方面，需要同时兼顾耐压强度、功能实现以及经济成本等多方面因素。目前常规普遍采用经济型不锈钢材料，如 0Cr17Ni4Cu4Nb（17-4PH）、2Cr13 和 1Cr18Ni9Ti 等，可满足一般油、气、水井耐压及耐腐蚀要求，性价比高。其中强度、耐腐蚀综合性能较好的 0Cr17Ni4Cu4Nb 应用最为普遍，后两者因强度或耐腐蚀性能稍差等因素已逐渐减少应用。

对于无磁、耐压强度要求高的场合，如石油钻井中的测井仪器磁定位伽马外壳、透磁外壳等，可选用 TC4、TC6、TA18 等牌号钛合金材料，既可以满足耐压强度、耐腐蚀要求，又可以满足无磁、透磁等特殊功能要求。缺点就是成本稍高，加工难度较大。

对于需要加重仪器、射线屏蔽的场合，如加重杆、放射源屏蔽罩等，可选用铅或钨合金加工。考虑环保、健康因素，铅质加重杆已基本退出舞台；钨合金制造的加重杆密度大，长度最短，应用也越来越广泛，缺点就是成本较高，材料为粉末冶金烧结材料，稍显脆性和疏松，不宜做复杂加工零件或承压零件。

对于高含硫、高腐蚀气井，通常选用哈氏合金、镍基高温合金等材料，Inconel 718 就是其中一种常用的材料。这些材料力学性能良好、耐腐蚀性能优异、价格高、加工较为困难，适用于要求耐蚀要求极高或高端仪器应用场合。

5.3.3　防高温设计

目前，高温电路的运用范围越来越广泛，高温电路的设计也越来越引起人们的高度关注。在进行信息检测时难免会遇到高温环境，当处于高温环境时，信息检测仪器高温电路容易受到温度系数的影响，通过对电路结构进行优化、对半导体器件加以选择和对低功耗采用的一定设计方法的实施，可以保障信息检测仪器在高温环境下无故障、正常运行。

高温环境容易导致电子元器件的热老化、金属氧化、结构变化、设备过热等现象，典型故障模式如绝缘失效、元件损坏、着火、低熔点焊锡缝开裂、焊点脱开等。

5.3.3.1　在高温电子器件方面

任何电子元器件都有其最高限制温度，器件在进行工作时自身的温度由于受功耗影响要比环境温度高。在对信息检测系统电路进行设计时，要严格保证各器件在工作运行时的温度不超过其最高限制温度。关于电子器件的高温设计有如下几个方面的结论：

（1）器件的选择使用方面

高温工作电路中，必须考虑 IC 参数和无源器件在宽温度范围内的变化，特别关注其在极端温度下的特性，以确保电路能够在目标限制内工作。例如失调和输入偏置漂移、增益误差、温度系数、电压额定值、功耗、电路板泄漏，以及其他分立器件（如 ESD 使用的器件和过压保护器件）的固有泄漏。例如，在高源阻抗与某放大器输入端串联时，无用的漏电流（非放大器本身的偏置电流）会产生失调，进而引起偏置电流测量误差。在对器件的选择使用上，以最大允许温度为参考，尽量选择最大允许温度高的器件。

（2）电路的设计方面

在对电路的设计方面，要尽量减少其功耗，达到使器件散热性要求降低、提高其工作可靠性的目的。

（3）器件选择及电路设计的综合考虑方面

通过减少热阻及增加热导，使电子器件的最高允许温度及低功耗要求得以降低来达到提高电子器件的高温特性。

5.3.3.2　高温电路设计方法

在高温电路设计方面主要有传统方法、混合电路方法和专用功能方法三种。

（1）传统方法

传统方法是针对普通环境所进行的系统设计，但在设计、制造时考虑了电子器件的高温特性，采用热设计、调整器件功率、选用耐高温的器件。该项技术对于短期内的应用切实可行，但若要在高温条件下长期应用，其可靠度并不能得到保证。

（2）混合电路方法

混合电路方法是一种介于传统技术与专用功能技术间的技术方案，通过在一块基体上同时运用现成集成芯片和薄厚膜技术来完成电路的实现。该项技术较传统技术，其功耗低且散热条件较好。因此，在高温环境下其各方面的工作效果都比传统技术要好。但同时该项技术的实施要比传统技术的实施昂贵得多。

（3）专用功能方法

专用功能方法是专门为应用集成电路定制的一种技术方法，经实验及研究结果证明其在高温电路的应用上效果最佳。它对于高温环境下电子器件的特性，如迁移率、漏电流及阈值电压等都有很好的表现。

5.3.3.3　热障涂层技术

热障涂层技术的主要原理是采用耐腐蚀、抗氧化作用的黏结最下层与金属瓷器的材料进行涂抹构建一层保护层，黏结最下层能够最大程度地和钢结构、铝合金材料等连接在一起，这一层的主要作用在于可以为金属陶瓷提供一个涂层实现过渡的作用。在涂层与基体相交的位置形成温度变化的时候，涂层会逐渐变成基体，此时高温检测仪器的热效果会逐渐地减少。纳米氧化钇稳定氧化锆在 200℃ 的稳定环境中热导率可以达到 2.015W/(m·K)。这种材料具备非常低的热导率，同时膨胀系数也非常低，热障涂层当中采用这一种材料可以保障高温检测仪器的耐高温特性得到显著提升。

相关研究显示，在没有采用任何冷源或者是吸热材料的基础情况之下，涂抹覆盖纳米氧化钇稳定氧化锆能够达到一定程度的阻隔外部热量传递的效果，在实际应用中可以基本满足一些温度为 250℃、压力在 150MPa 左右的高温检测环境。

5.3.3.4　热管理技术

采用热管理的手段对高温检测仪器内部的电子器件进行保护，使其免受恶劣高温环境的影响。热管理技术可分为主动式和被动式两种。其中主动式热管理技术包括热电制冷、蒸气压缩式制冷、吸附式制冷、对流循环制冷、制冷剂循环制冷及热声制冷等。尽管主动冷却具有良好的冷却效果，但需要额外的电源、制冷剂及其他移动部件，导致系统更加复杂。因此，广泛使用的测井仪热管理技术为被动式，其常见结构如图 5-3 所示，包括保温瓶、隔热塞及 1～2 个吸热体。保温瓶能够隔绝电子器件与周围的高温环境热流。由于装配需要，保温瓶两端有开口，因此在保温瓶两端添加隔热塞，以隔绝保温瓶端部的高温环境漏热。吸热体则用来存储电子器件自发热和外部高温环境漏入的热量。吸热体一般由中空壳体和相变材料组成，其中相变材料常采用具有高潜热和低熔点的石蜡、水合盐等材料。发生相变时，相变材料在固液相之间转变，相变温度基本保持恒定，直到完全相变。高温检测仪器的电子器件置于骨架上，骨架主要由金属板组成，能够将电子器件产生的大量热量传导到吸热体。

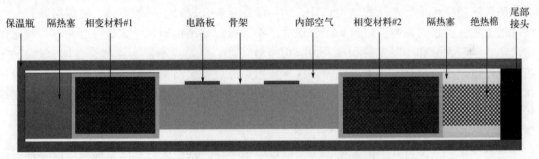

图 5-3　高温检测仪器热管理系统示意图

5.3.4　防腐蚀设计

当材料受到环境介质的化学作用时会发生性能下降、状态改变，甚至损坏变质的现象，即腐蚀现象。根据被腐蚀材料的种类，可以将其分为金属腐蚀和非金属腐蚀两大类。金属腐蚀是指金属和周围环境介质之间发生化学或电化学作用而引起的破坏或变质现象，按机理可分为物理腐蚀、化学腐蚀、电化学腐蚀等。非金属腐蚀是指非金属材料在化学介质或化学介质与其他因素（如应力、光、热等）共同作用下，因变质而丧失使用性能的现象。

检测设备的局部腐蚀形式主要有点蚀、晶间腐蚀、应力腐蚀等。对检测设备的机械结构来说，机械内部容易受到化工材料的腐蚀，外部在实际的使用过程中，会受到外部环境的腐蚀，而且，化工生产的氧气、酸碱等直接与机械设备的外部相接触，造成机械设备的腐蚀。为了防止电子设备腐蚀以及对信息检测过程产生影响，需要进行防腐蚀设计。

5.3.4.1　防腐蚀设计时的主要考虑因素

① 电子设备可能遭遇的环境条件及主要的腐蚀性环境因素；

② 对腐蚀损坏最敏感的部位（包括元器件、零部件和材料）；

③ 要求保护的程度（临时性防护、可更换零件防护、高稳定性永久性防护等）以及允许采用的防护手段。

5.3.4.2　防止电子设备腐蚀损坏的基本方法

（1）采用高耐蚀性材料

由于材料的使用还涉及设备性能或零部件的功能所要求的物理、化学、机械、电气特性以及其加工性能和经济性等，因此在进行防腐蚀设计时必须以信息检测实际环境条件为依据，合理地选择经济性的、耐腐蚀性的材料。根据对保护程度的要求进行选材，选材时应考虑与之相应的防腐措施、材料的兼容性、材料的加工性能和焊接性能等。

（2）消除或削弱环境中的腐蚀性因素

信息检测过程通常发生在大气环境中，大气腐蚀是其主要的腐蚀原因，因此可以通过消除或削弱大气环境中的腐蚀性因素来达到防腐蚀效果。采用表面保护层隔绝潮湿空气与金属的直接接触是防止大气腐蚀的有效手段，也可以采用加热空气、干燥剂、冷冻除水等方法将相对湿度控制在临界值以下，使大气腐蚀控制在干大气腐蚀的低速率之内，同时还可以通过净化空气、消除金属表面附着物等方法来减轻大气腐蚀的危害。

（3）防腐蚀结构设计

防腐蚀还应考虑到产品的结构设计，结构设计是否合理对于接触腐蚀、缝隙腐蚀、应力腐蚀的敏感性有很大影响。应该采用合理的结构形状，如结构形状应该尽可能简单，同时还需要防止参与水分和冷凝液的积聚。为防止接触腐蚀，应避免不同金属和合金的直接接触；防止缝隙腐蚀应该避免在湿度较大的条件下采用点焊、铆接结构，同时在缝隙处进行密封涂覆；防止应力腐蚀除了注意选择在给定环境介质不具有应力腐蚀敏感型的金属材料外，在结构设计上还应注意尽量降低外应力、热应力和应力集中。

（4）电化学保护

电化学保护是通过外加电流使金属的电位发生变化，从而降低金属腐蚀速度的一种材料保护技术。它分为阳极保护和阴极保护两类，阳极保护通过提高可钝化金属的电位使其进入钝态而达到保护目的，阴极保护则是通过降低金属电位来达到保护目的。

5.3.5　防爆设计

爆炸性环境是指在大气条件下，可燃性物质以气体、蒸气、粉尘、纤维或飞絮的形式与空气形成的混合物，被点燃后能够保持燃烧自行传播的环境。当信息检测过程处于爆炸性环境中时，为了保证信息检测过程的顺利进行以及检测过程中操作人员的人身生命安全，需要根据产品的实际使用环境对产品进行合理的设计。产品的防爆设计主要分为隔爆型防爆设计、增安型防爆设计和本安型防爆设计，对应的防爆产品分别为隔爆型防爆产品、增安型防爆产品和本安型防爆产品。

5.3.5.1　产品的防爆设计原理

（1）隔爆型防爆设计原理

将电气设备的带电部件放在特制的外壳内，该外壳具有将壳内电气部件产生的火花和电弧与壳外爆炸性混合物隔离开的作用，并能承受进入壳内的爆炸性混合物被壳内电气设备的火花、电弧引爆时所产生的爆炸压力，而外壳不被破坏；同时能防止壳内爆炸生成物向壳外爆炸性混合物传爆，不会引起壳外爆炸性混合物燃烧和爆炸。这种特殊的外壳叫"隔爆外壳"。具有隔爆外壳的电气设备称为"隔爆型电气设备"。隔爆型电气设备的标志为"d"，执行标准是 GB/T 3836.2。

（2）增安型防爆设计原理

增安型防爆设计是指对电气设备采取一些附加措施，以提高其安全程度，降低在正常运行或规定的异常条件下产生火花、电弧或危险温度的可能性。只有额定电压不高于 11kV 的电气设备及其部件，才允许制成增安型。增安型电气设备除须符合本安型规定外，还须符合通用要求的有关规定。值得注意的是，增安型的"增安"并不表示它更安全，增安只是表明了它的目的，跟设计本身没有关系，增安型到底安不安全要看设备本身性能及设备工作的环境的安全程度。增安型电气设备的标志为"e"。

（3）本安型防爆设计原理

电流所产生的热、火花和电弧是导致爆炸性气体混合物爆炸的主要点火源。本安型防爆设计的原理是通过限制电路的电气参数或采取一定的保护措施，来达到削弱电流所产生的热效应及火花、电极的放电能量的目的，使电路系统无论在正常工作状态或者在故障状态下，所产生的热效应和火花都不能点燃爆炸性气体混合物。

本安型防爆设计需要重点关注储能元器件电容和电感，由于电感和电容本身的性能，在设备上电时，电感对电流有阻碍作用，在设备关闭时，电容对电流有续流作用，所以在进行电路设计时，要重点分析设备上电或关闭状态下，电感及电容对设备的影响，使影响到的参数降低到最低：火花能量最低，电流能量最小，火焰最小，温度最低。另外在对产品进行防爆设计的过程中，要选择防爆型的电子元器件，保证电路的相关参数在规定范围内。本安型电气设备的标志为"i"。

5.3.5.2　防爆电气设备的选型

选用防爆电气设备时需要从以下几个方面考虑：

① 满足危险场所划分的危险区域来选用相应的电气防爆类型；

② 根据危险环境可能存在的易燃易爆气体/粉尘的种类来选择防爆电气设备的级别和温度组别；

③ 考虑其他环境条件对防爆性能的影响（例如：化学腐蚀、盐雾、高温高湿、沙尘雨水或振动的影响）。

5.3.6　可靠性设计

（1）通过正确的选型与认证来保证构成检测系统的物料的基本可靠性

物料选型与认证是一项产品工程，是检测系统硬件开发活动的重要组成部分。产品一旦选用了某物料，其质量、成本、可采购性基本上 60% 都已固化，后期的一系列改进、保障策略所达到的效果只能占到 40%，物料选型影响重大。如何确定物料的规格，如何识别不同厂家的物料优劣，如何对物料厂家进行认证，如何监控物料厂家的质量波动，这些专项技术，在国际领先公司都有专业的团队来进行研究，并有系统化的流程保障物料选用，而目前国内厂家普遍比较薄弱。

（2）通过正确合理的设计方法保证应用可靠性

常用的可靠性设计方法有如下几种，在产品开发过程中，这些方面都要考虑到，包括做对应的仿真分析，这样才能够保证设计的产品的可靠性，如可靠性预计、FMEA、可靠性指标论证、分配与冗余设计、电应力防护设计、ESD 防护设计、容差分析、降额设计、升额设计、热分析和设计、信号完整性分析、EMC 设计、安全设计、环境适应性设计、寿命与可维护性设计。

（3）在加工维护过程中保证不引入对器件的损伤

在检测系统生产加工过程中，影响可靠性最主要的因素是 ESD、MSD 和焊点可靠性，这三方面的控制技术目前发展得较为成熟，也有对应的国际标准。在产品维护保养过程中同样要考虑可靠性问题，避免引入对产品的损伤。在整机检测系统中安装电子元器件时，如果采用方法不当或者操作不慎，容易给器件带来机械损伤或热损伤，从而对器件的可靠性造成危害。因此，必须采用正确的安装方法。尽量缩短高频元器件之间的连线，以便减少它们之间的电磁干扰。易受干扰的元器件不能离得太近，输入和输出器件尽可能远离。金属壳的元器件要避免拥挤和相互触碰，否则容易造成故障。同时，发热量大的器件应尽可能靠近容易散热的表面。

（4）失效分析

通过对检测系统的开发、测试、小批量试产、量产阶段、用户现场的器件失效分析，找到失效的根本原因和改进措施，及时纠正和预防失效的发生。发现问题越早，解决问题的成本也就越低，因此即使是开发调试过程中出现的个别器件失效，也要进行彻底的失效分析，明确失效机理，采取对应的解决措施。

（5）可靠性验证

现在的检测系统对设计寿命的要求越来越高，很多产品要求达到几万小时以上的寿命，甚至是十几万以上的寿命。如果按照传统的验证方法，那将需要很长的时间，而这是客户和市场所不允许的。这就需要将精心设计的产品做必要的加速寿命测试，在比较短的时间内，模拟得到产品的相关可靠性信息。在进行加速试验时，所用的环境条件比正常使用期间产品经受的环境条件苛刻。

第 6 章

油基泥浆电成像仪微弱
信号检测系统设计

近年来，人们更加注重深水环境下及特殊岩层石油勘探作业，油基泥浆测井液越来越广泛地被应用于测井中，这类测井液相比于水基泥浆具有耐高温、耐腐蚀、增强井眼稳定性、减小钻井风险、提高钻井效率等优点，然而在这类泥浆中常规微电阻率成像测井仪的应用具有一定的局限性，因此开发出适用于油基泥浆的电阻率成像测井仪十分必要。本章主要讲述油基泥浆电成像仪微弱信号检测系统的设计要求、设计原则及指标、信号采集模块设计和实验测试与分析四个部分。

6.1　油基泥浆电成像仪微弱信号检测系统设计要求

首先以油基泥浆电成像测井的基本原理和微弱信号检测方法的研究为立足点，在此基础上建立等效模型，推导出测量地层阻抗的方法。然后根据油基泥浆测井仪的功能需求、技术指标完成仪器总体方案设计。为了满足技术指标，在采集模块电路设计前，对微弱信号检测方法进行分析，对将要应用的微弱信号调理通道做大量的噪声计算分析，最终确定采集通道模拟电路设计方案，使其能实现电流信号 100nA～1.5mA 的大动态范围测量。完成相应的采集模块 FPGA 电路和逻辑设计，使其能与处理板同步采集电流、电压。根据各模块要求设计出相应实现方案及其具体电路设计后，对模块进行单板调试，以确定其功能及指标是否达到要求，最后进行联调并做实验以验证仪器原理方法的正确性。

6.2　油基泥浆电成像仪微弱信号检测系统设计原则及指标

对研究需求进行分析，了解油基泥浆电成像仪微弱信号检测系统的需求是研究设计之前应做好的工作。系统设计要遵循一些基本原则，在满足需求的同时还要保证系统工作的及时性、稳定性、可靠性、抗干扰性和可扩展性等。

油基泥浆电成像仪的机械结构设计沿用水基泥浆电成像仪，这就要求它能以 6m/min 的速度实现径向 0.1in(2.54mm) 的分辨率。为了实现这一目标，仪器必须在 25.4ms 内完成一次测井，包括电压与电流信号的采集、相关的数学运算以及数据传输等。为了尽可能多地采集到地层信息，参考测井周期这一因素，方案设计时将极板纽扣电极数定为 15，并将电扣分配到 2 个电流通道。除此之外，信号采集模块还应包含一个校验信号通道，用于对整个模块进行功能性的校验地，由于校验信号相对于电流信号来说属于大信号，因此电路设计时必须考虑其对电流信号的影响这一问题。此外，由于井下高温高压的工作环境，为了仪器能够稳定工作，电路设计时必须考虑芯片耐温与耐压、元器件的温漂老化，以及电路功能随温度的敏感性等问题，其中关键器件是通过筛选而来的。采集模块性能的好坏要通过模拟测等效地层电阻来最终反映，多个极板要通过极板测试装置测试出的地层等效阻抗测量误差大小来衡量其性能好坏。

综上所述，油基泥浆电成像仪信号采集模块设计指标确定为：

① 测井周期小于 25.4ms，即在 25.4ms 内完成电压与电流信号的采集、相关数学运算以及数据传输等；

② 极板个数为 6，电扣个数为 15；

③ 电阻率测量范围为 $0.2 \sim 20000 \Omega \cdot m$，对应的电流为 $100nA \sim 1.5mA$；

④ 电阻率测量范围在 $1 \sim 2000 \Omega \cdot m$ 之间时，地层等效阻抗测量误差 $\leqslant 1.5\%$；

⑤ 电阻率测量范围在 $2000 \sim 6000 \Omega \cdot m$ 之间时，地层等效阻抗测量误差 $\leqslant 5\%$。

6.3　油基泥浆电成像仪信号采集模块设计

油基泥浆电成像仪信号采集模块的主要作用是采集流过井下岩层并且通过 15 个纽扣电极的电流信号，主要实现的功能有微弱信号检测、数据处理、产生内校验信号与处理模块通信等，按所处理的信号类型可大致分为模拟通道与数字处理两部分。本节主要介绍油基泥浆电成像仪信号采集模块方案设计，并且详细地阐述了与模拟通道有关的信号提取以及滤波放大等电路实现和与数字处理有关的芯片选型、外围电路设计以及 FPGA 数字逻辑设计等。

6.3.1　油基泥浆电成像仪信号采集模块方案设计

油基泥浆电成像仪信号采集模块的主要作用是采集流经纽扣电极的微弱电流信号并对其进行放大滤波，而后经模数转换最终送至 FPGA 做数学运算等相关处理，最后发送给处理模块。地层阻抗可以通过测量激励信号的幅值 U、流经纽扣电极的电流 I 以及二者之间的相位差 φ 求出。其中，电流 I 的测量在采集模块上完成，而电压 U 的测量则在处理模块上完成。这种方案的优点是可以避免电压信号对电流信号的干扰，而缺点则是采集模块与处理模块之间的同步设计略有难度。本节主要介绍这种方案的采集模块电路设计。

如图 6-1 所示，信号采集模块主要由模拟与数字两部分构成，模拟部分主要完成电压信号与电流信号的采集，数字部分主要用于信号采集相关数学运算并与处理模块通信。信号采集模块应能与处理模块实现电流、电压的同步采集，并且能用 FPGA 单独来控制前端各个开关的选通。信号采集模块模拟部分主要包括两个电流通道与一个校验电压通道，为了保证同一电流信号的测量一致性两个电流通道的电路设计完全一样。此外，为了减小内校验电压通道对电流通道的影响，在 PCB 布局时应尽可能地使内校验电压通道远离电流通道，或者直接将二者分布在不同的层上，层间用电源与地进行隔离。

信号采集模块简称极板，用于接收 15 路幅值为 $100nA \sim 1.5mA$ 的极大动态范围的 1MHz 调幅电流信号，完成 15 个电扣小信号的放大、滤波功能，利用 FPGA 控制模数转换

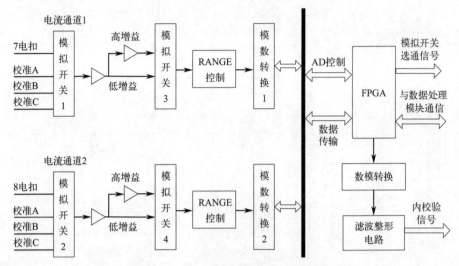

图 6-1　信号采集模块方案设计原理框图

器进行模数转换和各级模拟开关的切换，并将模数转换结果进行相敏检波前半部分运算，最终将结果传送至信号处理模块，从而完成相敏检波后半部分运算。通过 FPGA 控制 DA 产生内校验信号来实现采集模块的内校验功能，通过与处理板进行互联来实现采集的同步功能。对实验板上的三个通道的电路进行性能测试评估，对利用的新 AD、DA 进行测试与评估。最终提供此采集模块解决方案。

6.3.2　信号采集模块模拟电路设计

6.3.2.1　跨阻放大器

跨阻放大器也叫流压转换电路，其指标为：实现 15 个电扣分时选通、电流放大 1000 倍到电压、内阻小于 5Ω。如图 6-2 所示，它由 16 选 1 多路复用器 ADG706 和低噪声、宽带运算放大器 ADA4899-1 组成。由于一块采集模块共有 15 个电扣，这 15 个电扣又被分配到两个电流通道，每个电流通道只有 7 个或 8 个电扣，而一片 ADG706 多路复用器的可用通道为 16 个，因此，可以采用电扣间隔分布的方式，即两个电扣之间空出一个通道，这样便可以有效减少电扣之间的相互干扰。内校验三个不同大小信号间隔分布在电扣中。

ADG706 对 8 路电流信号进行分时选通，ADA4899-1 则实现电流到电压的转换。在设计流压转换电路时，首先必须保证电流到电压的放大倍数在 1000 倍左右，而且该放大倍数需在整个工作温度范围内保持稳定；其次，流压转换电路必须具有尽量小的输入阻抗，以免对地层电阻的测量带来误差。

如图 6-3 所示为流压转换电路输入阻抗的交流扫频分析结果。由图可知，在 1MHz 频率下电路具有最小的输入阻抗 0.095Ω，ADG706 的导通电阻为 2.5Ω，总的输入阻抗为 2.595Ω，而一般情况下地层电阻和油膜的总阻抗在 1kΩ 以上，因此，约 2.6Ω 的内阻是可以忽略不计的。

同样地，将流压转换电路的输出电压与输入电流的比值进行交流扫频分析，分析结果如图 6-4 所示。从仿真结果中可以看出，流压转换电路几乎没有滤波作用。在 1MHz 工作频率下，电流到电压的放大倍数约为 1015.4 倍，与理论值很接近。

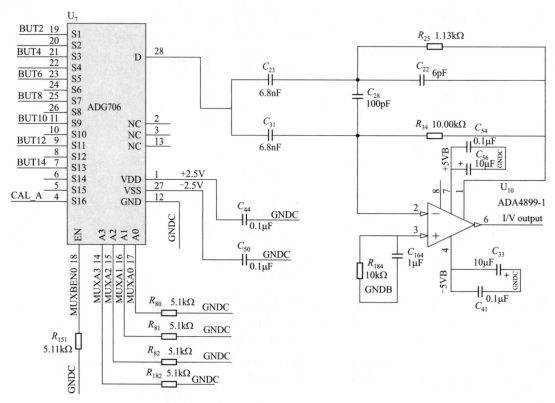

图 6-2　流压转换电路

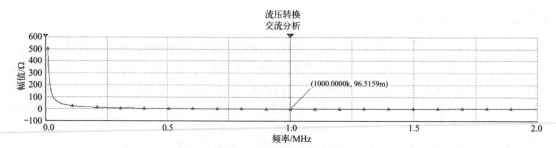

图 6-3　流压转换电路输入阻抗交流扫频分析

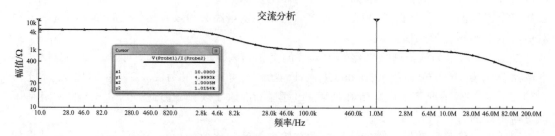

图 6-4　输出电压/输入电流的交流扫频分析

6. 3. 2. 2　高低增益电路设计

　　低增益电路设计指标为：放大倍数为 2.5 倍，固有噪声小于 $50\mu\mathrm{Vrms}$。在设计低增益的时候，为了更好地对微弱信号进行滤波，分析了多种结构的带通滤波器。在实验板上将多种结构的带通滤波器并行设计在上面来横向对比，图 6-5 所示是具体的电路实现。

　　运放选择了封装比较小的 SOT-23 封装的 LT6230/LT6230-10，其中，LT6230 适用于放大增益小于 10（低增益）的放大电路，后者则用在放大增益大于 10（高增益）的情况下。该芯片的供电范围是 $\pm 1.5 \sim \pm 6.3\mathrm{V}$，且支持轨至轨输出，输入噪声电压很小，仅为 $1.1\mathrm{nV}/\sqrt{\mathrm{Hz}}$，增益带宽积为 1450MHz，满足本电路设计中高低增益设计需求。经流压转换后的信号幅度在 $100\mu\mathrm{V} \sim 1.8\mathrm{V}$ 范围内，为了检测出这样大动态范围的信号，需设置高低增益两级放大。如图 6-5 所示，采集板前端的流压转换电路输出信号经过前级 Deliyannis 带通滤波电路后产生低增益信号 CH1_1_LO，该电路实现了 1MHz 测试信号的 2.5 倍放大、滤波。该电路为多种电路综合对比后的选择结果。

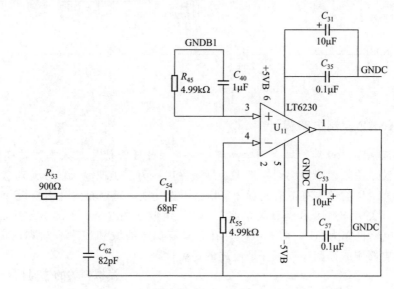

图 6-5　低增益 2.5 倍 Deliyannis 放大电路

　　低增益信号再经过后级的 100 倍放大电路（指标为电压放大 100 倍、Q 值为 8），产生高增益信号 CH1_1_HI。高增益电路实际上是实现了流压转换输出信号的 250 倍放大、滤波。如图 6-6 所示为高增益 100 倍放大电路。

　　高低增益信号由模拟开关分时选通后进入高低增益切换开关电路，由于到达该模拟开关的信号幅度已在 20mV 以上，不再是微弱信号，所以对模拟开关固有噪声并没有要求，但是为了满足测井周期，要求每一次切换开关时间要小。因此选用切换时间相对小的 4 选 1 模拟开关 ADG609，其导通电阻约为 30Ω，连接原理图如图 6-7 所示。由于一个电流通道只需要高低增益两个通道，因此还是采用信号间隔分布的方式以减小高低增益信号间的干扰。由于本设计采样是高低增益交替采样，采样频率为 840kHz，所以加在开关上的选通信号的频率为 420kHz 的数字信号，要求在布局布线的时候考虑到高频信号对模拟小信号的影响，尽量将两者分开布线。

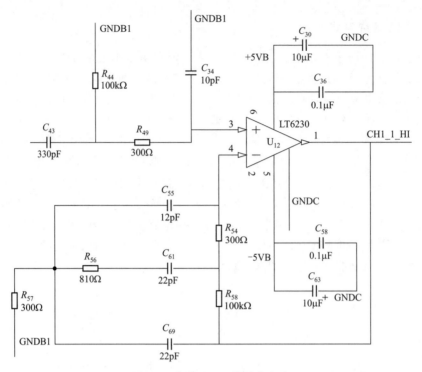

图 6-6   高增益 100 倍放大电路

6.3.2.3   RANGE 控制电路设计

在经过前面 ADG609 后信号会产生高频噪声，因此要在信号进入模数转换器之前对信号进行低通滤波，滤除由于开关切换带来的高频噪声。为了实现输入信号大动态范围的测量目的，信号进入 AD 前还要有 1 倍或者 2 倍增益可选功能，这就是为什么要设计 RANGE 控制电路。模拟开关 ADG419 和运算放大器 LT6230 组成如图 6-8 所示的 RANGE 控制电路。RANGE 控制电路也作为 ADC 前置电路存在，具有低通滤波和稳定驱动容性负载的作用，能够有效滤除电路中的高频噪声，保证电路的稳定性。

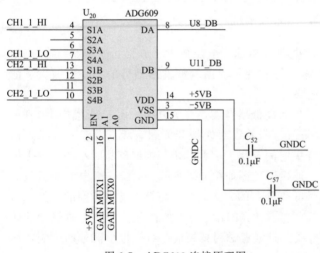

图 6-7   ADG609 连接原理图

模拟开关的选通信号 GAIN_SEL 由 FPGA 控制产生，当 GAIN_SEL 为低时，电路工作于高 RANGE 模式，IN1 输出较输入 U8_DB 放大 2 倍并且抬高的信号；当 GAIN_SEL 为高时，电路工作于低 RANGE 模式，IN1 输出较 U8_DB 放大 1 倍的信号。该电路实现了信号的 1 倍或 2 倍放大，在大动态范围的采集中具有灵活性。

由于 AD 为单极性输入 0～4.5V 的电压范围，在使用 AD 的时候必须将高低增益信号送到 RANGE 电路进行整体的信号幅度的抬高处理。最终信号抬高了 2.21V 左右，如图 6-9 所示（横坐标 500ns/div，纵坐标为 2V/div）。

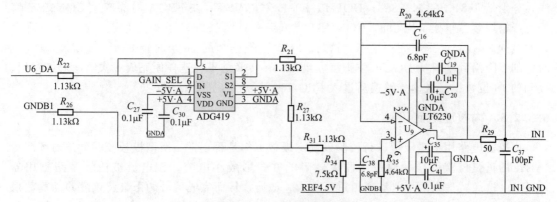

图 6-8　RANGE 控制电路

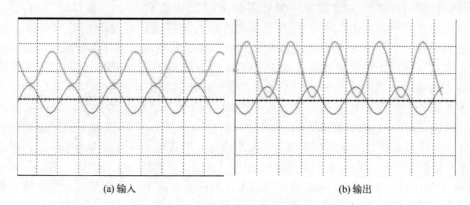

(a) 输入　　　　　　　　　　　　(b) 输出

图 6-9　RANGE 控制电路输入输出结果

6.3.2.4　采样电路设计

模数转换器选用 TI 公司的 ADS8881，特点 18 位，最高采样率 1MSPS，微型，微功耗真差分输入，逐次逼近寄存器（SAR）模数转换器，宽运行范围供电电压为 2.7～3.6V，参考电压范围为 2.5～5V，该芯片通过高温实验筛选，低功耗 1MSPS 时的功耗为 5.5mW，超小外形封装等。这样的 AD 很可以给采集模块节省很大的物理空间。

如图 6-10 所示为 ADS8881 连接原理图。本设计中 AINP 脚为信号的输入端，AINN 脚直接接地来实现对地差分输入，AVDD、DVDD 接电源＋3.3V，参考电压 REF 脚接 4.5V

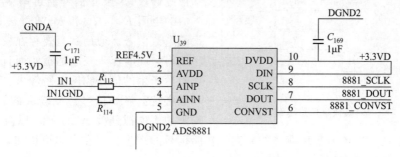

图 6-10　ADS8881 连接原理图

的参考电压，从而配置了 ADS8881 的输入范围为 0～4.5V。本设计中的 ADS8881 完全由 FPGA 单独控制，采用三线控制，其中将 DIN 直接接高电平，与 FPGA 进行通信的只有三线，分别是 8881_SCLK、8881_DOUT、8881_CONVST。在 FPGA 内部产生 CONVST 信号时严格控制占空比，当 8881_CONVST 上升沿来时 ADS8881 开始采集一个点，当下降沿来时 ADS8881 已经采集完一个点，这时 FPGA 下发连续的 18 个时钟 8881_SCLK，每一个时钟的下降沿到来时从 DOUT 引脚读取出 18-bit 转换结果，这样便完成一次 AD 采集过程。读到的 18 位数据经过串并转换后进入 FPGA 的计算模块进行计算。

6.3.2.5　内校验电路设计

内校验电路用于对极板进行校验以确定极板工作是否正常。所谓极板校验就是内部产生 1MHz 的正弦校验信号并通过串联大电阻的方式形成小电流，该电流被前级多路复用器 ADG706 选通，进入两个电流通道进行放大、滤波，从而完成信号的采集及幅度的计算，根据计算出的幅度值便可判断极板是否正常工作。

以往的校验信号的产生过程为：微处理器 PIC 发出校验命令，置 CAL_MODE 为 1，FPGA 检测到该命令后产生 1MHz 的数字序列，该数字序列再经过内校验电路的相加和滤波作用进而得到一个频率为 1MHz 的模拟正弦波，极板利用该信号作为校验信号进行判断。

此种方式下模拟正弦波的幅度取决于 FPGA 的 I/O 电平，而 FPGA 的 I/O 电平并不是确定的值，其高电平范围为 2.8～3.6V，因而导致输出的模拟正弦波幅度不确定。针对这一问题，本方案提供的解决办法是采用 FPGA＋DA 的方式来产生校验信号，具体实现框图如图 6-11 所示，1MHz 正弦表在 FPGA 中建立，而后输出到 DA，最后经低通滤波输出。此种方式的好处是模拟正弦波的输出幅度仅与 DA 的参考电平有关，只要参考电平一定，则模拟正弦波的输出幅度也一定。本方案 DA 拟选用 12 位 DAC7811 或者 DAC7821，二者的不同之处在于 DAC7811 为串行输入，DAC7821 为并行输入，串行输入占用硬件资源少，并行输入数字量输入速度快，具体型号选择视 FPGA 资源而定。最终选择用 DAC7811 来实现设计。

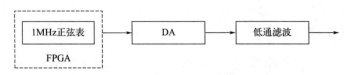

图 6-11　校验信号产生电路

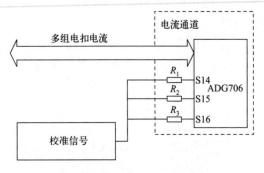

图 6-12　采集板自校验电路框图

自校验电路的实现框图如图 6-12 所示。图中 S14～S16 是多路选择器 ADG706 剩余的任意三个通道（具体通道数量可根据实际情况修改）。校验信号通过串接三个不同阻值的电阻 R_1、R_2 和 R_3 产生三个不同幅度的电流信号。考虑到只要存在校验信号，电流将会同时流入三个通道，而且通过不同电阻后产生的信号幅度差距较大，其中的大信号必定会对小信号产生较大的影响。因此，需加入模拟开关 ADG1612 以减小通道间的串扰。对于电压和电流分模块测量的方案，校验信号的产生需要在采集模块和处理模块上分别产生，并通过时钟实现同步输出。

数模转换器选用 TI 公司的 DAC7811，特点：12-bit 串行输入倍乘式 DAC，具有 2.7～

5.5V 的供电范围，50MHz 的串行接口，−15～+15V 的参考输入范围，温度范围为−40～125℃，低功耗，10-Lead MSOP 封装等。

如图 6-13 所示，DAC7811 采用+3.3V 供电，参考电压为 REF2.5V，双极性输出接法，输出电压 V_{out} 电压范围为−2.5～+2.5V。其中 U_{44} 为流压转换电路将 DAC 输出的电流信号转换为电压信号，如图 6-14(a) 所示，再通过 U_{42} 将电压信号抬高变成双极性电压信号并且放大两倍，如图 6-14(b) 所示。

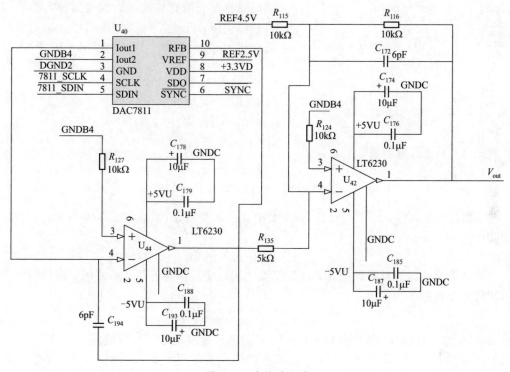

图 6-13　内校验电路

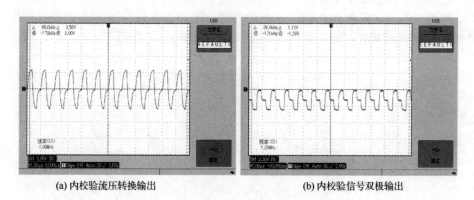

(a) 内校验流压转换输出　　　　　　　(b) 内校验信号双极输出

图 6-14　信号流压转换及放大作用

由于 FPGA 中采用的是三个点的正弦表，通过计算它的谐波分量依次为 2MHz、3MHz 等，输出的电压信号必须经过低通滤波将 2MHz 的谐波分量滤除。所以对低通滤波器的要求很高，要满足 2MHz 的信号有−40dB 的衰减，才能保证信号输出的正弦信号质量比较好。通过计算分析，一级的无法满足要求。

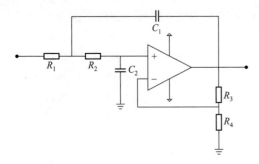

图 6-15　Sallen Key 结构的低通滤波器

采用两级二阶的 Sallen Key 结构的低通滤波器。其中每一级要满足 1MHz 到 2MHz 下降至少 20dB。考虑到二阶巴特沃斯滤波器通带比较平坦，衰减率为每 10 倍频程 40dB，在这种情况下 1MHz 到 2MHz 下降 19.08dB，通带比较平坦的巴特沃斯滤波器达不到要求，所以选择了在过渡带比巴特沃斯滤波器衰减更快的切比雪夫滤波器。常用的以幅度下降 3dB 的频率点作为截止频率的定义不适合切比雪夫滤波器。通过对如图 6-15 所示 Sallen Key 结构的低通滤波器进行分析得到传递函数为：

$$A_f(\omega) = \frac{A_f}{\sqrt{\left(1-\frac{\omega^2}{\omega_n^2}\right)^2 + \left(2\varepsilon\frac{\omega}{\omega_n}\right)^2}} \tag{6-1}$$

对式(6-1) 进行取对数，有：

$$L(\omega) = 20\lg A_f - 20\lg\sqrt{\left(1-\frac{\omega^2}{\omega_n^2}\right)^2 + \left(2\varepsilon\frac{\omega}{\omega_n}\right)^2} \tag{6-2}$$

为了满足指标，将 $\omega_0 = 1$MHz 和 $2\omega_0 = 2$MHz 代入式(6-2) 然后相减得到式(6-3)，令其等于 20dB。

$$L(\omega_0) - L(2\omega_0) = 20 \tag{6-3}$$

所设计的低通滤波器有谐振峰，按定义截止角频率是幅频特性从峰值回到起始时的角频率可求得截止角频率为：

$$\omega_0 = \omega_n\sqrt{2(1-2\varepsilon^2)} \tag{6-4}$$

由式(6-3)、式(6-4) 联立可以求得 ω_n、ε 的值。这样确定了所有的设计滤波器的指标。滤波器的指标有三个：增益 A_f、固有振荡角频率 ω_n、阻尼系数 ε。严格按照低通滤波器的设计流程进行计算设计。在设计中充分考虑到电容器系列标称值、电阻系列标称值，通过对电容、电阻选值计算，最终确定 $R_1 = 1.3$kΩ、$R_2 = 1$kΩ、$C_1 = 100$pF、$C_2 = 100$pF、$R_3 = 0$、$R_4 = \infty$。将两个一级二阶的 Sallen Key 结构的低通滤波器串联成二级的，就设计出 2MHz 的信号有 -40dB 的衰减的二级四阶的低通滤波器，如图 6-16 所示。

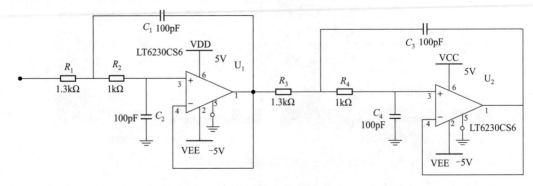

图 6-16　内校验低通滤波电路

如图 6-17 为内校验电路仿真波特图，横坐标为频率，纵坐标分别为相位和幅度，从仿真结果来看，本设计满足要求。为了更好地在电路板上和实际电路中减小容差的影响，尽量选取大容量电容。

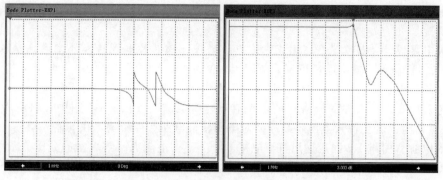

图 6-17　内校验低通滤波电路仿真结果

将内校验信号 V_{out} 输入设计的低通滤波器进行滤波，观察示波器 FFT 滤波器把谐波分量抑制在了 40dB 以下，效果良好，输出稳定，幅度在 2.5V，频率为 1MHz，如图 6-18 所示。

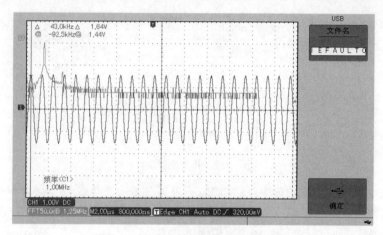

图 6-18　内校验低通滤波电路输出结果

将输出的内校验信号通过三路不同的电阻形成小电流信号、中等电流信号、大电流信号，分别送到模拟开关 ADG1612，在 FPGA 的控制下对整个系统进行全方位高低增益分别校验。

6.3.2.6　辅助电路设计

FPGA、DAC、ADC 辅助电路主要包括时钟、通信以及电源转换等，本节主要介绍相对复杂一些的电源转换电路设计。

电源转换电路可以由线性电源构成，也可以由开关电源构成，二者各有优劣。线性电源中用于电压调整的晶体管一般工作在线性区，发热量大，电能损耗高，工作效率低下，但是其输出信号稳定、纹波小、调整率好、对外干扰小，特别适用于模拟电路、各类放大器等。开关电源中用于电压调整的晶体管处于饱和区和截止区，即开关状态，发热量小，电能损耗低，效率高（80％以上），但是其输出信号上会叠加一定的纹波与开关噪声，会对电路产生电磁干扰。

由于电源转换电路主要用于 ADC、DAC 与 FPGA 数字部分的供电，且信号采集模块有低功耗设计要求，因此此处采用开关电源构成电源转换电路。开关电源在选用时应注意以下两点：

① 输出电流的选择：由于开关电源工作效率较高，一般可达 80％以上，因此在输出电流选择时应大概估计用电设备的最大吸收电流，以使被选用的开关电源具有更高的性价比。

② 合理接地：开关电源相比于线性电源会产生更多的干扰，因此其后一般应带有电磁兼容滤波器，此外，对共模干扰敏感的用电设备应采取接地或屏蔽措施。

综上所述，设计了两种电源，即线性电源和开关电源，在实验过程中对比两种电源的实际应用情况。

开关电源设计：最终选用芯片 TPS62000 搭建，该芯片电源转换效率可高达 95％，支持 2.5～5.5V 输入，输出电压可调，范围为 0.8V 至输入电压，最大输出电流可达 300mA，开关切换噪声低，可在 −55～210℃ 温度范围内工作，非常适用于信号采集模块。

参考 TPS62000 器件资料搭建的电源转换电路如图 6-19 所示。图中，引脚 VIN 输入 +5V 电源，为了避免输入电源不纯净而对电源转换电路产生影响，在其输入端接一个 $10\mu F$ 到地去耦电容。引脚 FB 固定输出直流电平 0.45V，由电阻 R_{10} 与 R_{18} 的分压关系可得输出 $V_o = 0.45(1 + R_{10}/R_{18})$V。电感 L_5 与电容 C_9、C_5 主要用于对输出的直流电平信号进行滤波，当 $1.8V \leqslant V_o \leqslant 5.5V$ 时，电感 L_5 取值 $22\mu H$，电容 C_5 取值 $10\mu F$，电容 C_9 根据公式 $C_9 = 1/(2\pi \times 30000 \times R_{10})$ 求得；当 $0V \leqslant V_o < 1.8V$ 时，电感 L_5 取值 $10\mu H$，电容 C_5 取值 $47\mu F$，电容 C_9 根据公式 $C_9 = 1/(2\pi \times 5000 \times R_{10})$ 求得。

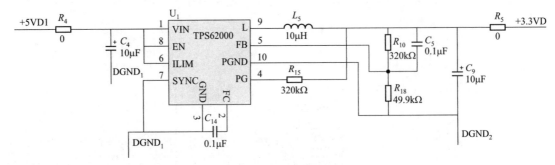

图 6-19　开关电源设计

由于开关电源开关切换的影响，输出 V_o 不可避免地会产生纹波与高频噪声，因此为了防止噪声通过地平面耦合至输入电源对其产生影响，应将输入地平面 $DGND_1$ 与输出地平面 $DGND_2$ 进行隔离，布线时 9 脚要远离模拟通道。

线性电源设计：通过 2.5V 参考电压的驱动设计出 1.5V、3.3V 的数字部分电源电压，如图 6-20 所示为 1.5V 线性电源设计电路图，通过 2.5V 进行分压输入 OP284FS 进行线性转换，变为 1.5V 电压输出，这是为了保证电源输出的稳定性，再通过 FZT651 集电极和射极电阻的改变，最后电源平衡在 1.5V。三极管增加了电源的驱动能力。

比供电电源要求更为精确的是参考电压 REF4.5V，它为 DAC7811 以及 ADS8881 提供参考电压。在设计中 REF194ES 通过 5V 电源供电来产生 4.5V 参考电压，如图 6-21 所示。

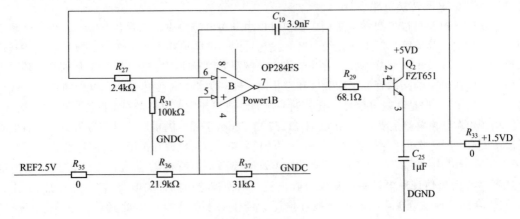

图 6-20　线性电源设计

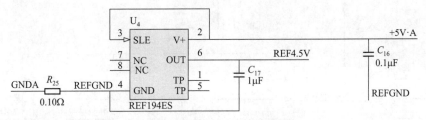

图 6-21　参考电源 4.5V 电路设计

两种不同电压的对比实验，首先保证除电源部分其他硬件电路完全一致，然后采集模块分别用开关电源、线性电源，与处理板进行小电流实验即用调节发射电压幅度来获取小电流供采集模块采集，上位机显示采集电流电压，最后计算出对电阻的测量误差。实验结果如下。

如图 6-22 所示，横坐标为发射电压，用发射电压大小来模拟采集到的电流大小。可以看出用开关电源和线性电源对小电流的影响没有直接的关系，结果没多大差别，又由于开关电源功耗比较低，采用开关电源。

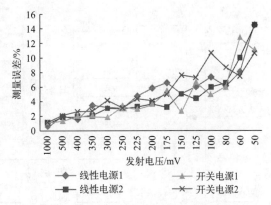

图 6-22　不同发射电压下最大测量误差百分比

6.3.3　信号采集模块数字逻辑设计

6.3.3.1　信号采集模块整体逻辑设计

FPGA 芯片不仅负责对处理板下发的命令进行解析，还需要切换开关并控制模数转换芯片来收集数据，并对数据进行 DPSD1 算法处理，而且还负责控制 DAC 校验信号的产生和建立接口与处理板进行 SPI 通信，所以 FPGA 程序的性能和可靠性的高低直接影响到系统整体性能。

信号采集模块 FPGA 的逻辑框图如图 6-23 所示，主要由复位逻辑、串行接口逻辑、命令解析控制逻辑、开关选通控制逻辑、采样控制逻辑、分相累加计算逻辑和串行数据发送控制逻辑、内校验信号产生控制逻辑、ADS8881_CONVST 信号产生逻辑、DAC 控制逻辑、同步计数逻辑组成。复位逻辑产生供 FPGA 其余各逻辑模块使用的复位信号；串行接口逻辑实现简单的 SPI 收发接口；命令解析控制逻辑完成数据处理模块下发的命令解析；开关选通控制逻辑根据命令解析结果控制各模拟开关选通；采样控制逻辑将处理模块下发的 CONVST 信号传输至电流通道 AD 控制端，然后控制模拟开关实现高低增益信号的交替采样，采集两个周期的调幅信号（2kHz），当 AD 完成一次转换后读取其输出的串行数据流并转换为并行数据；分相累加计算逻辑分解转换数据并对分解后的每路数据流进行带符号的累加操作；串行数据发送控制逻辑将信号采集模块得到的计算结果用 2MHz 时钟串行的方式发送 256 位数据至数据处理模块。信号采集模块的时钟输入为 16MHz，和下发的 2MHz 经过内部锁相环得到 16MHz、48MHz 和 96MHz 共 3 个时钟信号和逻辑分频得到的 2MHz 信号用于各个逻辑模块的时钟控制。

通过对整体逻辑的设计，可以计算测量出整个模块的测井周期，2 个电流通道，针对 2kHz 信号采集 2 个周期，采样次数为 8 次。每次两周期采样的时间主要由等待时间、数据

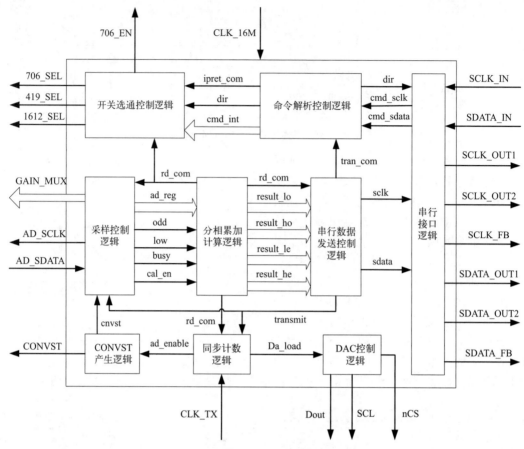

图 6-23 信号采集模块 FPGA 逻辑框图

采集时间和数据传输时间 3 个部分构成。等待时间大约为 $400\mu s$，数据采集时间大约为 $(1/2kHz)\times 2=1ms$，数据传输时间为 $256\times 0.5\mu s=128\mu s$，因此每次两周期采样所花费的总时间约为 1.528ms。考虑到两次采样时间之间的间隔，可以把两周期采样的总时间看作 1.6ms，因而完成 15 个电扣采样所需的时间为 $8\times 1.6ms=12.8ms$，加上命令编码和发送的时间，最后一次采集数据的幅度计算和结果传送时间，从命令接收到最后一次计算结果上传完毕所需的总时间约为 13ms，小于测井周期 25.4ms 的指标，如果采用单通道采集 15 次测井周期将会超过 25.4ms 达不到指标，本设计采用两个通道的设计是合理的。下面将对各个模块的设计进行详细说明。

6.3.3.2 串行接口逻辑设计

串行接口逻辑接收数据处理模块下发的命令并将信号采集模块得到的电流数据上传至数据处理模块，由于模块间距离较远（6m）且数据传输频率较高（2MHz），不能直接将采集模块 FPGA 的输入输出连接至数据处理模块的接口电路。因此本书基于 FPGA 设计了一种简易的串行收发装置，其结构框图如图 6-24 所示。

信号采集模块上电后，命令解析控制逻辑将 dir 信号初始化为高电平。当数据处理模块下发命令时，命令时钟和数据经 SC_IN 和 SD_IN 引脚进入 FPGA，进入的时钟和数据一方面经过缓冲器到达正向反馈引脚 SC_FB 和 SD_FB 以增强驱动能力，另一方面通过与门在 dir 的控制下输入命令解析控制逻辑。图中的电容 C_1 和 C_2 为加速电容，具有加快信号翻转

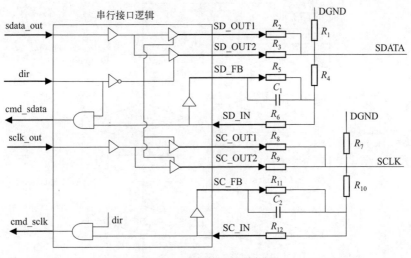

图 6-24 串行接口设计框图

速度、对时钟边沿整形的作用。

信号采集模块完成两周期的电流信号采样后，串行接口接收来自数据发送控制逻辑的时钟和数据，信号通过缓冲器和由 dir 控制的三态门至 OUT1 和 OUT2 两个引脚输出，这样有助于增强信号的驱动能力和抗干扰能力。SD_OUT1 和 SD_OUT2 经电阻 $R_2//R_3$ 和 R_1 分压后产生与数据处理模块通信的数据信号 SDATA，SC_OUT1 和 SC_OUT2 经电阻 $R_8//R_9$ 和 R_7 分压后得到时钟信号 SCLK，传输信号的幅度约为 FPGA 直接输出信号幅度的一半，这样可以减小时钟，数据传输信号对 CONVST 传输信号的干扰。

6.3.3.3 命令解析与数据发送控制逻辑设计

命令解析控制逻辑解析串行接口接收的 8 位命令并将该命令编码为 3 位更为紧凑的形式，同时通过 dir 信号控制串行数据输入输出的方向。命令解析控制逻辑流程如图 6-25 所示。

实现命令解析控制的状态机由 16MHz 时钟控制，机器复位后进入 idle 状态并将 dir 的初始值设为高电平。当检测到命令时钟的上升沿时，对接收计数器 rcv_cnt 加 1，并进入 S_1 状态。该状态清除命令寄存器 cmdreg 并在命令时钟的下降沿将串行命令数据移入移位寄存器 cmd_sftreg，若 rcv_cnt＝8 且检测到命令时钟的下降沿，表明命令数据接收完成，转入 S_2 状态。load 信号将 cmd_sftreg 的值加载到 cmdreg 中。S_3 状态用于将接收的 8 位命令数据解析为 3 位命令码，并在解析完命令后产生一定宽度的 ipret_com 信号通知开关选通控制逻辑命令解析完成。机器在 S_4 状态下保持命令重编码不变并将 dir 信号置为低电平，同时检测来自串行数据发送控制逻辑的发送完成信号 trcom，该信号上升沿对发送完成计数器 trans_cnt 加 1。若完成信号出现 8 次（trans_cnt＝8），表示 15 个电极的采样结果发送完成，将 dir 信号重新置高并进入 S_5 状态；若完成信号不足 8 次，则 dir 保持低电平。nextint 状态将 trans_cnt 清零并返回 idle 状态等待下一个命令的接收。

图 6-26 所示为命令解析控制逻辑的工作时序，由图可知接收的命令为 0x80H，解析后的结果为 011。

串行数据发送控制逻辑用于将分相累加计算逻辑得到的计算结果转换为串行数据流，并将串行数据和控制数据输出的串行时钟输出至串行接口逻辑，串行接口逻辑通过简单的串行收发电路将数据和时钟上传至数据处理模块。

状态机的控制时钟为 2MHz，状态机控制流程如图 6-27 所示。当计算完成信号 rd_complete

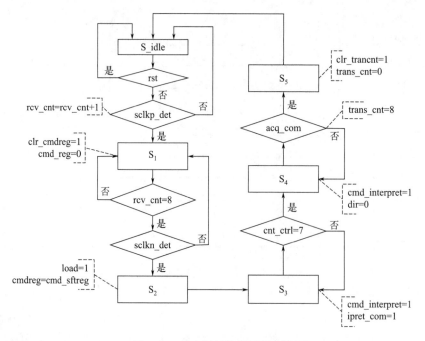

图 6-25　命令解析控制逻辑流程图

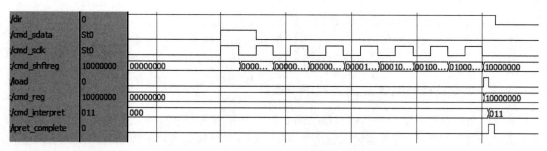

图 6-26　命令解析控制逻辑仿真时序

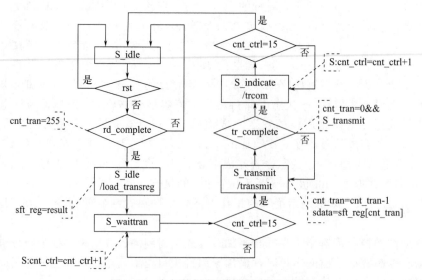

图 6-27　串行数据发送控制逻辑流程图

有效时，机器将发送计数器设为 255 位的同时跳转到 load 状态。load 状态将分相累加计算逻辑输出的两个电流通道共 16 组累加结果的高 16 位按照特殊的排列方式加载到 256 位发送移位寄存器中。

6.3.3.4　开关选通控制逻辑设计

根据命令解析控制逻辑的结果实现采集模块多输入电流信号的分时选通和 RANGE 电路增益预设置，图 6-28 所示为采集模块模拟通道结构框图。

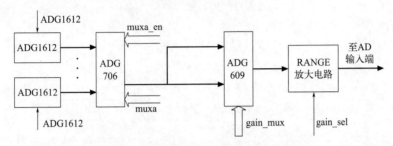

图 6-28　采集模块模拟通道结构框图

如图 6-28 所示，模拟通道包括 ADG1612、ADG706、ADG609 和构成 RANGE 放大电路的 ADG419 共 4 个模拟开关。ADG706 分时选通多输入电流信号，当选中某一输入电流时，连接该输入端至地的 ADG1612 断开使信号输入电流通道，而连接其余输入端至地的 ADG1612 选通使输入端接地，降低了同一模拟开关不同输入间的串扰。ADG609 交替选通模拟电路输出的高低增益信号，增大信号的动态检测范围，该开关控制信号在数据开始采集后切换，因而由采样控制逻辑产生。ADG419 与低通滤波器构成 RANGE 放大电路，开关选择信号输入滤波器的正端或负端，从而实现滤波器的增益设置。图 6-29 为上述开关选通控制信号的产生流程图。

图中所示状态机由 16MHz 时钟信号控制，机器在复位状态下清除计算指示计数器 calcu_cnt，当检测到命令解析完成信号 ipret_com 后，进入 S_1 状态。该状态禁止模拟开关 ADG706 并根据接收命令的重编码结果 cmd_interpret 进入对应的命令状态 S_2（成像模式）。命令状态设置 RANGE 电路工作模式，若采用高 RANGE，ADG419 的选通信号 gain_sel 设为 0，若采用低 RANGE，gain_sel 设为 1；还根据命令种类的不同设置指示计数器 calcu_cnt 的值，以成像模式为例，每次进入命令状态都将 calcu_cnt 加 1。命令状态直接转入 S_3 状态，该状态通过 calcu_cnt 的当前值选通模拟开关 ADG706 和 ADG1612，当 ADG706 某通道选通时，连接该通道输入的 ADG1612 断开，其余 ADG1612 选通。

若检测到来自分相累加计算逻辑输出的完成信号 rd_complete，则对其下降沿计数（rd_cnt＝rd_cnt＋1），机器转入 S_4 状态，此时若 rd_cnt 等于 7，表明当前命令下已经完成 8 次采样，状态返回 idle 状态等待下一次命令解析的完成；若不等于 7，状态转移至 interpret 状态等待 rd_complete 信号无效，以防止其有效时间段造成的错误状态切换。图 6-30 所示为成像模式下模拟开关的选通情况。

6.3.3.5　采样校验同步逻辑设计

油基泥浆电成像仪不仅检测励磁电压和电扣电流的大小，同时还检测励磁电压与电扣电流之间的相位差，因此在校验模式下不仅需要校验电压和电流通道的增益，还需要校验电压通道与电流通道之间的相位延迟之差。因此，在校验模式下不仅需要保证电压和电流通道同步采样，而且还需要保证电压和电流通道的校验信号同步产生。

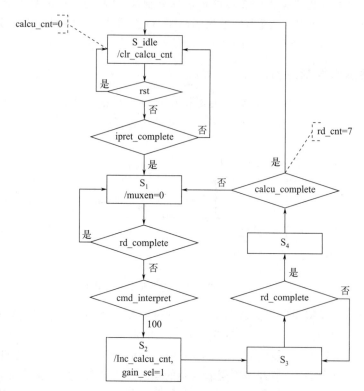

图 6-29　开关选通控制信号产生流程图

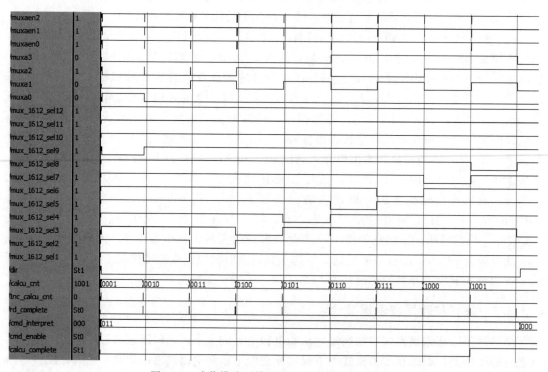

图 6-30　成像模式下模拟开关选通控制逻辑时序

电压通道和电流通道分别位于信号处理模块和信号采集模块，而信号处理模块与信号采集模块之间只有一条信号线可用于传输采样同步信号或校验同步信号。校验信号的产生时钟和采样同步时钟频率不同，无法用一个信号同时实现采样同步和校验同步。如图 6-31 所示，复用一条信号线同时实现采样同步和校验同步的基本思路是：由信号处理模块产生时钟脉冲通过 CLK_TX 线下发至信号采集模块，信号采集模块通过锁相环电路对该时钟脉冲同步跟踪，由锁相环电路产生校验时钟和同步采集时钟分别控制校验信号产生电路和电流通道 ADC。

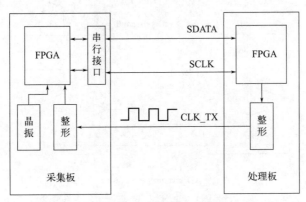

图 6-31　采集模块与处理模块的同步校验框图

信号处理模块与信号采集模块的采样控制需要考虑以下几个问题：

① 在成像模式和校验模式下，都需要对电压通道和电流通道的采样时钟进行同步，而在校验模式下还需要对校验信号进行同步；

② 为避免对数据传输的干扰，信号处理模块仅在采样过程中和采样开始前下发时钟脉冲至信号采集模块；

③ A3P250 型 FPGA 内部锁相环电路的捕获时间为 $300\mu s$。

在成像模式和校验模式下均由锁相环电路产生采样时钟。而在校验模式下，当校验时钟和采样时钟生成 $300\mu s$ 后，校验时钟和采样时钟已跟踪信号处理模块的下发脉冲，此时使能校验信号发生模块生成校验信号；等待 $100\mu s$ 待校验信号稳定后，采样样本为有效样本。而在成像模式下，当采样时钟生成 $300\mu s$ 后，采样时钟已跟踪信号处理模块的下发脉冲，采样样本为有效样本。为合理利用 FPGA 资源，设计兼容两种工作模式的采样控制逻辑如下。

信号处理模块接收来自主控模块下发的命令后，对命令进行解析和编码并将编码后的命令发送至信号采集模块。若为校验模式，使用 16MHz 的本地时钟对时钟脉冲信号计数，当计数值时间为 $300\mu s$ 后，使能校验信号发生模块，当计数时间达到 $100\mu s$ 后（校验信号稳定时间），清空计数器的值并忽略之前的采样计算结果，然后按照正常的采样时序完成两周期数据采集和计算，当计算完成并产生中断信号后禁止校验信号产生模块；若为成像模式，使用 16MHz 的本地时钟对 2MHz 时钟脉冲信号计数，等待 $400\mu s$ 后，使能产生 AD 转换信号开始采集直到采完两个周期的数据为止。由于 FPGA 内部锁相环电路对输入信号的频率范围要求不小于 1.5MHz，并且要经过锁相环倍频产生精确的 16MHz、48MHz、96MHz 时钟，综合考虑选择信号处理模块下发至信号采集模块的脉冲时钟 2MHz。

可以看出，不同工作模式下的采样控制逻辑，仅在是否使能校验信号产生模块处有所不同，其余逻辑均相同。

如图 6-32 所示为采样校验同步控制逻辑的状态机，当处理板下发 2MHz 时钟时，采集板开始计数，计数达到 600 次（cnt_eq_600＝1）状态机开始跳转到 S_da_load 状态，在此状态 DA

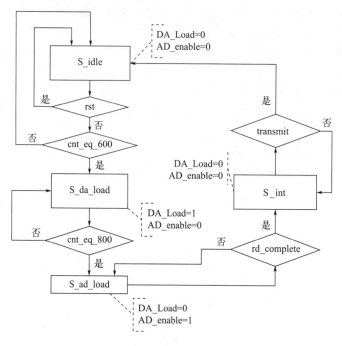

图 6-32　同步控制信号产生流程图

开始工作产生校验信号，当计算达到 800 次时（cnt_eq_800＝1）进入 S_ad_load 状态，AD 开始工作采集信号。当采集完两个周期数据后进入 S_int 状态，此时 DA 和 AD 都停止工作。数据上传的同时 transmit 为高电平，回到 S_idle 状态，等待下次发送的 2MHz 时钟信号。

6.3.3.6　采样数据分相累加计算逻辑设计

分相累加计算逻辑根据接收并行数据的高低奇偶特性，产生 4 个控制计算信号。奇偶分解后的正余弦参考序列周期为 4，因此 4 个计算信号根据输入序列对应的参考序列所处时间位置（0、1、2 或 3）实现带符号的累加操作，得到正余弦参考序列各 4 组累加计算输出。8 组计算结果输出至串行数据发送逻辑完成数据的装载和串行输出。实现分相累加计算和计算完成指示的相关信号由图 6-33 的状态机产生，该状态机由 16MHz 时钟控制。

机器由 rst 信号置于初始 idle 状态。当 cal_enble 信号有效并检测到 busy 信号上升沿时，表示第一次有效采样开始，机器进入 S_1 状态。S_1 状态继续检测 busy 信号上升沿，该上升沿不仅表示下一次有效采样的开始，而且指出上一次的有效转换结果正在读取，机器进入 S_2 状态。S_2 状态采用延时计数的方式等待上一次转换结果读取并装载完毕。在采样控制逻辑判断接收数据的高低奇偶特性时，S_3 状态根据逻辑传递的状态指示信号 low 和 odd 产生持续时间一个时钟周期的控制计算信号 cal_lo、cal_ho、cal_le 和 cal_he，分别用于低增益奇数、高增益奇数、低增益偶数和高增益偶数序列的累加，并在 cal_he 信号有效时对累加计数器 acc_cnt 加 1。机器在 S_4 状态判断两周期计算是否完成，若未完成，进入 S_1 状态等待下一个数据；反之，进入 S_5 状态通过计数产生一定宽度的计算完成指示信号 rd_complete，计数完成后机器在 S_6 状态下等待一段时间，以避免在指示信号产生后可能出现的无效 busy 信号上升沿，最后返回 idle 状态并清除累加计数器的值，等待下一两周期计算。根据奇偶分解后正余弦参考序列周期为 4 的特点，将累加计数器 acc_cnt 对 4 取模，控制计算信号根据该计数器模值决定带符号累加公式中各个符号表达式的正负。

S_idle
/clr_accumreg
rst
是
否
cal_enable
否
是
busyp_det
否
是
S1
busyp_det
否
是
S2
cnt_ctrl=3
是
否
S3
/cal_ctrl,
Inc_accum_cnt
S4
complete
否
是
S5
/rd_complete
cnt_ctrl=23
否
是
S6
/clr_accum_cnt
cnt_ctrl=31
是
否

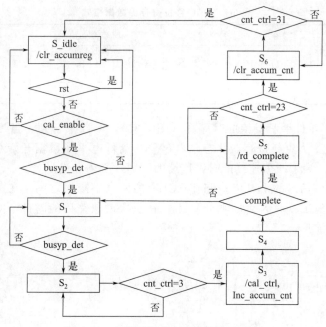

图 6-33　分相累加控制信号产生流程图

图 6-34 所示为分相累加计算逻辑的仿真时序图，由于篇幅限制，图中仅示出累加计数器对 4 取模且该模值为 1 时，各控制计算信号进行的有符号累加操作。由图可知，计算控制信号在累加计数器模值的指示下正确地实现了对输入信号的累加计算操作。

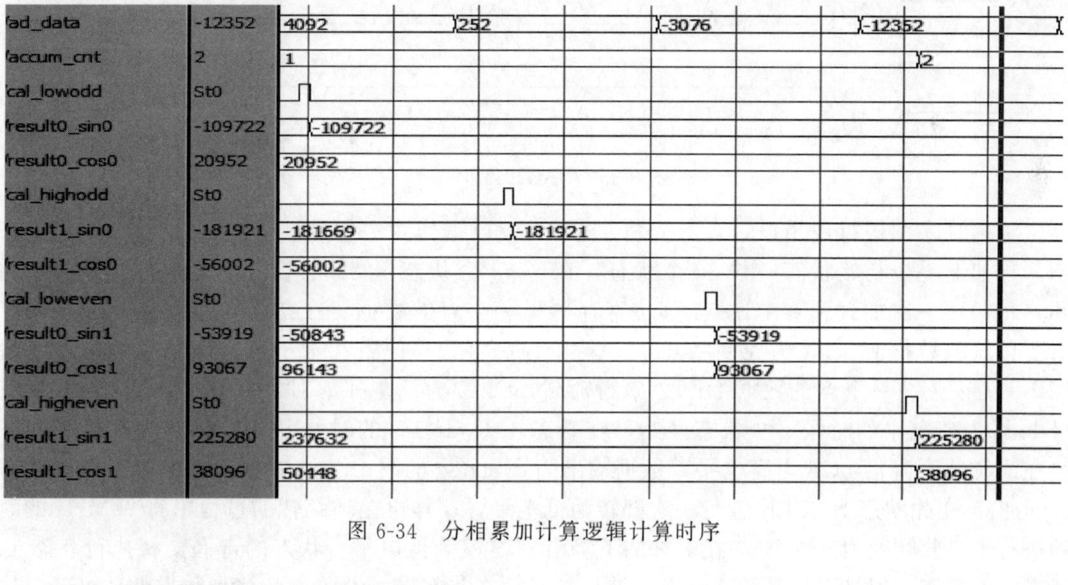

ad_data -12352 4092 252 -3076 -12352
accum_cnt 2 1 2
cal_lowodd St0
result0_sin0 -109722 -109722
result0_cos0 20952 20952
cal_highodd St0
result1_sin0 -181921 -181669 -181921
result1_cos0 -56002 -56002
cal_loweven St0
result0_sin1 -53919 -50843 -53919
result0_cos1 93067 96143 93067
cal_higheven St0
result1_sin1 225280 237632 225280
result1_cos1 38096 50448 38096

图 6-34　分相累加计算逻辑计算时序

6.3.3.7　校验信号产生控制逻辑设计

内校验信号是由 FPGA 控制 DAC 产生的，产生的目标波形为频率为 1MHz 的正弦波，又由于选用的 DAC7811 的串口最大输入频率为 50MHz，如表 6-1 所示一个点为 12-bit 再加上 6-bit 的命令字为 16-bit，最多在正弦波形的一个周期内选取 3 个点。确定了采用 3 个点的正弦表来产生正弦波，确定的时钟 SCL 为 3×16MHz＝48MHz，通过正弦表生成器或是 Matlab 生成 3 个点 12 位一个周期的三个点为 0800H、0eeeH、0114H。

表 6-1   DAC 移位寄存器数据格式

4 位控制位				12 位数据位											
B15 (MSB)	B14	B13	B12	B11	B10	B9	B8	B7	B6	B5	B4	B3	B2	B1	B0 (LSB)
C3	C2	C1	C0	DB11											DB0

　　根据 DAC7811 器件手册上给的时序图（图 6-35），可以了解到，当片选信号 SYNC 为高电平时，DAC7811 为更新寄存器状态，当 SYNC 为低电平时数据开始在时钟的下降沿传输到移位寄存器中。为了产生连续的时钟连续的波形，必须在满足 t_{CSS}、t_{SH} 和 t_{CST} 的时序要求前提下将 SYNC 信号的上升沿控制在 SCLK 的两个下降沿之间。在逻辑设计的时候模块时钟用的是高于 SCLK 一倍的时钟 96MHz，在每次读数完后的时钟下降沿开始触发使得产生连续 1MHz 的波形。

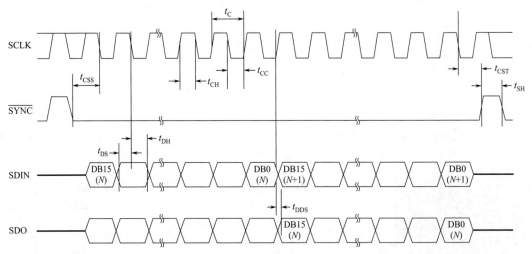

图 6-35　DAC7811 时序图

　　根据时序图进行逻辑设计，首先将一个 16 位数据作为一组将 16 个 SCLK 分成 32 个状态，再加上一个初始状态一共 33 个状态，在这 33 个状态里 32 个数据传输状态进行一个循环，每循环一次加载到 DAC7811 移位寄存器里一个点的数据。在初始状态（state0），设置所要传输的数据前 6-bit 为控制字 0001，这个控制字为移位寄存器下载更新数据的命令，后 12-bit 为正弦波一个点的数据 DIN。串行时钟 SCLK 为高电平。如图 6-36 所示，当加载信号 load 为高电平的时候下一状态开始，在状态 1（state1）的时候 SCLK 仍然为高电平，此时在时钟的下降沿 nCS 为高电平，数据输出为 data_reg 的第 16 位数据。状态切换到下一状态（state2），在此状态下 SCLK 进行一次翻转为低电平，这样再循环翻转的过程中将 96MHz 的时钟进行了二分频变为 48MHz，在时钟的下降沿 nCS 变为低电平。状态的奇偶交替执行状态 1、状态 2 的操作，但是要让系统连续产生波形，必须在状态 31（state31）将点数据循环更新，这里采用 3 点的正弦波，直接循环更新 3 点地址即可。在状态 32（state32）将更新的数据加载到 16 位的寄存器中，等待下一个状态继续传输。到状态 32 完成了一个点数据加载到 DAC7811 的寄存器中，循环此操作 3 次即得一个波形，无限循环即得连续的 1MHz 的波形。

　　图 6-37 所示为内校验信号逻辑的仿真时序图，图中表示出当第二行 load 信号为 1 时整个系统产生连续的 48MHz 的 SCLK 信号（图中第三行信号），第四行信号为循环传输的三个点，最后一行为产生的片选使能信号 nCS。由图可知，该逻辑正确地实现了三点的循环传

输并且正确地控制了 DAC7811。

6.3.3.8　AD 转换信号产生逻辑设计

ADS8881 与 FPGA 相连采用三线无 busy 模式，这必须要用 ADS8881 的 CONVST 信号充当 busy 信号，这样对 CONVST 信号的占空比提出了高的要求，在 CONVST 高电平转换时为 busy 状态高电平的时间即 t_{conv} 必须满足 710ns 以上，而采样频率为时钟 16MHz 的 19 分频 842.105kHz，所以 CONVST 高电平要达到 12 个时钟周期即 750ns，低电平为 7 个时钟周期 437.5ns。如图 6-38 所示的 CONVST 信号产生状态机中，使用 16MHz 的时钟信号控制状态转移。CONVST 信号基于计数分频的原理产生，当处理板下发采集命令的时候解析完成后 dir=0 为状态机使能信号，dir=1 机器保持 idle 状态并将计数值清零，当使能信号低有效时，进入 ctrl 状态，ctrl 状态使能计数器，并使 CONVST 一直为

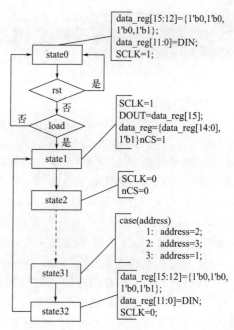

图 6-36　DAC7811 控制逻辑信号产生流程图

高 12 个时钟周期，在下一个时钟周期开始对时钟计数，计数值达到 11 时到达 ctrl 状态，在这一状态 CONVST 被拉低 7 个周期，下一时钟开始计数，当计数到 17 时回到 idle 状态。

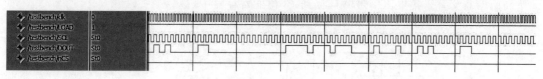

图 6-37　内校验信号逻辑仿真图

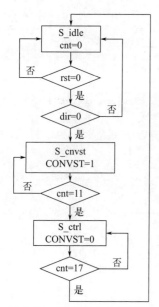

图 6-38　ADS8881_CONVST
信号产生流程图

每一次状态切换需要一个时钟周期，因此一个完整状态循环需要 19 个时钟。每次循环都将导致 CONVST 信号在 cnvst 状态上拉低 12 个时钟下拉 7 个周期，得到高电平持续时间 750ns、低电平 437.5ns、频率为 842.105kHz 的连续 CONVST 信号，既达到设计要求的采样频率，也满足 CONVST 信号用来当 busy 的需求。

通过仿真可以从图 6-39 中看到产生的 ADS8881_CONVST 信号满足要求。

6.3.3.9　AD 读控制逻辑设计

ADS8881 通过 3 根线与 FPGA 相连，8881_SCLK 用于读取转换结果，8881_CONVST 用于启动一次模数转换，又可以当作 busy 信号指示模数转换器的当前工作状态，8881_DOUT 输出转换结果。CONVST 有效启动转换后，CONVST 为低时说明转换已经完成。在 CONVST 的控制下模数转换器在 18 个 8881_SCLK 的下降沿作用下将转换结果通过串行接口 8881_DOUT 移出，这样便完成一次模数转换。采样控制逻辑实现上述转换和读数过程

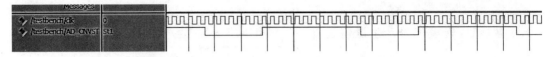

图 6-39　ADS8881_CONVST 信号产生逻辑仿真图

并形成并行转换结果。

ADS8881 读控制信号由图 6-40 的状态机产生，该状态机由 48MHz 时钟信号控制。状态机由复位信号初始化为 idle 状态时，设置各个输出控制信号的初始状态，设置增益字 gain_word 使首次有效采样得到低增益信号，准备接收采样后的转换结果。当检测到 busy 也就是 ADS8881_CONVST 信号的上升沿时，状态机判断是否首次采样，若是则在 busy 信号下降沿的驱动下进入 S_6 状态并对 cnt_busy 加 1，若不是则进入 rden 状态并使能读数操作（AD_RD＝0）。busy 信号下降沿到来后进入 S_3 状态，在读数使能的状态下产生读数时钟 AD_SCLK 并将 AD 输出的串行数据读入 FPGA 内的移位寄存器。移位完成后进入 S_4 状态产生具有一定宽度的加载信号 load_shftreg，将移位寄存器中的内容装载到寄存器 ad_reg 中，实现串并转换。加载信号的宽度应保证该信号可由 16MHz 时钟检测。机器在 S_5 状态下等待一段时间以备采样数据乘累加计算逻辑检测，最后进入 S_6 状态并对 cnt_busy 加 1，此时机器根据采样完成信号 rd_complete 判断两周期采样是否完成。若完成，进入 idle 状态并清除 cnt_busy，等待完成后重置增益字 gain_word，准备接收下一次两周期采样的转换结果；若未完成，机器返回 S_1 状态开始下一个转换结果的接收，每次检测 busy 上升沿都将增益字取反以实现交替采样。如图 6-41 所示，在解析完处理板下发的采集命令后，ADS8881 开始高低增益交替采集电流信号并且存到 18 位的寄存器中。

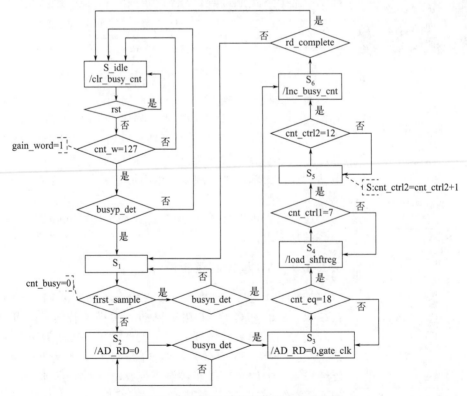

图 6-40　ADS8881 读控制信号产生流程图

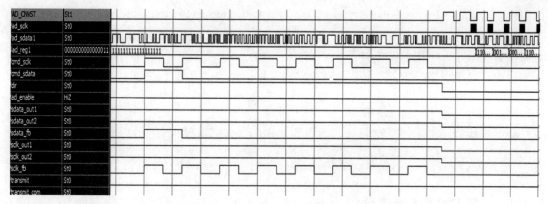

图 6-41　ADS8881 读控制逻辑仿真图

6.4　采集模块实验测试与分析

油基泥浆电成像仪采集模块单板调试完成后，可配合处理模块进行联调来验证仪器的原理的正确性。尤其要验证采集模块和处理模块采集电流电压的同步性，以及采集模块是否达到设计指标。实验主要包括阻容网络实验、小电流实验，以及井下实地测井实验等，其中阻容网络实验主要用于验证地层阻抗测量方法的正确性，小电流实验主要用于考察仪器对微弱信号的检测能力，井下实地测井实验用于考察仪器实际测井效果并以此验证整个仪器工作原理方法的正确性。

6.4.1　阻容网络实验

6.4.1.1　阻容网络实验原理

所谓阻容网络实验，顾名思义就是将电阻、电容并联后再与一个精确的电阻（模拟地层阻抗）串联组成网络一起接到采集板前端模拟开关 ADG1612 上，然后让信号选通流入采集通道并对其采集，如图 6-42 所示。其中，在阻容网络前端要用信号源加励磁信号，励磁信号要模拟真实的井下发射电压，幅度可调频率为 1MHz。在校验的时候该信号可以用正弦信号，在仪器下井的时候由于单纯的 1MHz 信号，会大大增加信号通路之间的串扰，所以在实际的测井中使用调幅波。理论分析，仿真的时候使用 1MHz 正弦波，其结果适于调幅波。

为了准确测量地层阻抗 R_f，必须先对测试系统进行校准，包括处理板电压通道的放大倍数 A_u、电流通道的放大倍数 A_i 以及二者之间固有相位差 $\Delta\varphi$ 的校准，而后通过测量得到电压信号幅值 U、电流信号幅值 I 以及二者之间的相位差 $\varphi-\Delta\varphi$。根据 α 校准公式最终求出地层阻抗测量值 R_f：

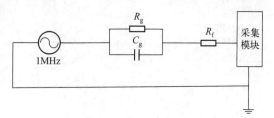

图 6-42　阻容网络实验模型

$$R_f=\frac{U/A_u}{I/A_i}\big[\cos(\varphi-\Delta\varphi)-\alpha\sin(\varphi-\Delta\varphi)\big] \tag{6-5}$$

为了更精确地测量地层阻抗，考虑实际测试的情况，当地层阻抗 R_f 大于 200kΩ 时，地

层阻抗 R_f 存在较大的寄生电容 C_f（约 $40\sim75\mathrm{pF}$），此时的回路阻抗 Z 的公式将会发生变化，最终得到回路阻抗 Z 不满足 α 校验公式，又由于在大电阻的时候阻容网络的阻抗很小，对测量影响很小，可以忽略不计。

因此，当地层阻抗 R_f 较大时，测量方法应采用模值法，即

$$R_{fm}=\frac{U}{I}\mathrm{e}^{\mathrm{j}\varphi} \tag{6-6}$$

将系统校验结果与测量结果代入后得到其实部、虚部及模值分别为：

$$\mathrm{Re}(R_f)=\frac{U_m/A_u}{I_m/A_i}\cos(\varphi-\Delta\varphi);\mathrm{lm}(R_f)=\frac{U_m/A_u}{I_m/A_i}\sin(\varphi-\Delta\varphi);R_{fm}=\frac{U_m/A_u}{I_m/A_i} \tag{6-7}$$

6.4.1.2　阻容网络实验结果

在前一节分析了阻容网络实验的原理和方法，为验证其测量方法的正确性做阻容网络实验。实验时间隙阻抗选择 $62\mathrm{pF}$ 电容并联 $49.9\mathrm{k\Omega}$ 电阻，地层阻抗 R_f 在 $200\Omega\sim10\mathrm{M\Omega}$ 范围内取值，励磁信号由信号发生器提供，信号载波为 $1\mathrm{MHz}$ 的调幅波，调幅波为 $2\mathrm{kHz}$，调幅深度为 85%。当 $R_f<200\mathrm{k\Omega}$ 时地层阻抗测量使用 α 校准法，当 $R_f\geqslant200\mathrm{k\Omega}$ 时地层阻抗测量使用模值法，将阻容网络接到采集板电扣接口上，更换不同电阻做多次实验，最终选择 12 次测量中最大的单次测量误差。得到的实验结果如表 6-2 所示。

表 6-2　小电阻低增益测量结果

地层阻抗	测量值/Ω	单次测量误差
200Ω	198.512383	0.744%
$1\mathrm{k\Omega}$	1008.695397	0.870%
$2\mathrm{k\Omega}$	2006.644204	0.332%
$4.99\mathrm{k\Omega}$	4995.167001	0.005%
$10\mathrm{k\Omega}$	9986.08189	0.139%

表 6-2 所示为小电阻测量结果，由于此时电阻较小，基本不存在寄生电容，因此未分别列出其实部、虚部值，而是直接给出了最终测量结果，并以电阻标称值近似为真值来计算测量误差。继续用精密电阻来模拟地层阻抗，在 $20\sim499\mathrm{k\Omega}$ 范围内来做高增益实验。

图 6-43 所示为大电阻测量结果，当地层阻抗 R_f 在 $20\sim499\mathrm{k\Omega}$ 范围内变化时，地层电阻率变化范围为 $1\sim1000\Omega\cdot\mathrm{m}$，最大误差 $\leqslant1.5\%$，测量结果较好，说明系统地层阻抗测量原理方法较合理。

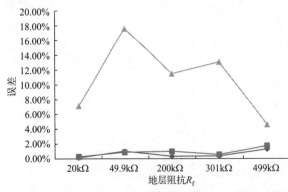

图 6-43　大电阻高增益测量结果一

由于信号发射模块最大输出幅值为 $4\mathrm{V}$，因此，若要得到 $100\mathrm{nA}$ 的小电流，地层阻抗需达到 $40\mathrm{M\Omega}$，但是贴片电阻在 $1\mathrm{MHz}$ 频率下其标称值为 $1\mathrm{M\Omega}$ 的电阻误差很大，如图 6-44 所示，横坐标为频率，纵坐标为在一定频率下电抗与阻抗的比值。从图中可以看出，$1\mathrm{M\Omega}$ 电阻在 $1\sim10\mathrm{MHz}$ 内电抗与阻抗的比已经减小到 0.9，所以再用大电阻模拟小电流的方法是行不通的，要用小电流模拟大电阻来进行实

验即小电流实验。

6.4.2　小电流实验

信号采集模块的功能是实现电流 100nA～1.5mA 的大动态范围测量，从前面阻容网络实验结果可以知道，电路对小电阻、大电流的测量误差较小，而对大电阻、小电流的测量误差则较大，因此，有必要对小电流的检测能力做进一步分析。

根据公式可知，电流 I 与电阻 R 成反比，与电压 U 成正比，因此，若通过大电阻模拟小电流的方式行不

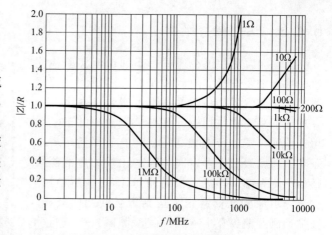

图 6-44　大电阻高增益测量结果二

通，则只能通过减小信号发射幅度的方式来得到小电流。为实验方便性考虑，小电流实验时励磁信号由信号源提供，由于其最小输出幅值为 50mV，若地层电阻 R 取值过小，则不能得到 100nA 小电流，若地层电阻 R 取值过大，则不能避免寄生参数的影响，因此，综合考虑，地层电阻取值定为 1MΩ。

实验时间隙阻抗采用 62pF 电容并联 49.9kΩ 电阻，地层电阻取值 1MΩ，励磁信号采用调幅信号，由信号源提供，幅值在 50mV～1V 范围内变化，此时被测电流信号幅值在 80nA～2μA 范围内变化，测量时每个励磁信号幅值下采集 12 次实验数据，而后与标准值比对得到单次测量误差，其中取最大波动百分比和测量误差（图 6-45、图 6-46）。由于采集模块对大电流的测量较为准确，因此此处将励磁信号幅值为 3V 时测得的实验结果平均值作为标准值。

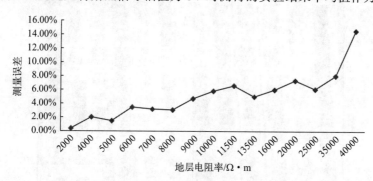

图 6-45　采集板在不同电阻率下最大测量误差实验一

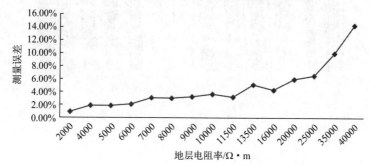

图 6-46　采集板在不同电阻率下最大测量误差实验二

6.4.3 实地测井结果

油基泥浆测井仪在通过一系列地上实验检测后，接下来要进行实地测井实验，实地测井可以更好地验证仪器的显示效果，也能验证在真实测井环境下采集模块性能的好坏。而油田井下实验可以验证仪器是否能在高压、高温等恶劣环境下正常工作，最后还可以同国际上比较先进的测井仪器的测井结果图进行横向的对比，这样就可以更进一步地验证仪器是否达到市场使用的要求。在油田测井前要在甲方的工程所测试井中进行测试，测井结果如图 6-47 所示，测量结果能够清晰地显示井壁的图案、燕郊字样、COSL 字样，工程所测试井测井效果较好。

而后甲方要将仪器运到新疆的油田来实地测井。图 6-48 左面测井效果图为此仪器所测，右边测井效果图为贝克公司仪器所测，两台仪器在同样的实验环境测井。可以清晰地从图像中看到地

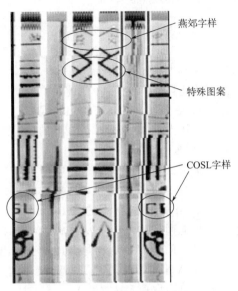

图 6-47 测试井测量效果图

层的变化，在图像的 6375 到 6376 这一段来看国外的仪器在细节上相差不大，在分辨率上本设计完成的仪器要好一点，不足的是仪器在显示上会有一定的栅格存在，需要以后找到问题并改进。总体来看，此仪器测井效果较好，仪器研制比较成功。

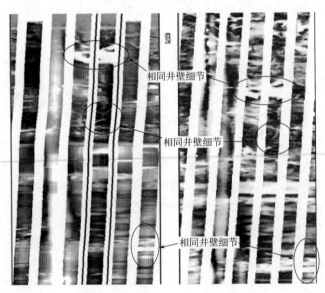

图 6-48 油田实地测井效果对比

第 7 章

相关检测的电磁流量测量系统设计

电磁流量计（EMF）自身条件的限制导致了其在低流速或者外界干扰强的情况下，电极输出信号的信噪比大大降低，使其测量不准确，甚至是不能正常运转。此外，当普通电磁流量计中混有少量固体颗粒时，由于其随机碰撞电极使其输出值发生跳变，电磁流量计测量的稳定性大为降低。本章从微弱信号检测的方向进行研究，针对相关检测原理的电磁流量测量技术，在满足电磁流量计常规流量测量的基础上，提高电磁流量计在低流速或者外界强干扰条件下的流量测量能力，增强了当流体中含有少量固体颗粒时流量测量的稳定性。本章主要对系统设计原则、系统硬件设计、系统软件设计以及系统测试与分析进行介绍。

7.1 相关检测的电磁流量测量原理

7.1.1 微弱信号检测的基本原理

微弱信号检测技术的基本原理是通过发现噪声与信号的差异，选择相匹配的检测方法实现从噪声中提取需要信号的目标。从这个角度看，噪声抑制就是微弱信号检测的基本原则。信噪改善比的定义为：

$$\text{SNIR} = \frac{S_0 N_i}{S_i N_0} \tag{7-1}$$

在信号检测系统中，式(7-1)中的 SNIR 值越大，该系统抑制噪声的效果越好，对微弱信号的提取能力越强。下面就简要介绍微弱信号检测技术的基本原理。

在常见噪声中，白噪声相对简单，功率谱密度是常值。因此，以白噪声作为输入噪声简要分析微弱信号检测的基本原理。

假定白噪声功率谱密度为 $S_n(f)$，则噪声功率为：

$$P_n = V_{no}^2 = \int_0^\infty S_n(f) \mathrm{d}f \tag{7-2}$$

等效噪声带宽为：

$$B_e = \int_0^\infty K_{vo} \mathrm{d}f$$

$$K_{vo} = \frac{V_{so}}{V_{si}} \tag{7-3}$$

式中，K_{vo} 为放大器的输入到输出的传递函数；V_{si} 为系统的输入信号电压；V_{so} 为系统的输出信号电压。

输出噪声的均方值为：

$$V_{no}^2 = \int_0^\infty S_{ni} K_v^2(f)\mathrm{d}f = S_{ni}\int_0^\infty K_v^2(f)\mathrm{d}f = S_{ni} B_e K_{vo}$$

$$V_{ni}^2 = S_{ni} B_i \tag{7-4}$$

式中，V_{no} 为输出噪声电压；V_{ni} 为输入噪声电压；S_{ni} 为噪声功率谱密度；$K_v(f)$ 为系统的电压增益；B_e 为系统的等效噪声带宽；B_i 为白噪声带宽。

可以得到：

$$\text{SNIR} = (V_{so}^2/V_{no}^2)/(V_{si}^2/V_{ni}^2) = K_{vo}S_{ni}B_i/(K_{vo}S_{ni}B_e) = B_i/B_e \tag{7-5}$$

由式(7-5) 可以看出，弱信号检测系统的信噪改善比等于 B_i 与 B_e 的比率。因此，降低系统等效噪声宽带能增加系统的输出信噪比。所以只要系统的等效噪声带宽足够窄，就能够把信号从噪声中恢复，该原理为微弱信号检测的基本原理，如图 7-1 所示。

图 7-1　微弱信号检测原理图

7.1.2　流量测量互相关检测

互相关检测的原理如图 7-2 所示。由于电磁流量计电极输出信号的频率已经知道，则可以将与流量信号具有相同频率的信号输入参考端，将其与电极输出信号进行互相关运算，以改善电极输出信号的信噪比。

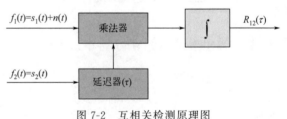

图 7-2　互相关检测原理图

假设电极输出信号为：

$$f_1(t) = s_1(t) + n(t) \tag{7-6}$$

式中，$s_1(t)$ 为流量信号；$n(t)$ 为噪声。

参考信号为：

$$f_2(t) = s_2(t) \tag{7-7}$$

式中，$s_2(t)$ 为与流量信号频率相同的"纯净"信号。

则互相关函数为：

$$R_{12}(\tau) = \lim_{T\to\infty}\frac{1}{2T}\int_{-T}^{T} f_1(t)f_2(t-\tau)\mathrm{d}t = \lim_{T\to\infty}\frac{1}{2T}\left[\int_{-T}^{T} s_1(t)s_2(t-\tau)\mathrm{d}t + \int_{-T}^{T} n(t)s_2(t-\tau)\mathrm{d}t\right]$$

$$= R_{s_1 s_2}(\tau) + R_{n s_2}(\tau) \tag{7-8}$$

互相关检测的结果仅留下了流量信号和参考信号之间的互相关函数，完全去掉了流量信号与随机噪声的互相关函数。由于参考信号 $s_2(t)$ 与随机噪声之间没有相关性，因此理论上互相关函数 $R_{n s_2}(\tau)$ 等于零。相关函数 $R_{s_1 s_2}(\tau)$ 中含有流量信号的信息，从而把流量信号 $s_1(t)$ 检测出来。因此，互相关检测技术的信噪比高于自相关检测技术的信噪比。然而，必须指出的是，这仅在计算互相关函数时间长并且参考信号与流量信号的频率一致时，$R_{ns_2}(\tau)$ 的值接近零以具有更高的输出信噪比。

7.2 相关检测的电磁流量测量系统硬件设计

7.2.1 系统硬件框架设计

设计的基于相关检测原理的电磁流量测量系统框架如图 7-3 所示。系统硬件主要包括电磁流量传感器励磁电路的改进和电磁流量信号检测采集电路。

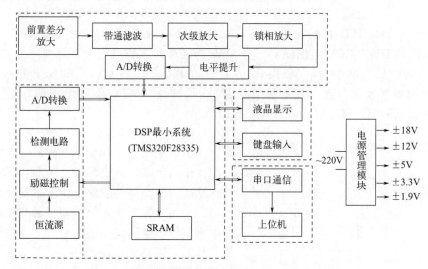

图 7-3　基于相关检测的电磁流量测量系统框架设计

励磁电路以及转换装置均以德州仪器的 TMS320F28335 数字信号处理器为核心，根据相关检测原理设计电磁流量测量系统转换器的硬件系统，硬件系统模块主要包括：励磁控制模块、信号调理采集模块、数据处理与控制模块、人机接口模块、通信模块和电源管理模块。

7.2.2 矩形波励磁驱动电路设计

稳定的磁场才能保证电磁流量计输出信号的稳定性和准确性，而要想在电磁流量计的管道内建立稳定的磁场，则必须先有励磁信号产生，因此电磁流量计的励磁信号至关重要。低频矩形波励磁有利于减少微分干扰和同相干扰，此类干扰仅产生于磁场换相瞬间，如果换相时间相对较短，尖峰段时间相对磁场平稳段将会很短。采样时，只需设置匹配的采样周期，就能去除微分干扰和同相干扰。由于其结合了 DC 励磁和 AC 励磁优点，我国一些主流的电磁流量计制造商的产品都采用低频矩形波励磁，因此本系统采用该方式产生磁场。

恒流源控制电路使励磁线圈中的电流值保持恒定，在管腔内产生稳定的磁场，避免磁场对电磁流量测量的影响。下面详细介绍恒流源低频矩形波励磁电路设计过程。

7.2.2.1 矩形波励磁控制时序分析

励磁时序控制电路用于产生励磁控制信号 Ctrl_1 和 Ctrl_2 控制多路开关的选通，图 7-4 为电路原理示意图。该电路主要分为励磁控制时序产生、三态缓冲器和隔离光耦。

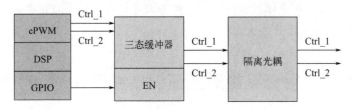

图 7-4 励磁时序控制电路

励磁时序由数字信号处理器 DSP 产生。TMS320F28335 通过增强型 PWM 输出模块的 EPWM1A 和 EPWM1B 端口同时触发产生互补的 6.25Hz 单极性方波信号 Ctrl_1、Ctrl_2，送给多路模拟开关 ADG409 的 A0、A1 通道控制端口，控制其通道选通，实现运算放大器的输入电压在正、负之间切换，从而实现对励磁线圈的低频矩形波励磁控制。由于励磁控制模块的供电电压远高于 DSP 的内核电压，为避免励磁电路问题损坏数字处理核心。因此，采用光耦合器将 DSP 与励磁电路隔离。在 DSP 与隔离式光耦合器之间增加了三态缓冲器，增加 DSP 引脚的驱动能力以驱动隔离式光耦合器的输入级。并且，采用 DSP 的 GPIO 端口控制三态缓冲器的使能与否，控制场效应管的开、断，以应对电路出现的问题。同时在 DSP 处理数据的间隙，禁止励磁，降低系统的功耗。

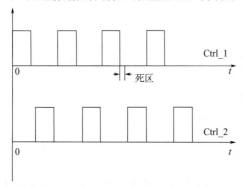

图 7-5 低频矩形波励磁控制过程示意图

励磁时序产生电路通过 DSP 配置可产生固定频率单值矩形波，如图 7-5 所示。在实际应用中，由于两种场效应管的开、关时序不一致，容易在励磁方向切换的瞬间，使上下场效应管同时导通，励磁电流产生一个大幅值的窄脉冲。该脉冲电流不仅影响恒流控制电路，还会降低三端稳压芯片的使用寿命，同时还会产生 EMC 电磁干扰，降低测量准确度。因此，本次设计将为矩形波励磁控制时序添加死区，可以有效避免该现象产生。

7.2.2.2 恒流源励磁电路设计

由于电磁流量计的励磁线圈是感性负载，其自身的电感量以及铜损电阻值决定了低频矩形波励磁过程中稳定磁场建立的时间参数。研究发现，随着励磁频率的不断提高，磁场达到稳态的时间越长，意味着平稳段的时间越短，如图 7-6 所示。这对电磁流量计的零点稳定性存在很大的影响。所以为了缩短磁场从无到稳态的过渡时间，设计了由运算放大器、多路模拟开关、稳压器件、场效应晶体管等组成的恒流源励磁电路。

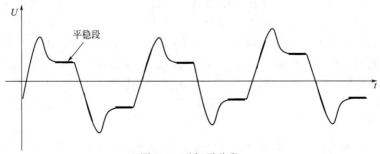

图 7-6 磁场平稳段

该电路（图 7-7）工作过程如下：当正电压输入运算放大器同相输入端时，由于运算放大器处于开环增益状态，运算放大器输出电压接近电源负电压，此时场效应管 Q_1（N 沟道）的栅源电压满足条件：$U_{GS}(off) < U_{GS} < 0$，使得 Q_1（N 沟道）场效应管导通，而 Q_2（P 沟道）的栅源电压大于其导通门限值，处于关闭状态。根据运算放大器的"虚短虚断"原理可知，反馈电阻 R_5 上的电压将始终保持与运算放大器负端输入电压相等。因此运算放大器通过控制流过反馈电阻的电流大小恒定，迫使其正、反相输入端电压相同；类似地，当负电压输入到运算放大器同相输入端时，调整场效应管源极、漏极和栅极电压大小，使得 Q_2（P 沟道）场效应管导通，Q_1（N 沟道）场效应管关闭。而反馈电阻和励磁线圈处于串联状态，两者流过的电流相等，因此励磁线圈中的电流也是恒定的。励磁线圈上的电流大小由运算放大器输入电压以及反馈电阻共同决定，计算公式如式(7-9) 所示。为了避免长时间的励磁使得电路升温引起磁场变化，使用 DSP 采集模块对反馈电阻两端的电压取样实现对励磁电流的监测。通过稳压模块和滑动变阻器的配合，能够方便地调节励磁电流的大小，从而保证磁场的稳定性。

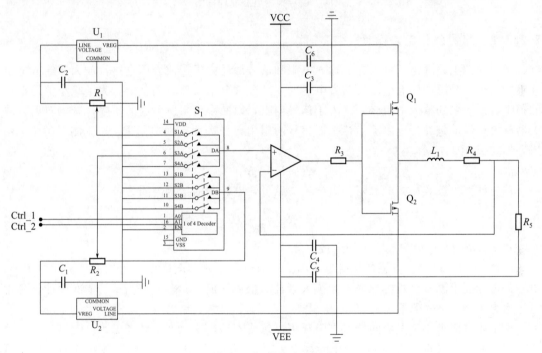

图 7-7　恒流源励磁电路

$$I = \frac{V_i}{R_5} \tag{7-9}$$

式中，I 为线圈励磁电流，A；V_i 为运算放大器输入电压，V；R_5 为反馈电阻，Ω。

励磁电路是整个系统中功耗最大的部分，为了进一步地保证该励磁电路能够在尽量低的功耗下稳定工作，系统选用更低功耗、开关时间更短的多通道模拟开关、场效应管。同时选用高精度低阻值的反馈电阻，降低电路电压波动，保证场效管的正常开断。

7.2.3　基于相关检测的电磁流量信号检测电路设计

由电磁流量信号模型的研究可知，电极上的感应电动势是一个非常微弱的电压信号，加之电极输出信号的内阻很大，干扰噪声很多，幅值甚至比流量信号大很多。当管道内流速很低或者外界干扰很强，信噪比甚至更小，或者是导电液体中混有少量固体颗粒时，电磁流量信号中将含有较大的跳变，使得测量不稳定。这就要求电磁流量传感器输出信号必须经过放大、滤波变换成统一或标准的信号才能进行相关运算。信号检测电路将传感器和 DSP 系统连接起来，是测量系统的重要组成环节，其功能是将电磁流量传感器输出的微伏级的感应电动势信号放大为 DSP 可接收的信号，最终可由 DSP 处理，得出电压与流速的线性关系，从而完成常规流量以及特殊条件下的流量测量。信号检测电路原理框图如图 7-8 所示。

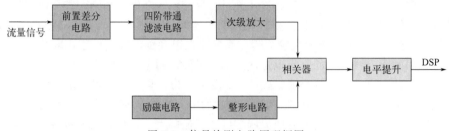

图 7-8　信号检测电路原理框图

7.2.3.1　前置差分电路设计

根据模拟电路理论，放大器的输入电阻和信号源的内阻构成分压电路，放大器输入电阻并不能获得信号源的所有电压，信号电压的一部分被分给了信号内阻上。为了减小信号电压的损失，放大器的输入电阻必须远大于信号内阻，以减小内阻所引起的压降，减弱对前置放大器放大特性的破坏。电磁流量传感器信号内阻由电极表面接触电阻 R_S 和流体电阻 R_T 构成，如式(7-10) 所示。

$$R = R_S + R_T \tag{7-10}$$

首先计算电极表面接触电阻。由参考文献可知电极间的接触电阻为：

$$R_S = \frac{1}{\delta d} \tag{7-11}$$

式中，δ 为介质电导率；d 为电极直径。

由式(7-11) 得出：传感器接触电阻阻值仅与电导率 δ 和电极直径 d 相关。实际应用中，电磁流量计要求测量介质电导率 δ 必须大于其测量极限值：$5 \times 10^{-6} \mathrm{S/cm}$。本次设计仅考虑电导率为 $10^{-3} \mathrm{S/cm}$ 的情况。

由于体电阻远小于电极间接触电阻，可以忽略不计，这里就不做考虑。

本研究中电极直径为 10mm，电导率 $\delta = 10^{-3} \mathrm{S/m}$，计算可得传感器接触内阻：传感器的内阻约等于 $100 \mathrm{k\Omega}$。

因此在前置放大器之前，为正负两个电极增加一个电压跟随器，使尽可能多的流量电压信号得到放大。它不仅能够增大输入阻抗，减少前级输出电阻中产生的损耗，还能使前、后两级电路互不影响。采用低噪声、高精度的 OP-07 芯片作为电压跟随器的运算放大器，增加流量信号的信噪比，如图 7-9 所示。

在图 7-9 中，运放 OP-07 输入端电阻 R_2 以及二极管 VD_1、VD_2 对电路起保护作用，电阻 R_3 和电容 C_1 构成滤除高频噪声的低通滤波器，电阻 R_4 的作用是进行阻抗匹配。

为了尽可能地抑制系统的共模干扰，电磁流量传感器的输出采用差分式结构，包括正、负以及参考地电极。同时，前置放大电路应具有高输入阻抗、高共模抑制比、低噪声和低温漂等特点。由于仪用放大器具有两级差分式结构，理论上参数性能完全相同的第一级差分将干扰电压抵消，并不放大干扰电压，使得第二级差分电路输入电压没有干扰引入，所以该电路抑制共模干扰十分有效。因此前置放大电路采用仪用放大器，其结构如图 7-10 所示。目

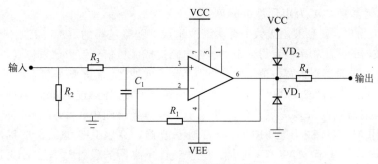

图 7-9　电压跟随器电路

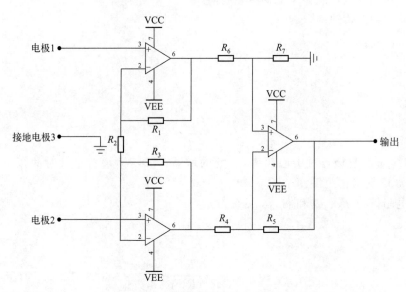

图 7-10　前置差分放大电路

前，这种仪用放大器已经有很多型号的单片集成电路可供选择，本电路采用经典的具有较高精度的仪表放大器 AD620 搭建电极输出信号的前置放大电路。

其放大增益关系为：

$$G = \frac{49.4}{R_G} + 1 \quad (49.4 \text{ 单位为 k}\Omega) \tag{7-12}$$

式中，R_G 为 AD620 芯片 1 脚和 8 脚之间的电阻，通过改变阻值设置放大倍数。由于此级放大为前置放大，如果前置差分电路放大倍数过大，会造成噪声干扰过大引起信号的失真，因此该级放大倍数一般控制在 10 倍以内。

7.2.3.2　带通滤波电路设计

经过前一电路的处理，流量信号中仍然可能存在一些高频尖峰噪声，需要使用低通滤波器将不需要的高频干扰去除。同时，由于受电极表面的阻抗变化和信号传输线路的影响，从传感器输出的信号中包含着微小的 DC 分量，必须对流量信号进行滤波，通过高通滤波器实现隔直作用。如此就构成了带通滤波器。同时，带通滤波器也能够去除高频谐波的影响。因此，经过带通滤波电路处理后能一定程度上提高电磁流量信号的信噪比。

流量信号与励磁信号频率相同，且均为低频矩形波。矩形波的傅里叶级数可表示为：

$$f(t) = \frac{4A}{\pi} \sum_{n=0}^{\infty} \left[\sin(\omega_0 t) + \frac{1}{3} \sin(3\omega_0 t) + \frac{1}{5} \sin(5\omega_0 t) + \cdots\cdots \right] \tag{7-13}$$

式中，ω_0 为基频；A 为矩形波的幅度。

由式(7-13)得出，矩形波由无数个奇次谐波组成。随着基频的增加，其幅值呈倍频倒数衰减。若带通滤波器的截止频率设置得太窄，滤波电路造成流量信号波形严重失真，不利于流量信号的获取；反之，若设置得太宽，流量信号将得不到滤波处理，流量信号将淹没在噪声之中。

目前有很多种带通滤波器可供选择，应当根据不同的对象选取不同类型的滤波器。其中，RC 有源滤波器以其众多优点被广泛使用于流量信号检测中。

本电路选用 MAX275 构成的 RC 有源带通滤波器，克服其他滤波器的局限性，实现最优化滤波器的设计。基于 MAX275 的 RC 有源带通滤波器的设计过程中，逼近方式采用巴特沃斯最大平坦响应法，能够保证带内无波动。

其带通滤波器的传递函数为：

$$G(s) = H_{\text{OBP}} \frac{s(k_0/Q)}{s^2 + s(k_0/Q) + k_0^2}$$

$$f_0 = \frac{k_0}{2\pi}$$

$$Q = \frac{F_{\text{PK}}}{F_{\text{H}} - F_{\text{L}}} \tag{7-14}$$

式中，H_{OBP} 为复极点对中心频率 k_0 处的增益；F_{PK} 为增益最大时的频率；F_{H}、F_{L} 为 F_{PK} 附近 3dB 对应的上下两个频率。

其中，电阻值与 f_0、Q 和 H_{OBP} 关系为：

$$f_0 = \frac{2 \times 10^9}{R_2(R_4 + 5)}$$

$$Q = \frac{R_3 R_y}{R_x R_2(R_4 + 5)}$$

$$H_{\text{OBP}} = \frac{R_3}{R_1} \tag{7-15}$$

式中，R_1、R_2、R_3、R_4 为外接电阻；R_x、R_y 为滤波器内部的电阻。

为获得阻带内的最大衰减并增加 Q 值，可通过将 MAX275 内部的两个二阶滤波器级联完成四阶滤波器设计，即 B 部分的输入接 A 部分的输出。电路图如图 7-11 所示。

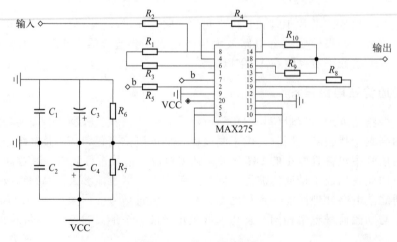

图 7-11   带通滤波电路

由于低频励磁的频率是 6.25Hz 的矩形波，考虑到电极上存在直流极化电压，因此，将高通截止频率设置为 0.5Hz。并且为了抑制一定的高频干扰，设置低通截止频率为 100Hz，保证了 6.25Hz 方波的 7 倍基波频率通过。

7.2.3.3　次级放大电路设计

为了保证信号不失真，只能将前置放大电路的增益倍数设置在 10 以内，因此输出信号的电压依然很小，需要再次放大。选择高精度 OP-27 放大器作为次级放大电路的核心芯片。

次级放大电路如图 7-12 所示，单级增益公式为：$A = \dfrac{R_1}{R_2} + 1$。

尽管 OP-27 的最大放大倍数可达到上千倍，但是单级增益数值超过 100，信号会有明显的失真问题。在实际使用中，设计第一级的放大倍数为 20 倍，第二级放大倍数可以通过滑动变阻器来调节，满足后续电路的需求。

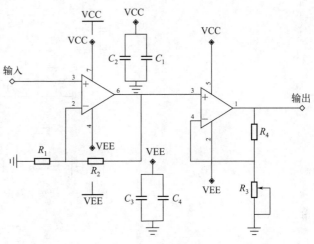

图 7-12　次级放大电路

7.2.3.4　锁相放大电路

经过前面一些电路的预处理过后，电磁流量信号已经能满足锁相放大的输入要求。锁相放大电路的设计包含以下两个部分。

（1）相关器设计

该相关器将流量信号与励磁参考信号相乘，包括乘法器和积分器两部分。它必须具有动态范围大、温漂小、线性好、增益稳定和频率范围宽等性能。由于电磁流量信号是已知频率的矩形波，因此可采用动态范围大、线路简单的开关线路来实现。

AD630 芯片一般用在精确的信号处理及仪器设计中，其优点是动态范围宽，不需要外接电容即可稳定工作在闭环增益状态下，是设计制作锁相放大器最为理想的集成芯片。

采用 AD630 作为乘法器，完成相关检测电路的设计。电磁流量信号与励磁参考信号输入器件内部，根据励磁参考信号的变化，流量信号在器件内部翻转，完成开关乘法作用。

根据 AD630 芯片的技术手册，设计出乘法电路图，如图 7-13 所示。运用 AD630 完成相关运算，并在其前后加入电压跟随器去除漂移。同时增加发光二极管保证正确供电，避免烧坏芯片。

（2）低通滤波器的电路设计

相关器电路输出的流量信号中，倍频信号是干扰噪声，而直流电压则是与流速线性相关的有用信息。因此，需要设计一个截止频率尽量小的低通滤波器。压控电压源型二阶有源低通滤波器是有源滤波中重要的一种，它能够保证积分常数较小的情况下，具有较低的截止频率，且通带内平整，幅频特性陡峭。所以设计了一个窄带的二阶有源低通滤波器滤除高频无用信号，获得有用信息，电路如图 7-14 所示。

由图 7-14 可知，低通滤波电路中运算放大器接成了电压跟随的形式，所以电压增益为 1，低通滤波电路的传递函数为：

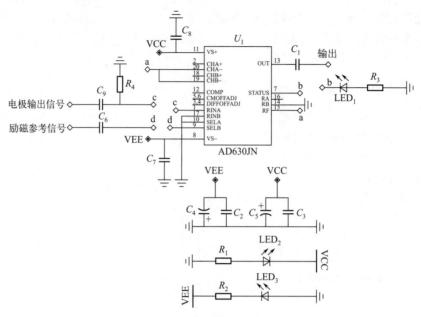

图 7-13　乘法电路图

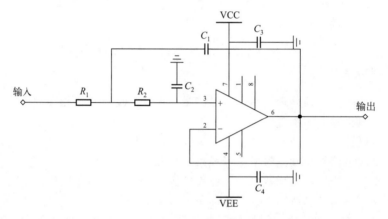

图 7-14　二阶有源低通滤波电路

$$A_u(s) = \frac{U_o(s)}{U_i(s)} = \frac{\omega_0^2}{s^2 + s\omega_0/Q + \omega_0^2} \tag{7-16}$$

其中，特征角频率 ω_0 为：

$$\omega_0 = \frac{1}{\sqrt{R_1 R_2 C_1 C_2}} \tag{7-17}$$

滤波器的固有频率 $f_0 = \omega_0/(2\pi)$ 是其特征频率，品质因数 Q 的值为：

$$Q = \frac{\sqrt{R_1 R_2 C_1 C_2}}{C_2(R_1 + R_2)} \tag{7-18}$$

由式(7-16)~式(7-18)可以得到，该电路的幅频特性为：

$$|A(j\omega)| = \frac{1}{\{[1-(\omega/\omega_0)^2]^2 + \omega^2/(\omega_0^2 Q^2)\}^{0.5}} \tag{7-19}$$

本电路选用高增益带宽积、快速的转化率，低输入偏置电流的运放 MCP606 构成二阶有源低通滤波器。为了减小误差，保证相位不随时间变化，将锁相放大电路制成 PCB 板，如图 7-15 所示。

7.2.3.5 A/D 采集电平提升电路

电磁流量信号经过相关处理后输出为直流电压，需要通过 A/D 采集进入 DSP 做后续处理。信号采集电路采用 DSP 自带的 12 位 A/D 转换器，模拟输入电压范围为 0～3V，而本电磁流量信号为具有负电压的直流信号，不能直接采集。因此，设计了 A/D 采集电平提升电路。电压偏移电路由同相加法器电路构成，电平提升的幅值可以由电位器来调节，使得流量信号整体偏移。其中二极管构成限压电路，限制输入电压在 3V 以下，起保护 DSP 的 A/D 模块作用，如图 7-16 所示。其中，同相加法电路选取高精度、高增益带宽积

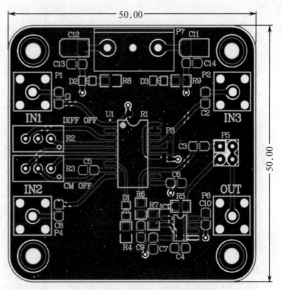

图 7-15 锁相放大 PCB 板

的运算放大器 OP-27，完全符合高精度的弱信号检测系统的要求。

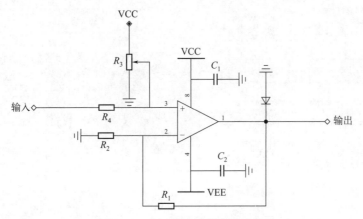

图 7-16 A/D 采集电平提升电路

7.2.4 DSP 采集处理电路设计

数字信号处理器是基于相关检测的电磁流量测量系统的控制和处理核心，它不但要对励磁控制电路进行控制，对励磁电流进行监控，而且需要对锁相放大器输出的信号进行采集，并对其进行数据处理。将处理后的流量信息通过液晶显示屏显示，经由串口通信传送到上位机。通过人机接口模块设置与调整系统内部的参数，实现流速的阈值报警功能。在模块掉电时，应该能够及时保存掉电前重要数据与设置参数。为了实现上述功能，将采用 TMS320F28335 型号的 DSP 芯片。

7.2.4.1 DSP 微处理器功能简介

基于本系统功能需求分析，本研究采用德州仪器的 C2000 系列 TMS320F28335 型号 DSP 作为基于相关检测原理的电磁流量计的 CPU。该芯片运算速度可达到 150MHz，单指

令周期时间为 6.67ns；乘加运算能力强大，内部集成单精度浮点核，同时配合浮点库，节省了运算时间，提高了代码执行效率和缩短了代码开发周期；自带看门狗功能，若代码程序出现"跑飞"状况，系统会自动执行复位操作，提高程序执行的稳定性和可靠性；具有丰富的外围设备，内部结构采用改进式哈佛结构，32 位数据及外设总线，32 位浮点运算单元；片上配备 16 通道 12 位分辨率的 A/D 转换单元，单通道采样率最高可达到 12.5MSPS；具有独立运行的 PWM 模块并支持高精度脉宽调节和死区控制；通信接口包括 SPI、SCI、McBSP、CAN 和 I^2C 等。TMS320F28335 方便高效的调试功能支持配套仿真器的在线仿真调试和 Flash 程序擦写功能，配套 JTAG 仿真接口，便于前期的程序开发。

7.2.4.2　DSP 外围接口设计

本设计充分利用 DSP 的内部资源，高效可靠地实现对基于相关检测的电磁流量测量系统的监控，如图 7-17 所示。将用到以下的 DSP 内部资源：两路 ADC 转换通道，对流量信号和励磁电流进行采样；3 路 EPWM 控制端口，分别是 EPWM1A、EPWM1B 产生互补的标准的 6.25Hz 方波信号作为控制时序，以及 EPWM2A 产生与 EPWM1A 相位差 90°的单值矩形波，为后面相关检测的优化提供参考信号；一路 SCI 串口通信完成与上位机的通信；GPIO 控制端口实现外部键盘输入和液晶显示屏控制以及蜂鸣器的启停；三路外部中断 XINT，响应来自按键的请求。

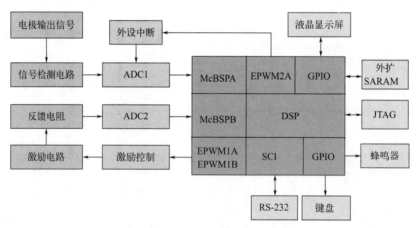

图 7-17　DSP 外围接口设计框图

7.2.5　电源电路设计

稳定的电源系统是电磁流量检测电路正常工作的前提。其不同的电路有不同的工作电压。由于电磁流量信号是微弱信号，对电源的要求尤为苛刻。

虽然开关稳压电源的效率很高，但其输出有纹波电压，同时噪声较大。由于线性稳压器静态电流小，价格便宜、外围电路简单，只需要外接一两个旁路电容或者调压电阻就能保证芯片稳定工作。因此，为了减小开关电源的不稳定性，采用线性稳压芯片进行处理，既能够减小纹波输出，也能够起到滤波的作用。

为保证微弱信号检测的质量和精度，本系统采用集成三端稳压块构成的线性稳压电源。且模拟电源与数字电源隔离，防止模拟地和数字地之间相互串扰，有利于减少系统的地噪声。如图 7-18 所示，基于相关检测原理的电磁流量测量系统需要用到的电源有 ±18V、±12V、±5V 和 +1.9V、+3.3V。

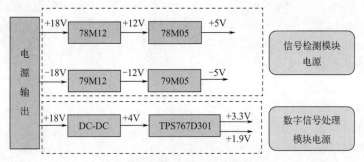

图 7-18　电源资源分配图

开关电源输出±18V 电压，提供给恒流源励磁电路。通过稳压模块 78M12 和 79M12 将电压降到±12V，为信号处理电路提供工作电源。再经过 78M05 和 79M05 将电压降到±5V，为锁相放大电路供电。开关电源输出经过 DC-DC 模块将电压降为＋4V，再经过 TPS767D301，将＋4V 电压降到＋1.9V 和＋3.3V 电压，供给 DSP 微处理器作为工作电源。稳压器输入输出的旁路电容由钽电解电容和瓷片电容构成，可以滤除高频噪声，减小电源的纹波，同时可以抑制 DSP 工作时引起的"地弹"噪声，保证电磁流量转换器能正常工作。

7.3　相关检测的电磁流量测量系统软件设计

电磁流量计性能的高低不仅和系统硬件有关，也和系统软件有关。软件的性能好坏在一定程度上决定了系统的测量精确度、自我检测以及可操作性等方面的性能。因此对于电磁流量测量系统来说，需要软硬兼顾。在系统硬件电路确定以后，通过软件的配合，使得电磁流量计在较低的故障率下完成测量、监控、显示等一系列的工作。

7.3.1　系统功能要求与资源分配

7.3.1.1　系统功能要求

针对基于相关检测原理的电磁流量测量系统要解决的问题进行详细的分析。系统的功能要求主要包含以下 5 点：

① 要求能够快速准确地测量管道内流体的常规瞬时流量和平均流速。

② 要求能够在低流速、外界强干扰或者少量固体颗粒含量的情况下较为准确地测量管道内流体的瞬时流量和平均流速。

③ 通过 DSP 的串口将处理完成的流量信息传给上位机，同时上位机能发送命令设置仪表的参数。

④ 系统能定时检测励磁电流的大小，监控磁场使其保持稳定。设置瞬时流量上限值，当超过该设定值时，触发蜂鸣器，显示流量信息，提醒用户。设置瞬时流量下限值，当低于该值时，同样触发蜂鸣器，显示流量信息，提醒用户。

⑤ 系统功耗较低，且运行稳定可靠。

7.3.1.2　DSP 资源分配

DSP 拥有丰富的资源来支撑其强大的数字信号处理能力，根据本系统的功能要求，合理地进行分配，使整个系统高效有序地进行。

基于相关检测的电磁流量测量系统软件内部资源如图 7-19 所示，主要包括 DSP 主监控资源、系统的输入资源以及系统的输出资源。利用这些资源完成基于相关检测的电磁流量测量系统的软件功能。

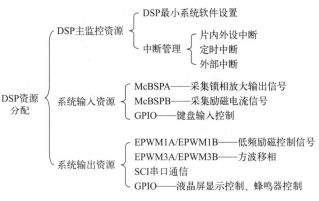

图 7-19 DSP 内部资源分配图

7.3.2 软件总体设计框图

为了提高系统的运行效率，节省系统空间，便于以后系统功能的进一步拓展。软件部分采用模块化的思维，将实现不同功能的函数独立成单独的模块，方便主程序的调用。系统软件主要由看门狗模块、初始化模块、ePWM 控制模块、数据处理模块、通信模块和人机接口模块以及中断模块构成。

系统软件模块框图如图 7-20 所示，下面对各个部分的功能进行介绍：

① 初始化模块程序主要完成系统初始化、PIE 控制寄存器初始化、PIE 向量表初始化、GPIO 初始化、ADC 采样初始化配置和液晶显示屏的初始化等。

② 主程序中添加了看门狗模块的应用，实现对系统软件运行状态的监控，防止系统出现异常。如果出现程序"跑飞"情况，自动复位，提高程序运行的可靠性。

③ ePWM 控制模块程序主要完成使能 EPWM1A 和 EPWM1B 产生 6.25Hz 互补的带有死区的高精度方波信号控制多路开关的选通，配合恒流源励磁电路实现场效应管的关、断，产生低频矩形波励磁信号。通过对 EPWM3A/EPWM3B 的配置实现方波移相，产生 90°相移的矩形波信号，提供给差分式相关检测系统作为参考信号，达到差分式的相关检测的目的。

④ 数据处理模块程序主要完成 EPWM2A 的配置产生中断后，周期性触发内部 12 位的 ADC，实现对锁相放大输出信号的采样，通过流量信号的处理滤波算法实现对流量信号的提取，根据电压与流速的线性关系，将电压信号转换为对应的流速、流量值。

⑤ 人机接口模块程序包括液晶显示屏显示控制，实现当前管道中流体平均流速、瞬时流量以及累积流量的显示，当流速高于或低于阈值时，显示当前流速信息，并报警。通过按

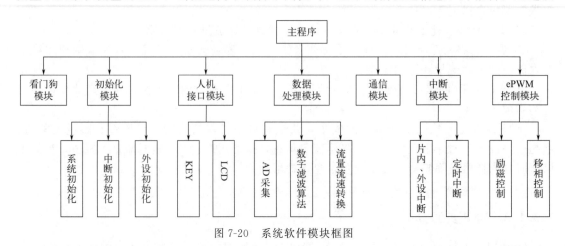

图 7-20 系统软件模块框图

键实现流量计的基本参数设计。

⑥ 通信模块程序通过 GPIO 端口的设置实现与上位机进行 RS-232 串口通信，实现流速、流量值的传输。

7.3.3　软件实现

7.3.3.1　系统初始化

系统初始化流程图如图 7-21 所示，主要完成系统模块程序的初始化。主要包括：系统上电初始化；PIE 中断向量表及各寄存器初始化；ADC 初始化配置，主要对系统时钟分频处理，得到 ADC 采样时钟信号，完成 A/D 校准及上电；ePWM 初始化配置，同样需要对系统时钟分频处理，作为时间基准；通过初始化程序，配置相应引脚的输入、输出方式以及引脚是否上拉；显示屏初始化，主要包括对显示屏端口的初始化、液晶显示器初始化；外部中断初始化，主要配置下降沿中断触发，目的是检测按键所处的状态。在完成系统初始化后，进入等待状态，等待中断的发生。

7.3.3.2　励磁控制程序

励磁控制程序的功能主要是产生互补的矩形波控制恒流源励磁电路的多路模拟开关 ADG409，驱动场效应管在管腔内产生稳定的磁场，并且能够在数据处理阶段使得励磁线圈上无励磁电流，实现节约能耗。其过程如图 7-22 所示。

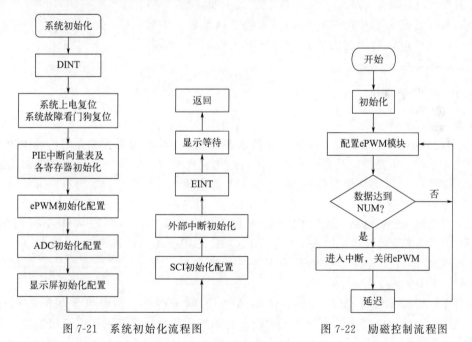

图 7-21　系统初始化流程图　　　　图 7-22　励磁控制流程图

系统上电后，DSP 完成各种初始化工作，包括系统初始化、中断向量表初始化以及 EP-WM1 模块的初始化等，开始配置 ePWM 模块，设置 EPWM1 为连续增计数模式，配置其输入时钟、高速时钟分频，对计数比较子模块寄存器进行配置，设置比较值；对动作限定输出寄存器设置，当时间基准计数器等于当前比较寄存器时（TBCTR＝CMPB），强制 EP-WM1 输出高或者低电平；同时选择合适的死区配置方式，产生需要的死区，从而获得一组互补的频率为 6.25Hz 的励磁控制波形。在主程序中将会判断系统采集到足够的流量数据，当达到 NUM 个数据后，将进入中断，关闭 EPWM1 模块，系统将调用算法进行处理，得到流速、瞬时流量等，并将结果通过 LCD 显示。然后系统将再次使能 EPWM1 模块，重复上述过程。

7.3.3.3 A/D 转换程序

电磁流量信号经过预处理以及锁相放大后，得到与流量信号成线性关系的直流电压。信号的数字式处理要求先将模拟信号经采样转换为数字信号，本系统采用 DSP 自带的 12 位具有流水线结构的模数转换器实现对直流信号的采样。从而通过 DSP 对流量信号做进一步的数据处理，提高系统的精确度。其过程如图 7-23 所示。

系统上电后，DSP 完成各种初始化工作，包括系统初始化、中断向量表初始化以及 ADC 模块的初始化等，开始配置 ADC 模块，首先配置 ADC 的时钟以及采样窗时间；配置 ADC 的最大转换通道寄存器，确定转换通道数；通过 ADC 输入通道选择排序控制寄存器选择转换通道 A0；ADC 模块由 EPWM2 周期性地触发采样，允许 EPWM2 触发 SEQ1 转换，在每个 SEQ1 转换结束后产生中断；进入中断，读取 A/D 转换结果缓冲寄存器中的采样值，存入数组，当数组中数据达到 NUM 个时，调用滤波算法，计算出相应流速、瞬时流量值，刷新显示。

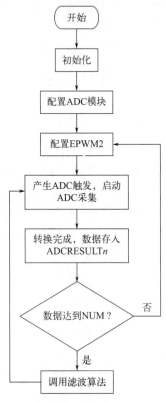

图 7-23　A/D 转换程序流程图

7.3.3.4 主监控程序

系统主监控程序流程图如图 7-24 所示，基于相关检测的电磁流量系统软件需要完成励磁控制、数据采集、滤波算法，下面对系统软件的整个工作流程做详细介绍，具体如下。

首先，系统上电复位以及自诊断，系统初始化配置相应程序模块实现模块的初始化配置（需要配置的模块上节有详细介绍），然后 DSP 开启中断响应，系统开始等待，等待信号触发中断。使能 ePWM 控制寄存器，控制 EPWM1A 和 EPWM1B 端口输出标准的互补 6.25Hz 矩形波信号用以控制励磁电路，配置 EPWM3A 和 ePWM3B 端口，对比 EPWM1A 和 EPWM1B，输出相位差为 90° 的同频率矩形波。配置 GPIO53、GPIO54、GPIO55 为通用 I/O 口，设置外部中断 XINT3、XINT4、XINT5 为下降沿产生中断，当有按键按下时，实现相应的增加、移动、确定功能。

配置 EPWM2A 触发 A/D 转换，使能 ADC 控制寄存器，同时将采集的数据保存至 RAM，且在每个 SEQ 转换结束后产生中断，将采集到的数据存储到指定的数组中。当数组放满后，此时关闭 ePWM 和 ADC，开始调用滤波算法，对采集的数据进行相应处理，DSP 将判断当前采集到的电压对应的流速是常规流速还是低流速，对于低流速数据进行低流速滤波，对于常规流速数据进行常规流速滤波。进行不同流速滤波的原因是针对管路中不同情况下电极输出信号主要噪声进行处理，低流速时对采样数据进行算术平均滤波，而常规流速时要进行异常数据剔除及加权平均滤波。将滤波后的数据进行流速、流量计算，通过 LCD 显示屏显示具体值。然后使能 ePWM 模块，重复上述过程。

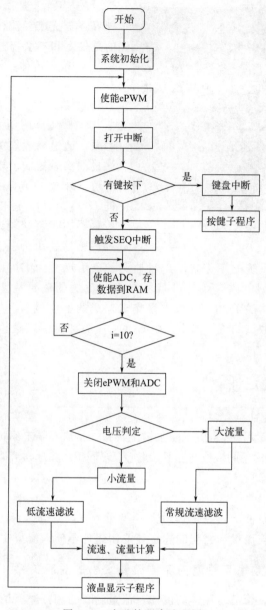

图 7-24　主监控程序流程图

7.4　电磁流量测量系统平台搭建与测试

7.4.1　现场测试装置

基于相关检测原理的电磁流量测量系统主要在教育部重点实验室搭建的流量检定实验平台进行性能测试和参数调试等功能。如图 7-25 所示为实验平台现场图。基于相关检测原理的电磁流量测量系统的检定要求，该实验平台满足以下技术指标：

①　最大检定流量：$100\text{m}^3/\text{h}$；

②　标准表精度：0.5％FS（日本横河 ADMAG AXW 型）；

图 7-25　实验平台现场图

③ 普通电磁流量计：用于在低流速、外界强干扰或者流体中含有少量固体颗粒的条件下和本系统进行对比；

④ 检定流体：清洁自来水；

⑤ 平台工作温度：0～50℃；

⑥ 稳压方式：稳压罐稳压法。

实验平台选用 KGR100-160 型单级离心泵，通过高性能矢量变频器实现对管道流量的实时控制。电磁流量传感器的测量管道（外径 110mm）采用碳钢管材，标准的 $DN100$ 法兰连接方式，便于电磁流量传感器的安装和调试。实验平台安装了温度传感器、压力传感器、电导率测试仪、液位传感器等仪表，对系统的工作状况进行监测。选用尺寸为 $DN100$、精度为 0.5% 的日本横河 ADMAG AXW 型电磁流量计进行标准表对比法的流量检定实验。采用基于 Lab-VIEW 软件和阿尔泰公司的 PCI8735 数据采集卡构成的上位机监测界面，能够方便地进行实验测试过程中各个参数（如流体温度、电导率、压力和储液罐液位）和实验数据的记录、处理、分析等。

7.4.2　实验平台稳定性

整个实验平台的稳定性对实验测试起着至关重要的作用：一是实验平台的基本功能，包括实验装置的安全性、可靠性，是否出现漏水情况等；二是离心泵工作频率与管道内流体流量大小的对应关系；三是储液罐不同液位高度下，离心泵不同工作频率与流体流量的波动强度关系。

7.4.2.1　管道密封性

流量计在实验安装条件下，保持在最大实验压力 5min。流量计及其上下直管段各连接处均无渗漏，并且管路与流量计之间的连接处的密封件不伸入流束中，管道密封性良好。

7.4.2.2　离心泵工作频率与管道内流体流量大小的对应关系

参照实测曲线可知，管道内流体的流速、流量随着变频器频率的增加均增大，变频器工作频率与流体流速、流量的大小基本成线性关系。并且，变频器可以稳定地对流体流量进行平稳调节。

7.4.2.3　离心泵工作频率对流量稳定性的影响

参照表 7-1，储液罐不同液位、离心泵在不同工作频率下测试管道流量的流量波动状况分析。

表 7-1　储液罐液位高度与流量波动数据分析表格

液高/cm	频率点/Hz	15	20	25	30	35
185	$\overline{L}/(\mathrm{m^3/h})$	44.735	60.411	75.380	90.255	105.048
	$\Delta L/(\mathrm{m^3/h})$	1.465	2.075	3.662	5.615	16.846
	$I_L/\%$	1.637	1.717	2.429	3.111	8.018

续表

液高/cm	频率点/Hz	15	20	25	30	35
155	$\overline{L}/(\mathrm{m^3/h})$	39.132	55.949	71.533	86.942	101.631
	$\Delta L/(\mathrm{m^3/h})$	1.709	1.709	4.272	7.080	15.381
	$I_L/\%$	2.184	1.527	2.986	4.072	7.567
125	$\overline{L}/(\mathrm{m^3/h})$	37.281	54.706	70.760	85.670	101.369
	$\Delta L/(\mathrm{m^3/h})$	1.709	2.319	3.174	18.006	28.076
	$I_L/\%$	2.229	2.120	2.243	10.543	13.848

不同液位下，对管道离心泵在不同工作频率下，统计了其对应的平均流量，得到表 7-2 所示实验数据。

从表 7-2 中可以得出，随着储液罐液位的增加，管道离心泵在相同的工作频率下，其排量也随着增加，说明储液罐液位的高低会对管道离心泵的工作产生影响。通过表 7-1 可知，当储液罐液位为 185cm 时，管道离心泵工作频率低于 30Hz 时波动率 I_L 低于 3.11%，基本可以满足流量检定的实验要求。

表 7-2　平均流量统计表　　　　　　　　　　　　　　　　　　　　　$\mathrm{m^3/h}$

液位	频率				
	15Hz	20Hz	25Hz	30Hz	35Hz
185cm	44.735	60.411	75.380	90.255	105.048
155cm	39.132	55.949	71.533	86.942	101.631
125cm	37.281	54.706	70.760	85.670	101.369

为了不影响实验测试结果，本文清洁水流量检定实验以及后期特殊工况下的实验都是在离心泵工作频率 30Hz 以下以及储液罐液位 185cm 的条件下进行的。

7.4.3　相关检测电磁流量测量系统基本单元电路测试

7.4.3.1　恒流源励磁电路测试

在恒流源励磁电路设计中，反馈电阻 R_5 的阻值和运算放大器同相输入端的电压值 V_i 共同决定了励磁电流的大小。恒流源励磁电路中的反馈电阻采用精密低温漂电阻，阻值为 10Ω，同相端输入电压值为 ±1.5V，所以线圈的励磁电流为 ±150mA。

DSP 控制 ePWM 模块输出低频矩形波控制时序，再搭载恒流源励磁电路，从而形成了频率为 6.25Hz 的交变磁场。由于线圈是感性负载，因此在线圈充放电过程中电流会出现缓慢上升、下降的现象。实测励磁电压波形如图 7-26 所示。通过示波器实测矩形波励磁波形，

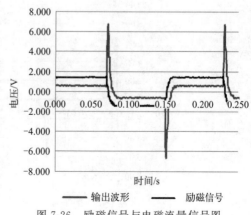

图 7-26　励磁信号与电磁流量信号图

可以得到，上升沿时间为 3.32ms，下降沿时间为 1.34ms。同时从图中可以看出，励磁波形的确和流量信号是相同频率、相同相位。

7.4.3.2 放大滤波电路测试

电磁流量计励磁电路使得线圈在管道中产生稳定的磁场，此时导电流体切割磁力线，电极上将产生与流速成正比的感应电动势。放大滤波电路正是为了获取此感应电动势而设计的，目的在于获得较为良好的电极输出信号波形，为后面的锁相放大处理甚至是 DSP 的数字处理做好准备。下面对信号的放大滤波电路进行实际测试：通过改变管道离心泵的工作频率，工作频率从 0Hz 到 20Hz 以 5Hz 为间隔增加，观测系统是否有输出信号，是否随着流速的增加而相应改变。为了方便数据分析，利用数据采集卡对经过放大滤波电路处理的电极输出信号（不经过锁相放大处理和电平提升电路）进行信号采集，可以得到图 7-27～图 7-31 所示信号波形。

如图 7-27 所示，当管道内充满液体且变频器调为 0Hz 时，该信号波形是经过放大滤波电路处理的原始信号波形。根据电磁感应定律可知，低频矩形波励磁过程中，磁场从无到建立稳态的过程中，磁场换相时闭合回路磁场发生突变，会在闭合回路上产生感应电动势，此电动势为电磁流量计的微分干扰，在电极输出信号上表现为一个大尖峰干扰。信号的平稳段即为励磁电流的平稳段，但是由于设计的信号处理电路有带通滤波器，而矩形波信号是由无数奇次谐波叠加构成的信号，所以滤波器的滤波带宽只会让一部分的信号通过，不能实现完整信号的通过。因此电极信号的平稳段宽度会比励磁电流波形的稳定段窄。尖峰的大小则是

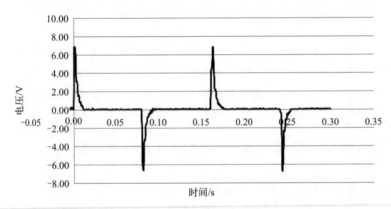

图 7-27 信号处理板输出信号波形图 ($v=0$m/s)

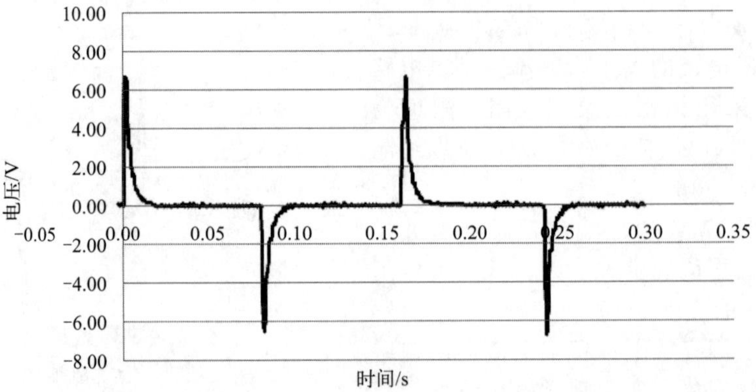

图 7-28 信号处理板输出信号波形图 ($v=0.386$m/s)

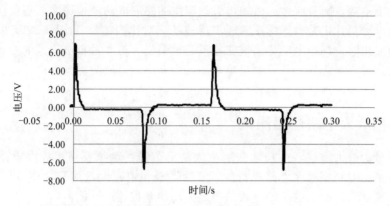

图 7-29　信号处理板输出信号波形图（$v=0.833\text{m/s}$）

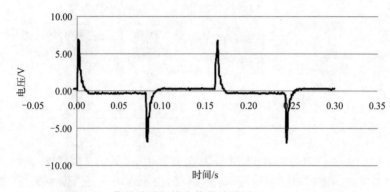

图 7-30　信号处理板输出信号波形图（$v=1.323\text{m/s}$）

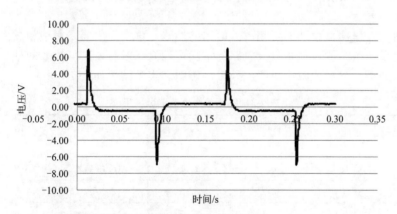

图 7-31　信号处理板输出信号波形图（$v=1.787\text{m/s}$）

由励磁电流对励磁线圈的充电和放电时间长短（励磁波形的上升沿和下降沿大小）所决定的。也就是说，励磁频率越高，dB/dt 越大，尖峰干扰也就越大，反之越小。这也正是选择低频矩形波励磁的原因之一。

通过示波器实测可得，在正向励磁阶段，电极输出信号的正向电压平稳段时间为 60ms，同理，在负向励磁阶段，电极输出信号的负向电压平稳段时间为 62ms。

如图 7-27～图 7-31 所示，管道离心泵的工作频率从 0 到 20Hz 以 5Hz 间隔增加，管道内流体的流速从 0 到 1.787m/s 逐渐增大。当管道内流体处于静止状态且充满管道时，不切割磁力线，电极输出信号正负向压差为零；当管道内流体流动时，流体切割磁力线，在电极两端产生感应电动势，随着流体流速的增大，产生的感应电动势也增大，正负压差也相应增大，传统的电磁流量计正是根据此压差标定流速的。对比图 7-28 和图 7-29 可以看出，当流速在小范围内变化时，感应电动势幅值变化不是很明显，根本看不出压差的变化。这也正是传统电磁流量计的不足之处。并且如果将观测尺度缩小，可以观测到电极输出信号的平稳段"起伏不定"，要想准确地获取压差较为困难。

7.4.4 锁相放大电路性能测试

实现了信号的放大滤波，成功地获取电极输出信号，意味着锁相放大电路有了待测信号。因此接下来将对锁相放大电路进行测试。为了模拟电磁流量信号，将按照如图 7-32 所示的测试方法验证锁相放大电路的有效信号放大功能和抗噪声性能。

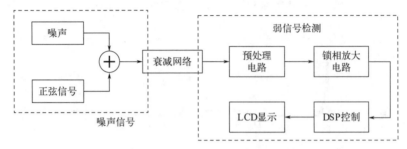

图 7-32　信号检测电路性能测试框图

该测试电路利用 RIGOL DG4062 信号发生器产生频率为 6.25Hz、幅值从 10mV 到 100mV 变化的正弦波，通过加法器将峰-峰值 2V 的白噪声与上述正弦信号相加，经过衰减系数为 1000 倍的衰减网络，以此混合信号来模拟电磁流量计电极输出信号，也就是锁相放大电路的待测信号。

下面通过实验来测试设计的锁相放大电路的性能，该实验主要是对锁相放大电路的功能有一个实验性的了解，测试锁相放大电路的抗噪声性能和对有效信号提取的性能，在叠加噪声的情况下，有效信号幅值减小对检测效果的影响。实验结果如表 7-3 所示。

表 7-3　锁相放大电路测试结果

被测信号 /mV	输出值/mV			平均值 /mV	显示值 /mV	相对误差 /%
	第 1 次	第 2 次	第 3 次			
10	15.8	16.1	16.5	16.13	10.38	3.83
20	31.5	32.1	32.4	32.00	20.60	2.98
30	47.2	47.5	47.7	47.47	30.55	1.83
40	63.6	62.9	62.7	63.07	40.59	1.47
50	78.8	78.3	78.4	78.50	50.52	1.05
60	93.4	93.5	93.7	93.53	60.20	0.33
70	108	109	108	108.33	69.72	−0.40
80	124	123	124	123.67	79.59	−0.51
90	139	138	139	138.67	89.25	−0.84
100	155	156	154	155.00	99.76	−0.24

从表 7-3 中可以得出，随着有效信号幅值的逐渐增加，检测到的直流电压也相应地增加，如图 7-33 所示，两者成线性关系。验证了在噪声相同的情况下，当有效信号幅值增加时，检测的直流信号的幅值也相应增加，达到了抑制噪声放大有效信号的效果。

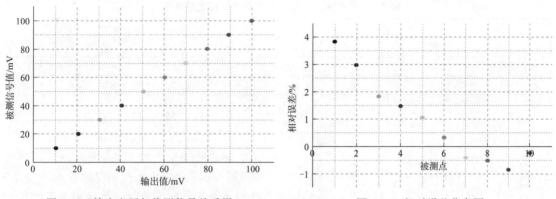

<table>
<tr><td>图 7-33　输出电压与待测信号关系图</td><td>图 7-34　相对误差分布图</td></tr>
</table>

从图 7-34 中可以得出，当有效信号的电压增大时，噪声对输出的影响逐渐减弱，相对误差也逐渐减小，当有效信号幅值仅为 10mV 时，相对误差为 3.83%。

将电极输出信号输入锁相放大电路信号端，将励磁信号作为参考信号，励磁参考信号与电极输出信号同频同相，信号通过 AD630 实现乘法运算。图 7-35 是经过 AD630 处理后的实测波形（翻转后的幅值）。

如图 7-35 所示，电极输出信号经过 AD630 实现与励磁参考信号相乘，得到的波形实际上是将原始波形以零点为对称轴向下翻转，此过程与 AD630 内部的开关电路有关，再经过低通滤波器后，波形近似为一条直线，与前面的理论研究一致。图 7-36 为现场测试图。

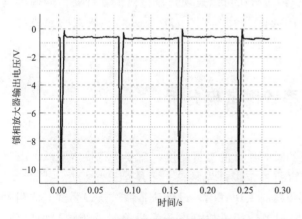

图 7-35　锁相放大器输出信号图

图 7-36　现场测试图

7.5　清洁自来水流量校定实验

为了得到锁相放大输出电压和流体流速之间的对应关系，本系统采用直接测量法，也称为实流校准法。

由此设计了清洁自来水流量校定实验，通过改变变频器的工作频率，实现管道中流体流速大小的调节，记录标准表流速和基于相关检测的电磁流量测量系统输出的电压值，其实验数据如表 7-4 所示。

表 7-4   相关检测电磁流量测量系统校定数据表

校定点	1	2	3	4	5	6	7
标准表流速/(m/s)	0.141	0.238	0.331	0.426	0.522	0.619	0.725
被检表电压值/V	0.133	0.086	0.045	0.004	−0.039	−0.083	−0.131
校定点	8	9	10	11	12	13	14
标准表流速/(m/s)	0.824	0.926	0.975	1.236	1.494	1.747	2.000
被检表电压值/V	−0.174	−0.223	−0.246	−0.362	−0.472	−0.584	−0.707

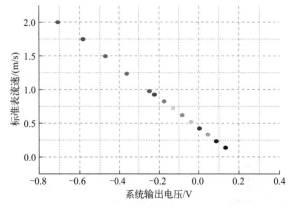

图 7-37   系统输出电压与流速关系图

通过表 7-4 中的实验数据，可以得到如图 7-37 所示的相关检测电磁流量测量系统输出电压与标准表流速的对应关系曲线。

变频器频率的改变使得流速改变，流速的变化令低通滤波器输出的有效电压改变，用数据采集卡采集锁相放大器输出的直流电压，并记录标准表的流速。通过最小二乘法计算，系统的输出电压值与流速满足的线性关系为如式(7-20) 所示。

$$y = -2.2294x + 0.4331 \qquad (7-20)$$

式中，y 为流速值；x 为系统的输出电压值。方程式(7-20) 中系数 $a = -2.2294$、$b = 0.4331$ 即为被检测流量计的仪表系数。经过分析可以发现，被检测流量计的信号输出电压能线性地表示流速的变化，两者有良好的线性关系。如图 7-37 所示，该直线的趋势线性拟合的程度指标 $R^2 = 0.9999$。

7.6   相关检测电磁流量测量系统测试与分析

为了得到相关检测电磁流量测量系统的瞬时流量的测量精度，需要进行检定实验，参照检定规程，对相关检测电磁流量测量系统进行检定。首先是整个系统的开机预热一段时间，再开启管道阀门，启动循环系统，调节变频器的工作频率，设置流量测试点，测试流体相关参数（电导率、温度和压力），等待标准表和被检相关检测电磁流量测量系统输出稳定后，读取和记录相关数据，依次类推，测试下一个流量点。直到测试完所有的流量测试点，关闭检定系统。可以得到如表 7-5 所示的数据。

参照 JJG 1033—2007《电磁流量计检定规程》，检定过程需满足以下检定要求：

针对检定流体需要满足：检定流体的电导率范围满足在 $50\sim5000\mu S/cm$ 之间；液体介质温度满足在 $4\sim35℃$ 之间。本实验流体为清洁自来水，实测电导率为 $327\mu S/cm$，流体温度 $10℃$，满足检定要求。

针对流量检定点数和检定的次数要求：基于相关检测的电磁流量测量系统检定流量点包

括：q_{max}，q_{min}，$0.10q_{max}$，$0.25q_{max}$，$0.50q_{max}$，$0.75q_{max}$。每个流量点重复检定的次数需要参考被检表的准确度等级，准确度等级低于 0.2 级，每个流量点的检定次数不少于 3 次。由于本检定系统标准表的精度为 0.5 级，所以考虑每个流量点的检定次数为 3 次，最大流量点为 56m³/h，最小流量点为 3.9m³/h。

根据我国 JJG 1033—2007《电磁流量计检定规程》的要求，研究的基于相关检测的电磁流量测量系统瞬时流量相对误差计算方法如下：

① 相关检测电磁流量测量系统各流量点单次检定相对示值误差如式（7-21）所示，根据表 7-5 中的实验数据得到如图 7-38 所示的各流量点单次检定相对示值误差分布图。

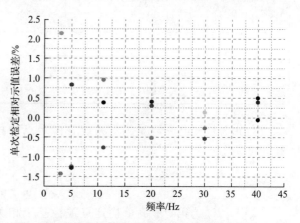

图 7-38　各流量点单次检定相对示值误差分布图

$$E_{ij} = \frac{q_{ij} - (q_s)_{ij}}{(q_s)_{ij}} \times 100\% \qquad (7\text{-}21)$$

式中，E_{ij} 为第 i 个流量检定点第 j 次检定时被检基于相关检测的电磁流量测量系统的相对示值误差值，%；q_{ij} 为第 i 个流量检定点第 j 次检定时被检基于相关检测的电磁流量测量系统显示的瞬时流量值，m³/h；$(q_s)_{ij}$ 为第 i 个流量检定点第 j 次检定时标准电磁流量计的瞬时流量值，m³/h。

表 7-5　流量检定数据统计表

检定流量点 （变频器频率/Hz）	标准表流量 /(m³/h)	被检表流量 /(m³/h)	流量差值 /(m³/h)	各流量点单次检定 相对示值误差 /%	各检定点相对 显示误差 /%	重复性 /%
40	56.520	56.491	−0.028	−0.050	0.283	0.291
	56.520	56.746	0.226	0.400		
	56.548	56.831	0.283	0.500		
30	42.241	42.128	−0.113	−0.268	−0.223	0.338
	42.270	42.043	−0.226	−0.535		
	42.241	42.298	0.057	0.134		
20	27.539	27.398	−0.141	−0.513	0.068	0.506
	27.567	27.680	0.113	0.410		
	27.624	27.709	0.085	0.307		
11	14.787	14.844	0.057	0.382	0.193	0.871
	14.759	14.646	−0.113	−0.766		
	14.702	14.844	0.141	0.962		
5	6.757	6.814	0.057	0.837	−0.563	1.213
	6.786	6.701	−0.085	−1.250		
	6.644	6.560	−0.085	−1.277		

检定流量点 (变频器频率/Hz)	标准表流量 /(m³/h)	被检表流量 /(m³/h)	流量差值 /(m³/h)	各流量点单次检定 相对示值误差 /%	各检定点相对 显示误差 /%	重复性 /%
3	3.958	3.902	−0.057	−1.429	0.947	2.06
	3.987	4.071	0.085	2.128		
	3.958	4.043	0.085	2.143		

② 相关检测电磁流量测量系统各检定点的相对显示误差如式(7-22) 所示，分布图如图 7-39 所示。

$$E_i = \frac{1}{n}\sum_{j=1}^{n} E_{ij} \qquad (7\text{-}22)$$

式中，E_i 为第 i 个流量检定点被检基于相关检测的电磁流量测量系统的相对显示误差，%；n 为第 i 个流量检定点的检定次数。

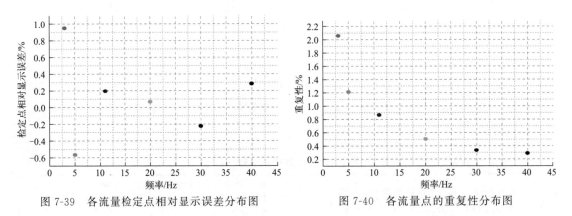

图 7-39　各流量检定点相对显示误差分布图　　　图 7-40　各流量点的重复性分布图

③ 当每个流量点重复测量 3 次时，基于相关检测的电磁流量测量系统重复性计算公式如式(7-23) 所示，分布图如图 7-40 所示。

$$(E_r)_i = \sqrt{\frac{1}{n-1}\sum_{j=1}^{n}(E_{ij}-E_i)^2} \qquad (7\text{-}23)$$

式中，$(E_r)_i$ 为第 i 个流量检定点的重复性。

本章设计的基于相关检测的电磁流量测量系统各流量检定点瞬时流量的相对示值误差和重复性计算结果如表 7-5 所示。由各流量检定点的相对示值误差分布（图 7-38）可知，当流量低于 4.0m³/s 时，即管道中流体流速低于 0.14m/s 时，单点的相对示值误差略高于常规流速时单点的相对示值误差，绝对值大都在 2.0% 左右。其他单点相对示值误差最大为 −1.4%，最小的单点相对示值误差为 −0.05%；如图 7-39 所示，各流量检定点的相对显示误差在 0% 的上下波动；各流量检定点的重复性分布曲线如图 7-40 所示，当管道中流体流速低于 0.14m/s 时，重复性低于常规流速时的重复性，其他点的流量重复性都在 1.2% 以下范围波动，随着流量的增大，重复性逐渐变好。

基于表 7-5 中的数据分析可知，自主研究和设计的基于相关检测的电磁流量测量系统在流量测量范围 4~56m³/h 内时，系统的相对显示误差最大值为 0.95%，表明系统瞬时流量测量精度为 1.0 级。

7.7　测量系统在特殊情况下测试

为了验证基于相关原理的电磁流量检测技术的优越性，在完成了该系统的常规测试后，进行了该系统分别在低流速、外界强干扰或者流体中含有少量固体颗粒情况下的测试。

7.7.1　低流速测试

从 0 Hz 开始逐渐增加变频器的频率，分别记录变频器频率在 3.5 Hz、4.5 Hz、5.5 Hz 时标准表的流速值，采集记录本系统的输出波形，如图 7-41 所示。

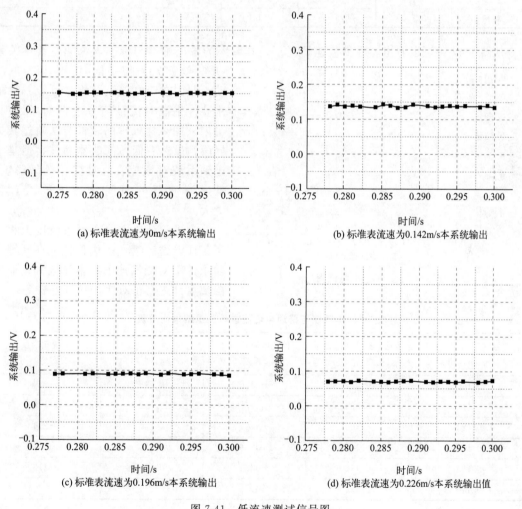

图 7-41　低流速测试信号图

从图 7-41 中可以定性地看出，本系统对于低流速有明显的响应，接下来将定量分析该系统对低流速的检测能力。将变频器的频率从 2 Hz 以每 0.10 Hz 逐次增加，记录标准表流速值以及相对应的本系统输出的最大、最小值，如表 7-6 所示。

表 7-6　低流速测试数据表

频率 /Hz	标准表读数/(m/s)			本系统输出平均值/mV		
	最小值	最大值	平均值	最小值	最大值	平均值
2.00	0.099	0.101	0.100	165	167	166
2.10	0.102	0.103	0.103	159	160	159.5
2.20	0.106	0.107	0.107	157	159	158
2.30	0.113	0.114	0.114	154	157	155.5
2.40	0.117	0.118	0.118	152	153	152.5
2.50	0.122	0.123	0.123	148	150	149
2.60	0.126	0.127	0.127	143	147	145
2.70	0.130	0.131	0.130	140	144	142
2.80	0.134	0.136	0.135	138	140	139
2.90	0.135	0.136	0.136	134	137	135.5
3.00	0.140	0.141	0.140	132	135	133.5

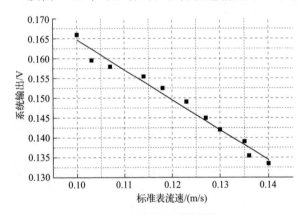

图 7-42　低流速下测试图

从图 7-42 中可以看出，在低流速情况下，本系统的输出基本与标准表流速呈线性关系（$R^2 = 0.977$）。但是依旧存在信号的波动，原因在于电磁流量测量系统并没采用硬件手段对流量信号进行削峰处理，也未采用采样处理的软件方法跳过其尖峰段，虽然有低通滤波器滤波，但是考虑到系统对流速、流量变化的敏锐度，低通滤波器的时间常数不能设置得太大。

为了验证该方法在测量精度上相对于普通电磁流量计的优越性，在同等实验条件下对低流速下的本系统和普通电磁流量计进行了对比，获得了表 7-7。

表 7-7　本系统与普通电磁流量计测量结果比较表

高精度电磁流量计读数 /(m/s)	普通电磁流量计读数 /(m/s)	传统电磁流量计相对误差/%	本系统读数 /(m/s)	本系统相对误差 /%
0.100	0.079	−21.0	0.098	−2.0
0.114	0.094	−17.5	0.112	−1.8
0.123	0.104	−15.4	0.120	−2.4
0.130	0.111	−14.6	0.129	−0.8
0.135	0.116	−14.1	0.133	−1.5
0.140	0.122	−12.9	0.141	0.7

基于相关检测的电磁流量计和普通电磁流量计的测量误差分布如图 7-43 所示。在低流速的条件下，本系统的最大误差只有 −2.4%，而普通电磁流量计的最大相对误差达到了 −21.0%。显而易见，在低流速条件下，基于相关检测的流量测量系统的测量精度比普通电磁流量计高出很多。

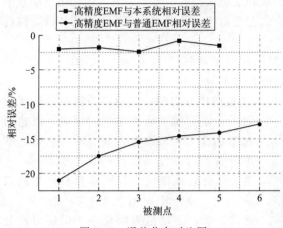

图 7-43　误差分布对比图

图 7-44　同一电源下的电泵

7.7.2　外界强干扰下测试

该实验通过打开、关断接在同一电源上的大功率电泵（图 7-44），引入较强的同步周期性脉冲噪声，同时通过加法器电路引入由信号发生器 RIGOL DG4062 产生的白噪声，测试在该条件下系统的输出值的波动率，本实验选择的频率测试点为变频器 25Hz 处。

从图 7-45 中可以得到，普通电磁流量计输出的波形受到了外界强干扰的影响，波形的平稳段的示值在 0~0.250V 之间波动，波动的范围已经不利于计算出压差，进而使得流速的测量失去原有的准确度。而本系统能较好地抗外界干扰，输出本身就近似一条平稳的直线，如图 7-46 所示，且输出值只有 15mV 的波动，十分便于采集和计算，从而完成流量测量。

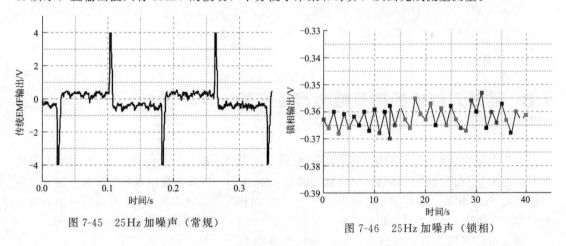

图 7-45　25Hz 加噪声（常规）

图 7-46　25Hz 加噪声（锁相）

7.7.3　浆液测试

由于流体中的固体颗粒随着流体的流动，随机地附着在电极表面或划破电极表面的氧化层，使得电极 A、B 上的极化电压发生突变。又由于两电极上极化电压的改变情况并不一致，输出信号中就叠加上了随机发生的尖峰状差模跳变信号。频谱分析发现，浆液干扰的频率分布较宽，且干扰幅值随着频率的增加呈下降趋势，也就是含有 $1/f$ 的特点。这是因为，浆液干扰是由于固体颗粒冲击电极，导致电极极化电压发生突变而产生的干扰信号。而电极上的极化电压来自电化学作用，所以是一种生成和变化缓慢的信号。于是叠加在输出信号中的浆液干扰，呈现跳变后幅值指数衰减的特点。正是由于这种特点，浆液干扰的频谱特性近似 $1/f$ 分布。

该实验通过向储液罐中加入一定按质量配比的沙子和膨润土（3‰），如图 7-47 所示。当沙子和膨润土充分搅拌，均匀分布后，开始测量并记录数据。

从图 7-48 中可以看出，在清洁自来水中加入少量固体颗粒时，普通电磁流量计的浆液测量明显受到了浆液干扰的影响，流速值在 $2.050\sim2.250$ m/s 之间波动。从图 7-49 中可以看出，当采用锁相放大技术时，本系统能有效地抵抗少量固体颗粒产生的浆液干扰，使得流速值在 $2.130\sim2.150$ m/s 之间波动，波动范围明显小于常规方法处理的结果，能够更好地抵抗少量固体颗粒的干扰，完成流量测量。

图 7-47　沙子与膨润土

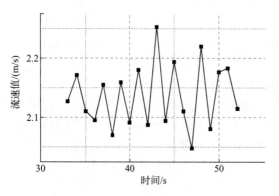

图 7-48　浆液时普通电磁流量计输出信号图

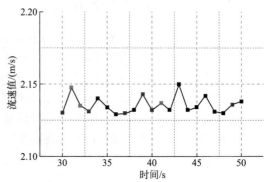

图 7-49　浆液时系统输出信号图

7.8　差分式结构的相关检测方法实验

对相关检测原理的电磁流量检测模型进行研究，得出了流量信号幅度（V_{am}）与相关器输出直流电压 V_0 和低通滤波器的放大倍数的倒数（R_1/R_0），以及流量信号和励磁参考信号之间的相位差（φ）相关。实际信号处理中，当 $\varphi=\pi/2$ 时相关结果并不等于 0，因为信号不可能完全对称，因此当 $\varphi=\pi/2$ 时得到的是噪声。而当 $\varphi=0$ 时，得到的是含有噪声的流量信号。

因此可以采用差分式的结构，进一步地提高检测能力，如图 7-50 所示，V_0 代表的是流量信号，U_0 代表是励磁参考信号，U_{90} 代表的是与流量信号呈 90°相位差的参考信号。

在本系统中采用了 2 个相关器，相关器 1 获得了含噪声的信号 $S(t)$，它包含噪声 $n(t)$ 和流速信号 $s(t)$，采用相关器 2 获得了噪声信号 $n(t)$。最后 $S(t)$ 减去 $n(t)$ 得到流速信号 $s(t)$。差分式结构的相关检

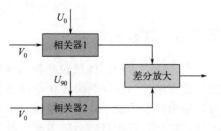

图 7-50　差分式相关器结构图

测方法能够进一步地提高电磁流量测量系统的性能。

7.8.1　90°相位差的产生

相关器 2 需要与流量信号相差 90°的参考信号，考虑到移相的波形是矩形波，不能通过 RC 有源移相网络对其移相，若采用集成锁相环电路和 D 触发器组成移相电路，理论上能得到 90°相移的矩形波，但是由于集成锁相环电路本身需要考虑励磁频率，配置合适的电阻电容值，势必会引入不必要的噪声，不利于提取微弱信号。因此，本系统采用 DSP 的增强型脉宽调制器（ePWM）模块实现方波 90°相移。

7.8.2　差分式结构的低流速测试

从 0Hz 开始逐渐增加变频器的频率，分别记录变频器频率与标准表的流速值，采集记录本系统的输出电压，如表 7-8 所示。

表 7-8　差分式结构低流速测试表

变频器频率 /Hz	标准表读数 /(m/s)	显示值/mV			平均值/mV
		第 1 次	第 2 次	第 3 次	
0	0	113	114	113	113.33
0.5	0	102	103	102	102.33
1	0.084	92.6	92.2	91.9	92.23
1.55	0.124	82.9	83.2	83.4	83.17
2.05	0.162	74.3	72.1	73.6	73.33
2.5	0.198	66.4	65.9	66.1	66.13
3.05	0.237	56.7	57.2	57	56.97
6.05	0.483	3.6	4.1	3.8	3.83
10.05	0.833	−75.6	−76.2	−76.7	−76.17
15.05	1.335	−187	−186	−188	−187.00
20	1.798	−286	−287	−288	−287.00

通过表 7-8 中的实验数据，在流速低于 0.25m/s 时，可以得到如图 7-51 所示的基于相关检测的电磁流量测量系统输出电压与标准表流速的对应关系曲线。

经过曲线拟合，可以得到一次曲线方程如式（7-24）所示。

$$y = -4.5482x + 0.4968 \quad (7\text{-}24)$$

为了验证差分式的方法能进一步提升基于相关检测的电磁流量测量系统的抗干扰能力，在同等实验条件下对低流速下的本系统和普通电磁流量计以及差分式方法进行了对比，得到的数据如表 7-9 所示，并根据该表得到了三种数据处理方法的相对误差分布图，如图 7-52 所示。

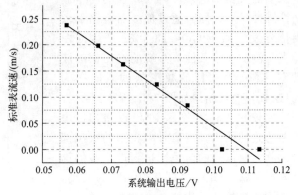

图 7-51　系统输出电压与标准表流速的对应关系曲线

表 7-9   三种流量计的相对误差

高精度电磁流量计读数 /(m/s)	普通电磁流量计相对误差 /%	本系统相对误差 /%	差分式相对误差 /%
0.100	−21.0	−2.0	1.5
0.114	−17.5	−1.8	−1.3
0.123	−15.4	−2.4	1.2
0.130	−14.6	−0.8	−0.8
0.135	−14.1	−1.5	0.7
0.140	−12.9	0.7	0.5

从图 7-52 所示误差曲线中可以看到，非相关检测方法的误差明显大于其余两种方法，而经过差分式改进后所得的误差相较于之前更小，且均匀分布在 0 点附近。从表 7-8 中可以看到，差分式结构的方法的测量下限能够达到 0.084m/s，并且当变频器从 0Hz 增加到 0.5Hz 时，标准表的读数依然是 0，而该方法的输出有明显变化，由此证明该方法在测量低流速时具有独特的优势。

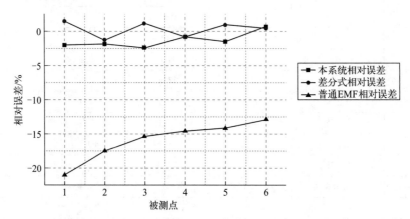

图 7-52   三种流量计的相对误差分布图

7.8.3   差分式结构的强噪声测试

该实验同样通过打开、关断接在同一电源上的大功率电泵，引入较强的同步周期性脉冲噪声，同时通过加法器电路引入由信号发生器 RIGOL DG4062 产生的白噪声，测试在该条件下系统的输出值的波动率，本实验选择的频率测试点同样为 25Hz 处，测试结果如图 7-53 所示。

比较图 7-53 与图 7-46 可以得出：由于差分式的结构，将信号中相同的噪声部分消除，使信号的信噪比得到进一步的提高，系统输出值最大只有 10mV 的波动，增强了系统的抗干扰能力。

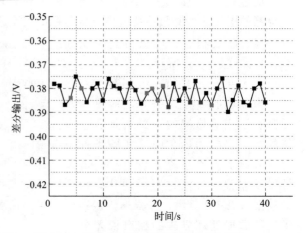

图 7-53   差分式结构的强噪声测试结果图

7.8.4　差分式结构的浆液测试

目前电磁流量计仍广泛用于污水、纸浆等流体测量。在测量浆液的时候，由于固体颗粒随机碰撞电极，将会产生浆液噪声，使测量值跳动。该实验通过向储液罐中加入一定质量配比的沙子和膨润土（3‰），当沙子和膨润土充分搅拌，均匀分布后，开始测量并记录数据（变频器频率为 30Hz），如图 7-54 所示。

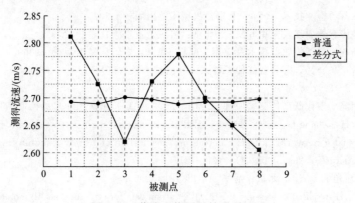

图 7-54　浆液干扰测试结果对比图

从图 7-54 中可以看出，普通电磁流量计明显受到浆液噪声的影响，流速在 2.61～2.80m/s 之间波动明显。而采用差分式结构的基于相关检测的电磁流量测量系统能有效抵御来自浆液干扰的冲击，将流速稳定在 2.68～2.70m/s 之间。

参考文献

[1] 鲍超. 信息检测技术 [M]. 杭州: 浙江大学出版社, 2002.

[2] 张振海, 张振山, 李科杰. 信息获取技术 [M]. 北京: 北京理工大学出版社, 2020.

[3] 方彦军, 李昕, 唐若笠. 检测技术与工程应用 [M]. 武汉: 武汉理工大学出版社, 2020.

[4] 胡向东. 传感器与检测技术 [M]. 北京: 机械工业出版社, 2021.

[5] 王元庆. 新型传感器原理及应用 [M]. 北京: 机械工业出版社, 2002.

[6] 王亚峰, 宋晓辉. 新型传感器技术及应用 [M]. 北京: 中国计量出版社, 2009.

[7] 梅杰, 珀提斯, 马金瓦, 等. 智能传感器系统新兴技术及其应用 [M]. 靖向萌, 等译. 北京: 机械工业出版社, 2018.

[8] 刘迎春, 叶湘滨. 现代新型传感器原理与应用 [M]. 北京: 国防工业出版社, 1998.

[9] Zhao X, Gao H, Zhang G, et al. Active health monitoring of an aircraft wing with embedded piezoelectric sensor/actuator network: I. Defect detection, localization and growth monitoring [J]. Smart Materials and Structures, 2007, 16 (4): 1208-1217.

[10] 廖延彪. 光纤光学 [M]. 北京: 清华大学出版社, 2000.

[11] Stockdale G L. Generalized processing of FBG/FRP strain data for structural health monitoring [D]. University of Hawaii at Manoa, 2012.

[12] 曹长城, 田石柱, 王大鹏. 光纤传感器在土木工程健康监测中的发展与应用 [J]. 四川建筑科学研究, 2013, 39 (3): 372-376.

[13] 邵飞, 杨宁, 孙维, 等. 基于光纤传感的航天器结构健康状态监测研究 [J]. 航天器工程, 2018, 27 (2): 95-103.

[14] 陈曦, 姚建铨, 陈慧. 光纤光栅温度应变同时测量传感技术研究进展 [J]. 传感器与微系统, 2013, 32 (9): 1-4.

[15] 曲本波. 光纤 EFPI 压力传感器长期稳定性研究 [D]. 大连: 大连理工大学, 2011.

[16] Rajan G. Optical fiber sensors: advanced techniques and applications [M]. Boca Raton: CRC Press, 2015.

[17] Hanni J R, Venkata S K. Does the existing liquid level measurement system cater the requirement of future generation? [J]. Measurement, 2020, 156.

[18] Singh Y, Raghuwanshi S K, Kumar S. Review on liquid-level measurement and level transmitter using conventional and optical techniques [J]. IETE Technical Review, 2018, 36 (4): 329-340.

[19] Onorato G, Persichetti G, Grimaldi I A, et al. Optical fiber fuel level sensor for aeronautical applications [J]. Sensors and Actuators A: Physical, 2017, 260: 1-9.

[20] 李川. 光纤传感器技术 [M]. 北京: 科学出版社, 2012: 157-158.

[21] 林品云. 关于红外线测温仪的若干问题 [J]. 科技展望, 2015, (10): 181.

[22] 谢彬. 红外线测温仪在日常生产中的应用 [J]. 氯碱工业, 2016, (11): 43-45.

[23] 王霄. 空中目标红外辐射特性分析与成像仿真技术研究 [D]. 上海: 中国科学院大学 (中国科学院上海技术物理研究所), 2020.

[24] 张静, 张庆伟, 王开宇, 等. 应用于物联网设备的无线射频识别定位技术研究 [J]. 现代电子技术, 2017, 40 (05): 29-32.

[25] 梁烁, 刘文怡, 历智强, 等. 基于热释电探测器的人体红外感应单元设计 [J]. 仪表技术与传感器, 2019, (04): 29-32.

[26] 杨琳, 向胜奎, 王露, 等. 基于 51 单片机的智能干手器的设计 [J]. 微型电脑应用, 2020, 36 (8): 1-4.

[27] 何赟泽. 电磁无损检测缺陷识别与评估新方法研究 [D]. 长沙: 国防科技大学, 2012.

[28]　林俊明．电磁无损检测技术的发展与新成果［J］．工程与试验，2011，51（1）：57-64．

[29]　盛卫锋，杜阳，周德强．基于脉冲涡流热成像的下表面缺陷评估［J］．激光与红外，2017（8）：968-974．

[30]　韦兴平，车畅，宋春华．超声波传感器应用综述［J］．工业控制计算机，2014，27（11）：135-136．

[31]　陶文超，董辛，张益铭．基于 ARM 的超声波测距设计［J］．数字技术与应用，2016（7）：164．

[32]　马爱霞，徐音．超声波传感器原理及应用［J］．科技风，2016（1）：109．

[33]　王国军．超声波测距传感器的研究［D］．哈尔滨：黑龙江大学，2014．

[34]　常宏岗，段继芹．中国天然气计量技术及展望［J］．天然气工业，2020，40（01）：110-118．

[35]　刘丹丹．多声道超声波气体流量测量若干问题的研究［D］．杭州：浙江大学，2017．

[36]　美国无损检测学会编．美国无损检测手册（超声卷）［M］．上海：世界图书出版公司，1996：39-189．

[37]　李萍．超声波液位测量仪的误差分析与抗干扰措施［J］．交通科技与经济，2006，（6）：72-74．

[38]　莫德举，刘艳艳．超声波液位测量方法的研究［J］．仪器仪表与分析监测，2007，（1）：21-23．

[39]　伦翠芬，侯桂凤，张淑清，等．智能超声波物位仪的研究［J］．仪器仪表学报，2005，26（8）：443-444．

[40]　梁红，杨长生．现代信号检测与估计理论［M］．西安：西北工业大学出版社，2021．

[41]　高晋占．微弱信号检测［M］．北京：清华大学出版社，2019．

[42]　李晓飞，郭栋梁，张晓荣，等．基于微弱信号的可控放大电路设计［J］．山西电子技术，2023，（3）：19-21．

[43]　赵玮，张海涛，李治中，等．三维电场传感器微弱信号放大电路的设计与实验研究［J］．仪表技术与传感器，2022，（5）：15-18，23．

[44]　叶硕，夏振华．精密锁定放大电路的设计与实现［J］．化工自动化及仪表，2018，45（6）：467-470．

[45]　田正武，熊俊俏，裴建华，等．微弱信号检测与锁定放大电路［J］．化工自动化及仪表，2014，41（5）：509-512．

[46]　刘铁军，王保良，黄志尧，等．一种工作频率可调的锁定放大电路在液体微弱电导测量中的应用［J］．传感技术学报，2006，（2）：337-340．

[47]　李文臣．一种简单实用的锁定放大电路［J］．电子技术杂志，1996，（10）：14-15．

[48]　刘红丽，李昌禧．一种测量微弱信号的锁定放大电路设计［J］．武汉理工大学学报（交通科学与工程版），2002，（5）：619-621．

[49]　孔娃，夏景，施丽娟，等．基于滤波匹配网络的连续逆 F 类功率放大器［J］．微电子学，2017，47（04）：469-472．

[50]　池保勇，余志平，石秉学．CMOS 射频集成电路分析与设计［M］．北京：清华大学出版社，2003．

[51]　许春良，王绍东，柳现发，等．4～20GHz 超宽带低噪声放大器单片电路［J］．半导体技术．2013（1）：6-9．

[52]　Hedayati M K, et al. A 33-GHz LNA for 5G Wireless Systems in 28-nm Bulk CMOS［J］.IEEE Transactions on Circuits and Systems，2018，65：1460-1464．

[53]　张玉兴，赵宏飞．射频与微波功率放大器设计［M］．北京：电子工业出版社，2007．

[54]　许述文，白晓惠，郭子薰，等．海杂波背景下雷达目标特征检测方法的现状与展望［J］．雷达学报，2020，9（04）：684-714．

[55]　潘泉，孟晋丽，张磊，等．小波滤波方法及应用［J］．电子与信息学报，2007（01）：236-242．

[56]　刘国宏，郭文明．改进的中值滤波去噪算法应用分析［J］．计算机工程与应用，2010，46（10）：187-189．

[57]　李士心，刘鲁源．基于小波阈值去噪方法的研究［J］．仪器仪表学报，2002（S2）：478-479．

[58]　王福友，刘刚，袁赣南．基于小波阈值算法的海杂波降噪［J］．海洋测绘，2010，30（04）：19-22．

[59]　阎妍．海杂波中的噪声抑制及其微弱信号检测［D］．南京：南京信息工程大学，2022．

[60]　李月．强噪声-弱信号检测：非线性理论中的混沌技术［D］．长春：吉林大学，2001．

[61]　戴逸松．微弱信号检测方法及仪器［M］．北京：国防大学出版社，1994：78-81．

[62] 杨新峰，杨迎春，苑秉成．强噪声背景下微弱信号检测方法研究［J］．舰船电子工程，2005，150（6）：123-125.

[63] 张淑清，吴月娥，等．混沌理论微弱信号检测方法的可行性分析［J］．测控技术，2002，21（7）：53-54.

[64] 王前，肖正洪，赵威．自动检测技术［M］．北京：北京航空航天大学出版社，2013.

[65] 马明建．数据采集与处理技术［M］．2 版．西安：西安交通大学出版社，2005.

[66] 祝常红，彭坚副．数据采集与处理技术［M］．北京：电子工业出版社，2008.

[67] 王琳，商周，王学伟．数据采集系统的发展与应用［J］．电测与仪表，2004，41（8）：4-8.

[68] 邓重一．数据采集与处理系统中的干扰问题及解决方法［J］．电力电子技术．2004，1：47-50.

[69] 陈平平，杨杰，康丽，等．多通道热电阻精密测量若干关键问题的研究［J］．东莞理工学院学报，2010，17（3）：61-65.

[70] 方正飞．含多路开关的数据采集系统中干扰问题的研究［D］．武汉：华中科技大学，2009.

[71] 唐博，李锦明，李士照．基于 FPGA 的高阶 FIR 滤波器强抗干扰数据采集系统［J］．电子技术应用，2012，（9）：89-92.

[72] 蒲富竹，李斌，华辉．PLC 数据采集系统的抗干扰措施［J］．油气田地面工程，2008，（9）：44，46.

[73] 王大静，张全柱，孙湖，等．CAN 总线数据通信 EMC 问题及解决方案［J］．仪器仪表标准化与计量，2005，（1）：27-29，38.

[74] 孙学宏．数据采集系统电路板设计中的抗干扰技术［J］．宁夏工程技术，2002，1（1）：59-61.

[75] 王波，王进旗，王凤波．抗干扰技术在数据采集过程中的应用［J］．石油仪器，2004，18（4）：10-11，65.

[76] 张朝丰，李少杰，张双喜，等．机载火控雷达抗干扰仿真系统设计［J］．上海航天，2022，39（3）：100-106.

[77] 刘丽娜，廉新宇．数据采集系统中抗干扰分析［J］．陶瓷研究与职业教育，2005，3（2）：15-16.

[78] 黄晓桃．数字电路设计中的抗干扰技术分析［J］．山东工业技术，2017（18）：202.

[79] 何宏玉．数字电路设计中的抗干扰技术措施研究［J］．中国信息化，2022，（12）：66-67，70.

[80] 王喆．探析数字电路设计中的抗干扰技术［J］．科学与信息化，2019，（26）：29，33.

[81] 陈淑芳．数字电路抗干扰常用措施［J］．电子技术与软件工程，2017，（20）：97-98.

[82] 李喜鸽，赵乾．数据采集中的干扰及抗干扰措施［J］．知音励志，2017，（1）：167.

[83] 周旭．电子设备防干扰原理与技术［M］．北京：国防工业出版社，2006.

[84] 冯力．电磁干扰及其抑制技术［J］．电子质量，2003（2）：30-32.

[85] 林国荣．电磁干扰及控制［M］．北京：电子工业出版社，2003.

[86] 孙可平．电磁兼容性与抗干扰技术［M］．大连：大连海事大学出版社，2006.

[87] 王庆斌，刘萍，尤利文，等．电磁干扰与电磁兼容技术［M］．北京：机械工业出版社，1999.

[88] 张邦宁．通信抗干扰技术［M］．北京：机械工业出版社，2006.

[89] 诸邦田．电子线路实用抗干扰技术［M］．北京：人民邮电出版社，1996.

[90] 傅建平，周向农．弱电系统中的接地技术［J］．南昌航空工业学院学报（自然科学版），2002，（2）：54-59.

[91] 李棚，项莉萍，江玉才，等．传感器与自动检测技术［M］．北京：电子工业出版社，2021.

[92] 李希胜，王绍纯．自动检测技术［M］．北京：冶金工业出版社，2014.

[93] 蓝军．电子类教学仪器的抗振防振设计［J］．中国教育技术装备，2005，（1）：17-18.

[94] 庞立军，吕桂萍，刘晶石，等．高水头水泵水轮机转轮的抗振防裂纹设计［J］．机械工程学报，2013，（4）：140-147.

[95] T/CES 040—2020．陆上油田钻井防爆电气系统设计规范［S］．团体标准，2020-03-30.

[96] 于其蛟．提高微电阻率成像测井分辨率的实现方法［J］．测井技术，2014（5）：592-595.

[97] 李全厚，裴警博．FMI 成像测井解释方法及应用［J］．哈尔滨商业大学学报（自然科学版），2014（6）：715-719.

［98］　刘欢，张占松，黄若坤，等．利用油基泥浆微电阻率成像测井技术进行沉积解释［J］．石油天然气学报，2013，035（006）：64-68.

［99］　唐宇，余迎．油基泥浆随钻成像测井仪 OBM［J］．测井技术，2011（6）：608.

［100］　唐宇，王小宁．新型油基泥浆微电阻率成像测井仪器［J］．测井技术，2016，40（4）．

［101］　崔艳明．高分辨率油基泥浆微电阻率成像方法和电磁建模研究［D］．成都：电子科技大学，2019.

［102］　Carter B，Mancini R．运算放大器权威指南［M］．3 版．姚建清，译．北京：人民邮电出版社，2010.

［103］　高晋占．微弱信号检测［M］．2 版．北京：清华大学出版社，2011.

［104］　李科，鲁保平，张家田．数字相敏检波器在测井仪器中的应用研究［J］．石油仪器，2011，025（001）：35-38.

［105］　徐友方，肖宏，曹启刚，等．微电成像测井仪中数字相敏检波开方算法的改进及 DSP 实现［J］．仪表技术与传感器，2011，000（004）：17-19.

［106］　王宁宁，师奕兵，尹磊，等．一种微电阻率成像测井仪数字相敏检波新算法［J］．测控技术，2015，034（007）：23-26.

［107］　潘一，付龙，杨双春．国内外油基钻井液研究现状［J］．现代化工，2014，34（4）：21-24.

［108］　王雷．我国石油勘探开发中随钻测井技术的应用浅析［J］．中国石油和化工标准与质量，2017，37（8）：63-64.

［109］　刘红岐，张元中．随钻测井原理与应用［M］．北京：石油工业出版社，2018.

［110］　测井重点实验室．测井新技术培训教材［M］．北京：石油工业出版社，2003：186-194.

［111］　原宏壮，任庆孝．一种新的微电阻率成像测井仪器设计方案［J］．中国石油大学学报（自然科学版），2007，31（2）：51-54.

［112］　王贵文，郭荣坤．测井地质学［M］．北京：石油工业出版社，2000.

［113］　张兴梅，李琴英，罗熙．温度电阻率测井仪［J］．石油仪器，2002，16（4）：35-37.

［114］　张青雅，谢雁，杨海，等．缆头张力、井温、泥浆电阻率三参数组合测井仪的设计［J］．测井技术，2004，28（3）：246-248.

［115］　张琴，徐忠清，王联国，等．张力温度泥浆电阻率组合测井仪的室内标定［J］．石油仪器，2009，23（5）：41-43.

［116］　陈世英，牟金东．泥浆电阻率快速测量仪的研制［J］．石油仪器，2005，19（2）：75-76.

［117］　杨卫平，胥飞．基于四电极的液体阻抗谱测量系统［J］．测控技术，2010，29（4）：5-8.

［118］　梁世盛，师奕兵，李焱骏．油基泥浆井下激励源设计［J］．中国测试，2012，38（3）：90-93.

［119］　陈棣湘，孟祥贵，潘孟春．复数阻抗参数的 4 种测量方法［J］．实验科学与技术，2008，6（4）：1-2.

［120］　Dutta M，Rakshit A，Bhattacharyya S N，et al．An application of an LMS adaptive algorithm for a digital AC bridge［J］．IEEE Transactions on Instrumentation and Measurement，1987，36（4）：894-897.

［121］　Angrisani L，Baccigalupi A，et al．A digital signal-processing instrument for impedance measurement［J］．IEEE Transactions on Instrumentation and Measurement，1996，45（6）：930-934.

［122］　高冰，吴亚锋，裘炎，等．基于 PIC 单片机的测井系统激励信号源研制［J］．微型电脑应用，2008，24（11）：3-5.

［123］　Analog Devices，Inc. 2-Channel 500MSPS DDS with 10-Bit DACs Data Sheet［DB/OL］，2013.

［124］　王晓音，聂裕平，等．DDS 输出频谱杂散的抑制［J］．电子对抗技术，2003，11（6）：25-28.

［125］　Williams A B，Taylor F J．电子滤波器设计手册［M］．宁彦卿，姚金科，译．北京：科学出版社，2008.

［126］　Johoson E D．有源滤波器精确设计手册［M］．李国荣，译．北京：电子工业出版社，1984.

［127］　黄志强．Xilinx 可编程逻辑器件的应用与设计［M］．北京：机械工业出版社，2007.

［128］　Ciletti M D．Advanced digital design with the Verilog HDL［M］．张雅绮，李锵，等译．北京：电子工业出版社，2008.

［129］　孙鑫．VC＋＋深入详解［M］．北京：电子工业出版社，2012.

[130] 张全文，于增辉，张志刚，等．油基泥浆电成像测井仪器微弱电流检测电路设计 [J]．石油管材与仪器，2017，3（1）：4．

[131] 魏斌．裂缝性储层流体类型识别技术 [M]．北京：地质出版社，2004．

[132] 谭瑞．宽带阻抗测量仪的设计 [D]．哈尔滨：哈尔滨理工大学，2009．

[133] 张亚辉．基于 ARM 的阻抗测量系统的设计 [D]．兰州：西北师范大学，2013．

[134] 董刚．基于 DSP 的单相阻抗测量仪设计与实现 [D]．北京：北京交通大学，2007．

[135] Analog Devices. 16-Bit，250k SPS PulSAR® ADC in MSOP [DB/OL]，2016．

[136] Analog Devices，Fast，Voltage-Out，DC to 440MHz，95DB logarithmic amplifier [DB/OL]．http：//www. analog. com/media/en/technical-documentation/data-sheets/AD8310. pdf，2010．

[137] 马生居．国外钻井液技术研究综述 [J]．中国新技术新产品，2011（05）：148．

[138] 王中华．关于加快发展我国油基钻井液体系的几点看法 [J]．中外能源，2012，17（2）：36-42．

[139] 周全兴．现代水平井采油技术 [M]．天津：天津大学出版社，1997．

[140] 王淑明．微电阻率扫描成像测井仪器检测技术研究 [D]．西安：西安石油大学，2008．

[141] 赵瑞林．微电阻率扫描成像测井资料解释方法研究 [J]．中国石油和化工标准与质量，2013（7）：139．

[142] 王立新．微电阻率扫描成像测井解释方法及应用研究 [D]．青岛：中国石油大学（华东），2007．

[143] 王珺，杨长春，许大华，等．微电阻率扫描成像测井方法应用及发展前景 [J]．地球物理学进展，2005，20（2）：357-364．

[144] 付建伟，肖立志，张元中．井下声电成像测井仪的现状与发展趋势 [J]．地球物理学进展，2004，19（4）：730-738．

[145] 张帅．电法测井传感器特性的有限元模拟与分析 [D]．青岛：中国石油大学（华东），2012．

[146] 刘家玮．MCI 测井仪数据采集与处理系统的设计与实现 [D]．武汉：华中科技大学，2010．

[147] 李清松，潘和平，张荣．电阻率成像测井进展 [J]．工程地球物理学报，2005，2（4）：304-310．

[148] 唐伟．油基泥浆电成像测井仿真平台开发 [D]．杭州：浙江大学，2014．

[149] 李茂兵．电成像测井自动识别和定量评价研究 [D]．青岛：中国石油大学（华东），2010．

[150] 师玉璞．成像测井地质解释系统 [D]．西安：西安科技大学，2012．

[151] 李俊，吴朝晖，倪学莉．流量仪表在石油行业中的合理选型和应用 [J]．自动化与仪表，2009，24（06）：56-59．

[152] Omeragic D，Li Q，Chou L，et al. Deep directional electromagnetic measurements for optimal well placement [J]．SPE Western Regional AAPG Pacific Section/GSA Cordilleran Section Joint Meeting，2005，10：9-12．

[153] 蔡武昌，马中元，瞿国芳．电磁流量计 [M]．北京：中国石化出版社，2004．

[154] 陈毓民．电磁流量计应用概况和技术发展 [J]．电子制作，2013（13）：218．

[155] 吴晓燕，虞启凯，焦玉成．基于 ARM11 的智能仪表电磁流量计 [J]．仪表技术与传感器，2013（04）：18-21．

[156] 霍亮生，顾祖宝，喻岫杏．基于多种励磁方式的电磁流量计控制系统 [J]．仪表技术与传感器，2014（02）：29-31，53．

[157] 庞兵，张震，梁原华．用于电磁流量计信号调理的数模混合最优滤波方法 [J]．电机与控制学报，2015，19（01）：102-106．

[158] 王梁永．基于 Intel80C196KC 的智能电磁流量计的研制 [D]．西安：西安电子科技大学，2006．

[159] 高四宏．基于 ADuC812 芯片的电磁流量计的设计 [D]．哈尔滨：哈尔滨工业大学，2010．

[160] 李斌．基于 ARM 的高精度灌装用电磁流量计的研究 [D]．长沙：中南林业科技大学，2016．

[161] 牟克田．电磁流量计应用及故障处理 [J]．中国氯碱，2013（08）：25-27．

[162] 杜胜雪，孔令富，李英伟．电磁流量计矩形与鞍状线圈感应磁场的数值仿真 [J]．计量学报，2016，37（01）：38-42．

[163] 卿光明．电磁流量计检测技术的研究 [D]．成都：电子科技大学，2017．

［164］ Vieira D A G，Lisboa A C，Saldanha R R. An enhanced ellipsoid method for electromagnetic devices optimization and design ［J］. IEEE Transactions on Magnetics，2010，46（8）：2843-2851.

［165］ 张晶晶. 高精度电磁流量计的研制 ［D］. 杭州：中国计量大学，2012.

［166］ 李新伟，李斌，张欣，等. 电磁流量计矩形波励磁的信号模型研究 ［J］. 重庆邮电大学学报（自然科学版），2016，28（04）：487-493.

［167］ Cazarez O，Montoya D，Vital A G，et al. Modeling of three-phase heavy oil-water-gas bubbly flow in upward vertical pipes ［J］. International Journal of Multiphase Flow，2010，36（6）：439-448.

［168］ 高颂. 基于浆液流体特性分析的电磁流量传感器浆液噪声问题研究 ［D］. 上海：上海大学，2016.

［169］ 张开驹. 电子线路的噪声抑制 ［J］. 电子技术与软件工程，2019（01）：81.

［170］ 孟令军. 电磁流量计应用中的信号基准与直流噪声 ［J］. 自动化仪表，2003（02）：15-18.

［171］ 张时开，姚恩涛，王平. 基于正交锁相放大的金属磁记忆应力集中检测 ［J］. 传感器与微系统，2013，32（11）：135-138，145.

［172］ 张辉. 光斑位置检测系统中数学锁相放大器的设计与实现 ［D］. 长春中国科学院长春光学精密机械与物理研究所，2015.

［173］ Liu Bo，Shao Mingxin，Chen Yue. The rail length measurement circuit design based on the lock-in amplifier technology ［P］. 2013.

［174］ Takashim，Noritaka C，Yasuhiro T. Three-dimensional electromagnetic field intensity measurement using an infrared two-dimensional lock-in amplifier ［J］. IEEJ Transactions on Fundamentals and Materials，2007，127（10）：656-657.

［175］ Ramnas A，Donatas Z. Two-dimensional electronic spectroscopy with double modulation lock-in detection：enhancement of sensitivity and noise resistance ［J］. Optics Express，2011，19（14）：13126-13133.

［176］ Wang G，Chen D，Lin J，et al. The application of chaotic oscillators to weak signal detection ［J］. IEEE Transactions on Industrial Electronics，1999，46（2）：440-444.

［177］ Dennis J，Wyatt D G. Effect of hematocrit value upon electromagnetic flowmeter sensitivity ［J］. Circulation Research，1969，24（6）：875-886.

［178］ Son H H，et al. Signal detection technique utilizing 'lock-in' architecture using 2 ω_c harmonic frequency for portable sensors ［J］. Electronics Letters，2010，46（13）：891-892.

［179］ He Q，Wang J. Effects of multiscale noise tuning on stochastic resonance for weak signal detection ［J］. Digital Signal Processing，2012，22（4）：614-621.

［180］ 李秀明，黄战华. 窄带滤波在扩展光束多普勒测速系统中的应用 ［J］. 光电工程，2013，40（11）：8-13.

［181］ 吴伟. 取样积分与光子计数在 OTDR 中的技术研究 ［D］. 重庆：重庆大学，2007.

［182］ 周佩丽. 光电离型和红外光谱吸收型气体传感器中微弱信号检测技术研究 ［D］. 太原：中北大学，2011.

［183］ 张俊，张晓婷，杨海. 基于相关算法的电磁流量计抗噪性能研究 ［J］. 传感器世界，2011，17（5）：12-14.

［184］ 钱荣朝，桂延宁，董卫斌，等. 激光引信脉冲回波的变系数相关检测法 ［J］. 探测与控制学报，2014，36（05）：1-5.

［185］ AMETEK. The Analog Lock-in Amplifier ［EB/OL］. SIGNAL RECOVERY，2006：91-94. https：//www. ameteksi. com/-/media/ameteksi/download_links/documentations/5210/tn1002_the_analog_lock-in_amplifier. pdf？revision＝2758ec9f-fab0-488e-85a3-c080bb38d61f.

［186］ AMETEK. The Digital Lock-in Amplifier ［EB/OL］. SIGNAL RECOVERY，2006：95-98. https：//www. ameteksi. com/-/media/ameteksi/download_links/documentations/7270/tn1003_the_digital_lock-in_amplifier. pdf？revision＝12bc86eb-7b47-4ed9-9622-75630fe641ad.

［187］ 唐鸿宾. 新型锁定放大器 ［J］. 南京大学学报（自然科学版），1980（04）：47-58.

［188］　唐鸿宾，祁德珍．ND-202 型精密双相锁定放大器［J］．数据采集与处理，1989（S1）：59-60.

［189］　林凌，王小林，李刚，等．一种新型锁相放大器检测电路［J］．天津大学学报（自然科学与工程技术版），2005，38（1）：65-68.

［190］　王小林，林凌，李刚，等．Σ-ΔA/DC 频谱补偿的研究［J］．现代仪器与医疗，2004，10（6）：35-37.

［191］　张冈，姚洪涛，王程远，等．数字锁定放大器中窄带低通滤波器的设计［J］．测控技术，2007（06）：37-39.

［192］　肖寅东，赵辉，王厚军．基于锁相放大的微弱信号检测电路前置滤波器设计［J］．测控技术，2007，3：86-88.

［193］　管军．基于相关检测原理的电磁流量计的研究［D］．杭州：浙江大学，2003.

［194］　张瑀珊．基于锁相放大的外差激光干涉仪非线性测试技术研究［D］．哈尔滨：哈尔滨工业大学，2017.

［195］　李刚，张丽君，等．一种新型数字锁相放大器的设计及其优化算法［J］．天津大学学报，2008，41（4）：429-432.

［196］　王雅曼．弱信号检测技术研究［J］．科技创新导报，2011（07）：13.

［197］　曾庆勇．微弱信号检测［M］．杭州：浙江大学出版社，1994.

［198］　李锐，何辅云，夏玉宝．相关检测原理及其应用［J］．合肥工业大学学报（自然科学版），2008（04）：573-575，579.

［199］　陆秋平．基于相关原理的信号检测方法及其应用研究［D］．杭州：浙江大学，2011.

［200］　蔡长年，汪润生．信息论［M］．北京：人民邮电出版社，1962.

［201］　潘琳鹏．蓄电池内阻在线测量系统及仿真分析［J］．电子产品世界，2011，18（12）：47-48.

［202］　方明．荧光强度相关检测的初步研究［D］．武汉：华中科技大学，2008.

［203］　高雪．微弱光散射信号的处理技术研究［D］．长春：长春理工大学，2017.

［204］　黄皎，姚春，丁婷，等．基于新型励磁方式的电磁流量计设计［J］．传感技术学报，2010，23（02）：215-219.

［205］　李小京．电磁流量计放大滤波电路的设计［J］．化工自动化及仪表，2000，27（2）：50-52.

［206］　宋莹，高强，徐殿国，等．新型浮点型 DSP 芯片 TMS320F283xx［J］．微处理机，2010（1）：20-22.

［207］　JJG 1033—2007．电磁流量计检定规程［S］．北京：全国流量容量计量技术委员会，2007.